전기전자 기초실습

개정판

경남정보대학
전자계열
교수진

김재홍, 강정호
박양수, 정주수
신경철, 김중곤
문태정, 임준우
장혜경, 이명원

형설출판사
www.hyungseul.co.kr

머리말

21세기의 급변하는 4차 산업혁명시대를 맞아 최근 전자공학 분야는 예측하기 어려울 정도로 급속하게 발전하고 있으며, 이러한 전자공학의 혁신기술을 이끌어 갈 수 있는 창의적이고 미래지향적인 엔지니어의 양성은 매우 중요하다.

전자공학 분야의 혁신적인 도약의 기본은 반도체 기술의 발전과 회로설계 기술 및 집적화 기술의 발전에 기인한다. 이러한 기술을 개발하기 위하여 필요한 분야 중에서 가장 기초가 되는 분야가 전자회로 및 디지털회로 실험이며, 이와 같은 실험실습은 학교나 산업체 모두가 중요성을 인식하고 있다.

본 실험 교과서는 전기 · 전자 · 통신 · 제어계통의 학생들이면 누구나 사용할 수 있도록 다양한 실험실습 내용을 단계별로 구성하였고, 학습자 관점에서 내용을 정리하여 이해하는데 어려움이 없도록 최대한 노력하였다.

제1편은 기초전자실험 분야로서 실험실습을 하기 위해 갖추어야 할 기초적인 지식 및 기본적인 실험실습 계측장비를 다루는 법을 익히고, 기초회로를 해석할 수 있는 이론들을 실험을 통하여 확인할 수 있도록 구성하였다.

제2편은 전자회로실험 분야로서 반도체 소자들의 기본적인 특성과 응용회로를 이해하도록 하였다. 또한 능동소자인 접합 트랜지스터나 전계효과 트랜지스터의 특성과 이 소자들을 이용한 증폭회로를 이해할 수 있도록 하였다.

그리고 본 교재에서는 기본이 되는 회로뿐만 아니라 다양한 응용회로들을 구성하여 실험을 통하여 그 특성을 관찰함으로써 현장에서 직접 응용할 수 있는 기초능력을 기를 수 있도록 하였다.

그러나 본 실험 교과서는 학생들의 전자회로와 디지털회로에 대한 이론적인 원리를 실험을 통하여 확인하고 장차 산업체에서 응용할 수 있도록 구성하였으나 아직도 많은 부분에서 부족하고 미비한 점이 많으리라고 생각하며, 향후 실험실습을 통하여 부족하고 미비한 부분을 학습자 관점에서 수정 보완해 나갈 것이다.

이 교과서의 내용을 학생들이 익혀 4차 산업혁명시대의 전자공학분야의 기술 영역에서 일익을 담당한다면 이 교과서를 집필한 가장 큰 보람이 될 것이다.

끝으로 이 책이 출판되기까지 수고해 주신 동료 교수 여러분과 형설출판사 관계자 여러분께 감사드립니다.

2019년 8월

CONTENTS

제1편
전기 · 전자 기초실험

제2편
반도체회로 실험

제 1 편

전기 · 전자 기초실험

실험

01 실험의 기초지식

1. 실험 목적

① 실험의 중요성과 기본자세에 대해 알아본다.
② 실험을 할 때의 안전수칙 및 주의사항을 익힌다.
③ 실험보고서 작성방법 및 내용을 파악한다.

2. 관련 이론

1) 실험의 중요성과 기본자세

실험이란 자연현상의 이론과 원리를 실험을 통해 증명하여, 이론적 개념을 완전히 이해하고, 응용력을 기르는데 꼭 필요한 과정이며 또한 새로운 학문적인 이론을 정립하기 이전에 꼭 거쳐야 할 과정이다. 따라서 학생들은 실험을 통하여 과학적인 진리를 추구하겠다는 생각과 실험의 의미와 목적을 정확히 파악하여, 실험을 어떠한 방법으로 진행하여야 효율적일 것 인가 하는 과학자의 자세로 임해야 할 것이다. 또한 실험은 여러 사람들의 협력에 따라서 달성되므로, 협력자 정신이라고 하는 중요한 마음가짐이 필요하다. 이와 같은 실험을 효율적으로 하기 위해서는 다음과 같은 기본자세를 갖추어야한다.

① 실험을 행하기 전 이 실험의 목적이 무엇이며, 관련지식, 실험절차 등을 분석함으로써 학문에 대한 과학적인 사고방식을 갖고 있어야 한다.
② 실험실습은 여러 명이 한 조가 되어 실험을 하기 때문에 협동 정신이라는 중요한 마음가짐으로 맡은 바 임무를 성실히 수행하여야만 신속, 정확한 결과를 얻을 수 있다.

③ 실험실습용 측정장비, 계측기 등을 직접 취급하여, 장치의 원리 및 구조, 취급방법을 습득하여 실험회로를 구성하고 측정할 때 가장 좋은 상태에서 양호한 실험결과를 신속히 얻어낼 수 있는 능력을 길러야 한다.

④ 실험의 만족스러운 결과는 실험의 정확한 지식과 아울러 여러 번의 실험을 되풀이하여야 하므로, 불만족스러운 결과가 나왔을 때는 그 원인을 분석, 검토하여, 바른 결과를 얻을 수 있는 끈기있는 정신력이 필요하다.

⑤ 실험 중에 나타나는 여러 가지 현상들을 주의깊게 관찰, 기록하여야 하며 사용계기의 형명과 조건을 상세히 관찰한다.

⑥ 실험이 끝난 다음에는 실험 결과를 분석, 검토하여 제반현상을 정리하는 습관을 기르도록 해야 한다.

3. 실험할 때의 안전 수칙

실험실습실의 전원장치 및 주요기기 등의 위치와 해야할 일을 정확히 파악하고 실험을 행하여야 한다.

110 ~ 220[V]의 전압으로도 인체에 치명적인 상해를 입는 경우가 종종 있으므로, 안전수칙을 반드시 지켜야 한다.

사고는 방심과 자만에서 일어나는 경우가 많으므로 안전 수칙을 지키는 습관을 기르고, 또 공구를 적절히 선택하여 안전한 사용방법을 익힌 다음 실험에 임하도록 하여야 한다.

학교 실험에서는 대부분 저전압, 소전류 상태에서 실험을 하기 때문에 안전을 소홀히 하는 경우가 많이 있다. 이것은 후일 현장에서의 위험을 초래하게 되는 원인이 될 수도 있기 때문에, 학교 실험에 있어서도 안전에 관해서는 철저히 몸에 익혀야 한다.

1) 감전이 되는 원인

인체에 감전이 되는 원인을 크게 다음의 세 종류로 구분할 수 있다.

① 전선에의 직접 접촉

② 누전 된 기구류의 접촉

③ 수중, 습지 등에서 몸 전체에 통전

감전에 의한 생리적 영향은 인명에 크게 영향을 주는 것은 확실하며, 인체의 어느 부분에 전류가 흐르는지에 따라 피해의 정도가 크게 다르다. 인체의 저항 및 통과 전류는 다음과 같다.

100 [V] : 약 1600 ~ 4300 [Ω], 23 ~ 63 [mA]
200 [V] : 약 1200 ~ 3000 [Ω], 67 ~ 167 [mA]

따라서, 전압이 높아지면 인체에 흐르는 전류도 크게 되어 감전의 위험도 훨씬 증가한다. 물론, 실제로 접촉하고 있는 부위 및 상태에 따라 다르게 나타나는데, 피부 상태나 환경에 따라 서로 다르다. 피부 저항은 습기 또는 건조상태에 따라 250 [Ω] ~ 50 [Ω] 정도가 되며, 20[kΩ]에서 100[mA]의 전류가 흐르면 전력이 2㎾이므로 인체에 치명적이라 할 수 있다.

2) 안전을 위한 주의 사항

① 기계 및 기구의 상태를 잘 점검한다.
② 퓨즈, 계전기 및 연동 장치 등은 오동작의 염려도 있으므로, 그에 대한 안전성을 너무 믿어서는 안된다.
③ 작업은 모든 기기들이 정돈된 상태에서 이루어져야 한다. 그렇지 않을 경우, 결선의 단락 및 전기충격 사고 등의 원인이 되기도 한다. 언제나 조직적이고 정돈하는 습관을 길러야 한다.
④ 물에 젖어 있는 바닥에서 작업을 해서는 아니된다. 접촉 저항의 감소로 누전 및 감전의 위험이 따르기 때문이다.
⑤ 작업하는 동안은 가능한 한 전원 장치의 감시를 위한 별도의 사람을 배치하는 것이 바람직하다.
⑥ 작업은 가능한 한 한 손으로 하도록 한다.
⑦ 작업 중에는 말은 하지 않도록 한다.
⑧ 모든 일은 서둘지 말고 침착하게 해야 한다.
⑨ 저항에 많은 전류가 흐를 경우에는 열이 발생하게 되므로, 특히 허용전력에 주의해야 한다.
⑩ 콘덴서를 교환할 경우, 방전에 의한 전기 충격의 위험이 있으므로 주의해야 한다.
⑪ 가열된 납땜 인두나 기판에 피부가 접촉되지 않도록 주의한다.

4. 실험시 주의사항

1) 일반적인 주의사항

① 실험 담당 교수의 지시사항을 준수하고, 안전수칙을 엄수해야 한다.

② 실험을 수행하기 앞서 해당 실험 과제의 목적, 원리, 절차, 방법 및 유의사항 등을 미리 숙지하고 필요시 관련 이론교재를 참조하여 사전에 충분히 이해하도록 한다.

③ 실험 · 실습은 진지하고 탐구하는 자세로 임해야 하며, 배운 지식과 연계시켜 과학적으로 사고하는 능력을 기르도록 한다.

④ 실험은 성급히 하지 말고 충분한 시간적 여유를 가지고 신중히 하여야하며, 서로 협력하고, 적극적으로 실험에 임함으로써 실습 시간을 효율적으로 이용하여야 한다.

⑤ 실험 중 이상한 냄새, 소리, 연기 등이 날 때에는 즉시 전원을 끄고, 담당 교수에게 보고하여 원인을 조사 · 제거하고, 신체 부위가 젖었거나 상처의 노출이 있는 상태에서는 전기 계기 및 회로의 조작을 삼가 하여야 한다.

⑥ 실험 과정은 실험방법을 공동연구하고, 서로 협력하고 상호 보완하여 완벽한 실험을 하고 실험값을 가능하면 각자가 개별적으로 실험을 다시 행하여, 실험에 관한 지식을 모두 익히도록 한다.

⑦ 실험은 정숙한 태도로 정성껏 해야 하며, 종료 10분전까지 실험을 완료하고 실험에 소요된 부품 및 공구류 등과 측정 장비 및 계측기 등은 원래 상태로 정리하여 항상 깨끗하고 정돈된 실험실을 유지한다.

⑧ 실험 방법, 실험 조건, 사용기구, 주위 환경 및 실험 중 발생한 특이 사항을 기록하여 차후 실험의 재 실시에 만전을 기하고, 모든 실험 결과는 객관성 있게 한 눈에 알아볼 수 있도록 표나 도형, 그래프로 나타내도록 한다.

2) 측정 장비 및 계측기 이해와 취급법

주어진 실험 과제를 수행하기 위해 필요한 장비와 측정하기 위한 계측기를 실제 다루어 봄으로써 장비 및 계측기의 사용 용도와 그 취급법을 습득할 수 있으므로, 다음의 사항을 유념하여야 한다.

① 무엇을 측정할 것인지를 미리 생각하여 계기를 선택하여야 한다.
② 측정하고자 하는 양의 최대 범위를 생각하여 최대 측정범위가 측정하려 는 양의 최대값 보다 큰 계기를 사용하고, 측정하려는 양의 최대값을 알 수 없을 때에는 가능한 범위 중 최대의 것을 선택하도록 한다.
③ 사용하는 기기는 조심하여 다루고, 손상시키거나 오손되는 일이 없도록 한다.
④ 계기 및 장비의 성질을 잘 알지 못할 때에는 담당교수로부터 사용법을 익힌 후 측정에 임하도록 한다.
⑤ 측정 시 계기 및 장비의 안전장치를 최대한으로 이용하도록 한다.

3) 실험 장비 및 계측기의 결선법

실험에 필요한 장비나, 계측기 또는 각종소자를 결선하는데 다음과 같은 사항을 유념하여야 한다.

① 전기 · 전자 · 통신 장비나 계기는 결선하는 법을 잘 생각하여, 결선 후의 배선 점검 및 계기의 지시값을 쉽게 파악 할 수 있도록 하여야 하며, 기구의 조작을 간단하게 할 수 있도록 한다.
② 배선은 될 수 있는대로 간결히 하여 전원측과 부하측, 부속회로 등으로 나누어 정리한다.
③ 고주파 측정에서는 특히 유도(정전 · 자계)방해, 상호결합 등이 생기면 올바른 결과가 얻어지지 않으므로 배선의 길이나 배치에 주의한다.
④ 각종 전기 회로에는 필요한 스위치를 사용하는데 특히 전원 접속부분에는 스위치를 사용하여 이것을 개폐하기 전에 반드시 접속의 잘못이 없는가 조심스럽게 확인한다.
⑤ 실험이 끝난 후 혹은 회로 변경 등을 할 경우는 반드시 전원 스위치를 끈 다음 시행하도록 한다.

5. 실험 보고서 작성 방법

1) 실험 보고서 작성시 고려해야 할 사항

보고서는 자기가 행한 실험을 발표하는 것이기 때문에 누가 보아도 쉽게 이해할 수 있도록 이치에 맞고 정연하게 정리해야 한다. 보고서는 잘 쓸려고 노력하는 것이 학생 실험 목적의 으뜸이 되며, 결과를 정확히 고찰하고 정리함으로써 실습의 목적을 달성할 수 있다.

교육 목적상 실험 보고서는 실험을 행하기 전에 미리 검토해야 할 예비 보고서와 실험 결과 보고서를 작성하도록 한다.

예비 보고서는 해당 실험 과제에 들어가지 전에 실험 진행에 필요한 관련 지식을 얻어 실험의 효율성을 높히기 위하여 필요에 따라 실험실습 당일 실험 시작시에 제출하는 것으로 이는 실험에 임하기 전에 그 실험에 관한 이론, 회로 구성 및 기대되는 결과 등에 대하여 전반적인 지식을 얻기 위한 것이다. 또한 실험 결과 보고서는 실험을 마친 뒤 실험 전반에 대한 종합적인 보고서로써 정확하고 자세하게 작성하여야 한다. 따라서 측정 결과와 그 결과의 철저한 분석 및 고찰이 포함되어야 한다.

결과보고서를 작성함에 있어 포함될 내용과 고려해야 될 사항은 다음과 같다.

① **실험 목적** : 학생들이 행한 실험의 목적을 간단하게 표시해야 한다.

② **재료와 실습 기기** : 실험에 사용된 재료를 정확히 기록하여야 하고, 실습 기기의 제조 회사, 정격 등을 기록하여 똑같은 실험을 다시 할 경우 동일한 결과를 얻을 수 있어야 한다.

③ **관계 지식** : 실험의 근거에 대하여 설명해야 하며, 이론값을 얻을 수 있도록 해야 한다.

④ **실험 순서** : 학생들이 행한 실험을 언제, 어디서 다시 하던지 또는 다른 학생이 행할 때 쉽게 할 수 있도록 순서대로 명시해야 하며, 회로도를 반드시 첨부하여야 한다.

⑤ **결과** : 측정에서 얻은 결과를 결과표나 그래프로 표시하여 쉽게 알아볼 수 있도록 해야 한다. 그래프로 나타낼 경우에는 측정 결과에 따라 적당한 눈금을 갖는 용지, 즉 균일 눈금, 대수 눈금, 반대수 눈금을 사용하여야한다.

⑥ **고찰** : 학생들이 행한 실험의 결과를 해석하면서 얻은 일반적인 개념이나 이론을 나타내야 하며, 이론값과 비교, 검토가 있어야 한다.

⑦ **결론** : 실험 결과에 대한 결론은 실험 목표에 부합하는 것으로, 실험 중에 깨달은 실험 소감 사항도 기록하여야 한다.

2) 실험 보고서 내용

보고서는 양식에 따라 작성하되 일반적으로 다음과 같은 내용을 포함한다.

① 실험 제목
② 제출자 및 공동 실험자 성명 (조 기입)
③ 실험 목적
④ **실험 기자재** : 실험에 필요한 각종 기자재 및 부품
⑤ **실험 관련 지식** : 실험 교재와 참고 서적을 공부한 후 요점정리 기록
⑥ **실험 회로** : 실험 실습을 위한 회로 구성
⑦ **실험 순서** : 실험 실습의 방법 및 절차
⑧ **실험 결과 및 고찰** : 실험 실습한 내용에 관한 데이터를 기록
⑨ **검토 및 소감** : 실험 실습 중 일어난 오차 및 제반 문제점 논의

실험 보고서는 성의껏 깨끗이 기록하여 시간 엄수 제출한다.

6. 전기적인 양의 단위와 숫자의 표시

일반적으로 물리량의 표시는 단위를 포함하며, 단위는 길이(Meter), 질량(Kilogram), 시간(Second : 초)을 기본으로 한 MKS 단위계와 필요한 2차적인 단위를 첨가하여 사용한다. 다음의 표 1－1은 전기적인 양의 단위를 나타내었다.

표 1－1 전기적인 양의 단위

종 별	기호	명 칭	단위표시	종 별	기호	명 칭	단위표시
전 류	I	Ampere	A	전 력	P	Watt	W
전 압	V	Volt	V	전 하	Q	Coulomb	C
저 항	R	Ohm	Ω	정전용량	C	Farad	F
콘덕턴스	G	Mho	℧	인덕턴스	L	Henry	H
에 너 지	W	Joule	J	주 파 수	f	Hertz	Hz

또한 표 1－2는 일반적인 단위(unit)의 접두어를 보이고 있으며 숫자의 크기(십진배수 및 분수)를 표시하기 위하여 사용한다.

표 1-2 숫자의 표시

명　　칭	기　　호	배　　수
Tera	T	1012
Giga	G	109
Mega	M	106
kilo	k	103
centi	c	10−2
milli	m	10−3
micro	μ	10−6
nano	n	10−9
pico	p	10−12

7. 결과 및 고찰

① 본문을 읽고 실험에 필요한 예비지식을 요약해 보아라.
② 전기적인 양의 단위와 숫자의 표시에 대해 설명하라.

8. 과제 및 검토사항

① 실험의 중요성과 기본자세에 대해 요약해 보라.
② 실험의 안전 수칙을 설명하라.
③ 실험시 주의사항과 측정장비와 계측기의 취급법을 설명하라.
④ 실습보고서 작성방법 및 보고서 내용을 정리해 보라.

실험

02 수동소자 부품 판독법

1. 실험 목적

① 저항의 칼라코드 판독법을 익힌다.

② 콘덴서 및 인덕터의 기호와 숫자표시법을 파악하여 용량을 판독한다.

2. 관련 이론

1) 저항기의 식별법

저항은 전하의 흐름을 방해하여 회로에 흐르는 전류를 가감하기 위해 사용되는 수동소자로, 각종 전기 · 전자 · 통신 회로에 사용되는 부품 중 가장 많이 사용되는 것으로, 몇 가지의 저항기의 특성을 알아보면 탄소 저항기는 값이 싸고 크기가 작기 때문에 많이 사용되고 있다. 그러나 온도 및 인가 전압에 따라 그 값이 변하기 때문에 정밀을 요하는 곳에는 사용할 수 없다. 권선 저항기는 소모 전력이 크거나 정밀한 저항값을 필요로 하는 곳에 사용한다. 정밀급의 것으로는 그 오차가 1[%]의 정도의 것도 있다.

표 2-1 저항기 종류와 특성

저항기	저항기의 형	전력 용량[W]	저항값[Ω]	오차 [%]
고정	탄소 또는 피막형	1/8, 1/4, 1/2, 1, 2, 3, 5	1 ~ 10 × 106	±20(5또는 2[%]도 가능)
저항기	권선형	1, 2, 3, 5, 10, 25, 50, 75, 100, 200	1 ~ 100 × 103	±10(5또는 1[%]도 가능)
가변	피막형	1/8, 1	50 ~ 3 × 106	
저항기	권선형	1, 2, 3, 5	2 ~ 10 × 103	

표 2-1은 일반적인 저항기의 종류와 특성을 나타낸 것이다.

고저항, 저전류 용량을 필요로 하는 곳에는 탄소형을 사용하며, 대전류 용량과 저저항값을 필요로 하는 곳에는 권선형을 사용한다. 권선형 전력 가변 저항기는 회로 소자에 공급되는 전류 또는 전압을 조정하는 데 사용된다.

습동 가변 저항기는 특별히 실험실용으로 고안된 것으로서, 이것을 사용할 때에는 과전류에 의한 파손에 주의해야 한다.

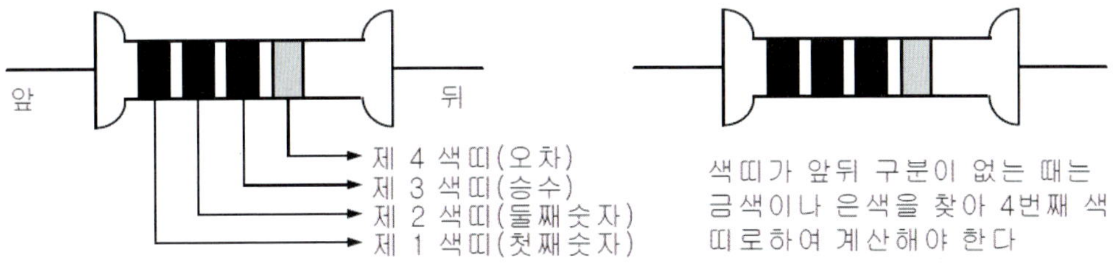

그림 2-1 보통 저항의 색띠

(1) 보통저항

저항값의 판독시 일반적으로 가장 많이 쓰이는 보통저항의 경우, 4색띠로, 정밀 저항의 경우는 5색띠로 표시된다.

표 2-2 보통저항의 칼라 코드 색값표

색		제 1색띠	제 2색띠	제 3색띠	제 4색띠
		첫째수	둘째수	배수(곱수)	오차 (%)
흑(검정)	BLACK	0	0	100	
갈(밤색)	BROWN	1	1	101	± 1%
적(빨강)	RED	2	2	102	± 2%
등(주황)	ORANGE	3	3	103	
황(노랑)	YELLOW	4	4	104	
녹(초록)	GREEN	5	5	105	
청(파랑)	BLUE	6	6	106	
자(보라)	VIOLET	7	7	107	
회(회색)	GRAY	8	8	108	
백(흰색)	WHITE	9	9	109	
금(금분)	GOLD	–	–	10-1=(0.1)	± 5%
은(은분)	SILVER	–	–	10-2=(0.01)	± 10%
무	(no color)	–	–	–	± 20%

만약 제1색띠를 A, 제2색띠를 B, 제 3색띠를 C, 제4색띠를 D로 나타내고 보통 저항값 R의 판독은 다음과 같다.

$$R = \underbrace{AB}_{\text{유효숫자}} \times \underbrace{C[\Omega]}_{\text{배수}} \pm \underbrace{D[\%]}_{\text{오차}}$$

(2) 정밀 저항

정밀저항과 보통 저항의 차이점은 보통 저항은 색띠가 4개이나 정밀저항의 경우에는 색띠가 5개이다.

표 2-3은 정밀저항의 칼라코드 색값표인데 보통 저항과 크게 다른 것은 색깔별로 허용오차의 값이다.

제 1색띠, 제 2색띠, 제 3색띠는 유효숫자를 나타내고, 제 4색띠는 승수, 제 5색띠는 허용오차를 나타낸다.

표 2-3 정밀 저항의 칼라 코드 색값표

색		제 1색띠	제 2색띠	제 3색띠	제 4색띠	제 5색띠
		첫째수	둘째수	세째수	배수(곱수)	오차 (%)
흑(검정)	BLACK	0	0	0	100	−
갈(밤색)	BROWN	1	1	1	101	± 1%
적(빨강)	RED	2	2	2	102	± 2%
등(주황)	ORANGE	3	3	3	103	−
황(노랑)	YELLOW	4	4	4	104	−
녹(잔디)	GREEN	5	5	5	105	± 0.5%
청(파랑)	BLUE	6	6	6	106	± 0.25%
자(보라)	VIOLET	7	7	7	107	± 0.1%
회(회색)	GRAY	8	8	8	108	−
백(흰색)	WHITE	9	9	9	109	−
금(금분)	GOLD	−	−	−	10−1=(0.1)	± 5%
은(은분)	SILVER	−	−	−	10−2=(0.01)	−

보통저항과 마찬가지로 제 1색띠를 A, 제 2색띠를 B, 제 3색띠를 C, 제 4색띠를 D, 제 5색띠를 E라하면 정밀저항값 R의 판독은 다음과 같다.

$$R = \underbrace{ABC}_{\text{유효숫자}} \times \underbrace{DC[\Omega]}_{\text{배수}} \pm \underbrace{E[\%]}_{\text{오차}}$$

(3) 칼라코드로 표시되지 않은 저항기의 형명판독

대부분의 컬러 코드를 사용하지 않는 저항기는 그림 2-3과 표 2-4와 같이 저항값, 정격 소비 전력, 허용 오차를 표시하는 수치와 단위 및 허용 오차를 나타내는 알파벳으로 표시되어 있다. 표 2-4는 알파벳으로 표현된 저항값의 허용오차를 나타낸 것이다.

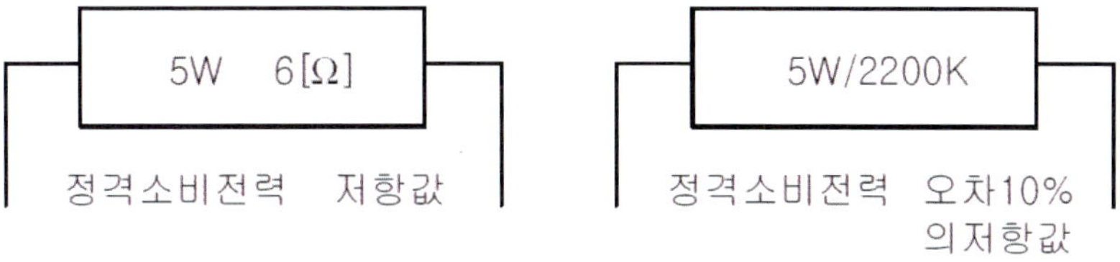

그림 2-3 칼라코드를 사용하지 않은 저항기

표 2-4 저항값의 허용오차

허용오차	D	F	G	J	K
%	± 0.5	± 1	± 2	± 5	± 10

2) 콘덴서의 용량 판독법

콘덴서는 전하를 축적하는 수동소자로 재질이나 제작 방법에 따라 그 종류가 다양하다.
제작방법에 따라서는 권임형과 적층형이 있고, 재질에 따라서는 마일러, 운모, 세라믹, 종이 등으로 분류할 수가 있다.
가장 많이 쓰이는 콘덴서의 겉모양은 그림 2-4와 같다.

세라믹 콘덴서 마일러 콘덴서 전해 콘덴서

그림 2-4 콘덴서의 겉모양

현대 가장 많이 쓰이는 것은, 반원형의 엷은 갈색인 세라믹콘덴서, 짙은 녹색의 사각형 모양인 마일러 콘덴서, 원통이고 극성이 있는 전해콘덴서가 가장 많이 쓰인다. 특히 전해콘덴서는 극성, 용량, 내압이 표시되어 있어 판독이 용이하나, 소형세라믹콘덴서와 마일러 콘덴서들의 용량 판독은 식별법을 알아야 한다.

본 실험에서는 세라믹, 마일러, 전해 콘덴서의 판독법에 대해 알아보고, 각 콘덴서의 종류와 용도는 표 2-5와 같다.

표 2-5 콘덴서의 종류와 용도

콘덴서의 형	콘덴서의 용량[㎌]	동작전압[VDC]	용　　도
종이콘덴서	0.001 ~ 1	200 ~ 2,000	저주파 결합용
종이콘덴서	1 ~ 10	200 ~ 2,000	필터용
유입콘덴서	0.05 ~ 15	600 ~ 5,000	필터용
전해콘덴서	2 ~ 40	150 ~ 450	필터용
전해콘덴서	5 ~ 500	25 ~ 100	바이어스용
전해콘덴서	500 ~ 4,000	12 ~ 25	저전압 필터용
운모콘덴서	0.005 ~ 0.01	12 ~ 10,000	저주파, 고주파 결합용
세라믹콘덴서	0.5 × 106≈0.47	12 ~ 10,000	저주파, 고주파 결합용
가변콘덴서	15 ~ 350	150 ~ 3,000[V]	고주파 동조형

(1) 콘덴서의 용량

현재 많이 사용되고 있는 전해콘덴서는 극성(긴 것이 ⊕, 짧은 것이 ⊖)과 용량이 기재되어 있어 판독의 어려움은 없으나, 소형 세라믹 콘덴서와 마일러 콘덴서들은 숫자로 그 용량을, 문자와 숫자에 의해 허용오차와 사용 정격 전압(내압)을 표시하고 있으므로 판독법은 다음과 같다.

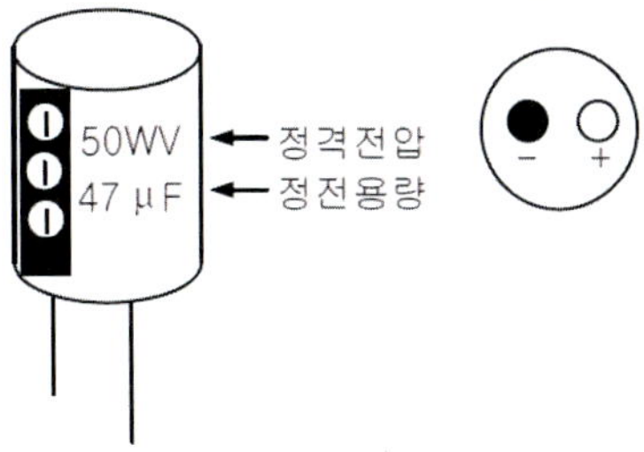

그림 2-5 전해 콘덴서의 외형

그림 2−5의 전해 콘덴서는 참고로 하고 그림 2−6의 마일러와 세라믹 콘덴서를 판독해 보자. 그림 2−6에서 마일러 콘덴서의 경우 1H는 사용정격전압(내압) 첫째 숫자 "4"와 둘째 숫자 "8"은 유효 숫자를 셋째 숫자 "2"는 배수를 마지막 J은 허용오차를 나타내는데 아래와 같이 나타내었다.

그림 2-6 문자와 숫자에 의한 콘덴서의 표시 방법

1H → 사용정격전압(내압)
마일러처럼 전압이 바로 표시된 것도
있음.

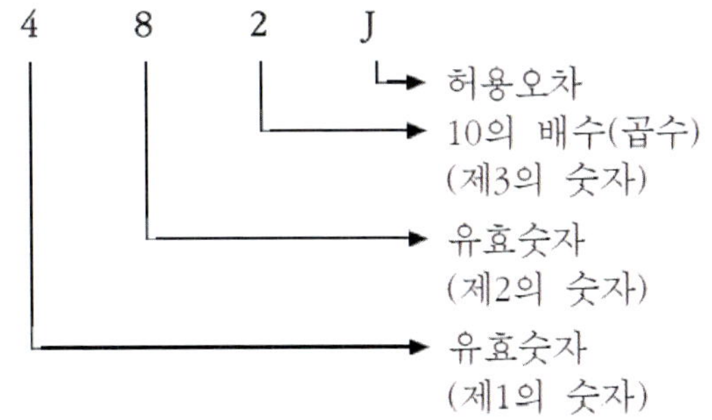

상기의 마일러 콘덴서와 세라믹 콘덴서를 판독하면

• 마일러 콘덴서 C = 48 × 102 [pF] ± 5 [%]
= 0.0048 [μF] ± 5 [%], 사용정격전압 50 [V]이고,
• 세라믹 콘덴서 C = 20 × 103 [pF] ± 10 [%]
= 0.02 [μF] ± 10 [%], 사용정격전압 50 [V]이다.

여기서 콘덴서의 용량은 가급적 [μF]로 환산하는 것이 편리하다.

왜냐하면 대부분 콘덴서의 기본 용량 표시를 [μF]를 많이 사용하기 때문에 보통 콘덴서의 용량이 1,000[pF]이상의 경우 [μF]로 환산하는 것을 참조하라.

여기서 사용 정격 전압과 오차 표시는 각각 표 2-6, 표 2-7에 나타내었다.

사용정격전압은 숫자와 알파벳 2자로 표시되는데 예를 들어 1H의 2는 10의 지수를 나타내어 10H 뜻으로 위의 표에서 50[V]임을 알 수 있다.

표 2-6 사용 정격 전압

단위 [V]

	A	B	C	D	E	F	G	H	J	K
0	1	1.25	1.6	2.0	2.5	3.15	4.0	5.0	6.3	8.0
1	10	12.5	16	20	25	31.5	40	50	63	80
2	100	125	160	200	250	315	400	500	630	800
3	1000	1,250	1,600	2,000	2,500	3,150	4,000	5,000	6,300	8,000

참고로 가장 많이 쓰이는 것은 2A[100V], 2D[200V], 2E[250V], 2H[500V]이다.

표 2-7 허용 오차

문자	B	C	D	F	G	J	K	M	N	V	X	Z	P
허용 오차[%]	±0.1	±0.25	±0.5	±1	±2	±5	±10	±20	±30	±20	±40	±80	+100 − 0
허용 오차[pF]	±0.1	±0.25	±0.5	±1	±2								

3) 인덕터의 용량 판독법

일반적으로 코일이라고 부르며, 코일에 전류가 흐르면 자속이 발생되고 전자유도나 전자력의 작용을 촉진한다.

또 인덕턴스를 가지므로 콘덴서와 조합하면 특정한 주파수에서 공진특성이 나타나며, 전동기 발전기나 고주파 동조회로, 필터 등에 사용되는 소자이다.
그림 2-7은 피킹코일과 초크코일의 색코드를 나타낸 것이다.

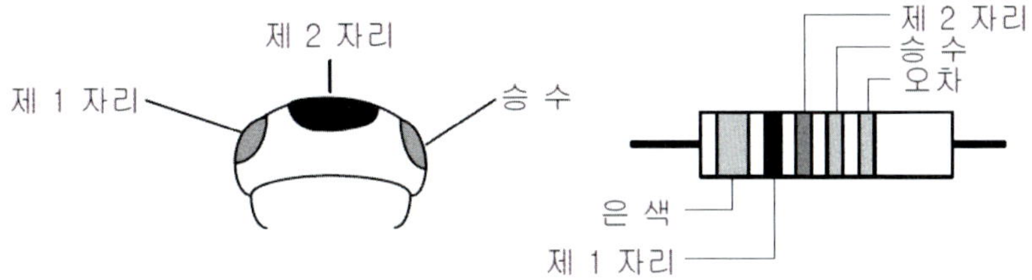

그림 2-7 코일의 색코드

인덕터의 종류는 색점코드가 사용되고, 증폭회로 등의 주파수 특성의 저하를 보상하기 위해서 회로에 접속하는 피킹 코일과 고주파를 저지하거나, 교류성분을 제거하기 위해서나 콘덴서와 조합하여 회로나 필터를 구성하는 쵸크(chock)코일이다.
인덕터의 판독은 저항의 코드 식별과 유사하게 제 1자리, 제 2자리는 유효숫자를 제 3자리는 승수, 제 4자리는 오차를 나타내는 것으로 단위는 [μH]이며 표 2-2, 2-3의 색 코드를 참조하고 판독 예를 보자.

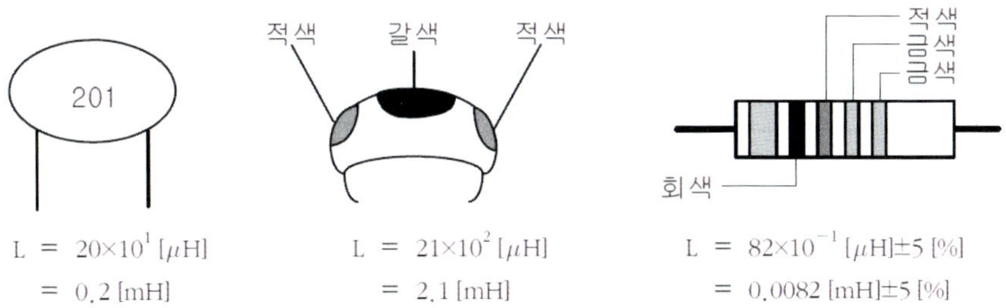

(a) 피킹코일의 경우 (b) 쵸크코일의 경우

그림 2-7 인덕터의 색코드 판독 예

3. 사용 기기 및 부품

① 저항 : 100개
② 콘덴서 : 50개
③ 인덕터 : 30개

4. 실험 순서

① 보통저항과 정밀저항 판독법을 숙지하여 표 2-7의 저항값 및 색띠를 기재하라.

② 콘덴서 및 인덕터의 판독법을 숙지하여 표 2-8을 기재하라.

③ 표 2-10, 표 2-11을 완성 후 실제 저항과 콘덴서, 인덕터의 값을 신속히 판독하는 연습을 하라.

5. 결과 및 고찰

표 2-10 저항 판독 연습

적 적 갈 금	청 녹 적 은	회 적 등 은
등 등 적 금	갈 적 등 금	녹 자 황 은
적 적 금 금	갈 흑 흑 금	황 회 갈 적
황 자 흑 흑 금	갈 적 적 적 갈	적 황 등 녹 갈
200[Ω]±5[%]	330[Ω]±10[%]	470[Ω]±20[%]
1[kΩ]±5[%]	2[kΩ]±10[%]	47[kΩ]±5[%]

표 2-11 콘덴서 및 인덕터 판독 연습

1H 482J (　　　) V (　　　) pF (　　　) μF (±　　) %	2H 154K (　　　) V (　　　) pF (　　　) μF (±　　) %	3C 331M (　　　) V (　　　) pF (　　　) μF (±　　) %	2E 352N (　　　) V (　　　) pF (　　　) μF (±　　) %
101G (　　　) pF (　　　) μF (±　　) %	427K (　　　) pF (　　　) μF (±　　) %	403B (　　　) pF (　　　) μF (±　　) %	473C (　　　) pF (　　　) μF (±　　) %
2G 712M (　　　) V (　　　) pF (　　　) μF (±　　) %	1D 223J (　　　) V (　　　) pF (　　　) μF (±　　) %	2D 222C (　　　) V (　　　) pF (　　　) μF (±　　) %	2A 205J (　　　) V (　　　) pF (　　　) μF (±　　) %
503B (　　　) pF (　　　) μF (±　　) %	203M (　　　) pF (　　　) μF (±　　) %	223N (　　　) pF (　　　) μF (±　　) %	802Z (　　　) pF (　　　) μF (±　　) %
피킹 코일 Type 1 으로 0.2 [mH] 표시	피킹 코일 Type 2 으로 2.5 [mH] 표시	초크 코일로 50 [mH] 표시	초크 코일로 20 [mH] 표시

6. 과제 및 검토사항

① 보통 저항과 정밀 저항의 color code 식별법을 요약해 보라.

② 콘덴서 및 인덕터의 식별법을 완전히 이해하였는가?

③ 실제 수동소자 (R. L. C)를 신속 정확하게 판독할 수 있도록 연습을 하였는가?

Memo

실험

03 회로시험기에 의한 저항측정

1. 실험 목적

① 회로 시험기의 종류와 사용법을 익힌다.
② 직 · 병렬 저항회로의 합성저항 값을 이론과 실측을 통해 이해한다.

2. 관련 이론

1) 회로 시험기의 개요

회로 시험기는 한 계기 안에 직 · 교류 전압과 직류전류, 저항 측정의 기능을 종합한 것으로 반도체 소자를 이용한 Multi-tester가 있다.
측정값의 표시방법에 따라 아날로그와 디지탈 방식으로 분류된다.
최근에는 디지털 회로 시험기가 정확도가 높고 사용하기 편리하기 때문에 아날로그 보다 많이 사용되고 있다.
회로 시험기의 외형은 서로 다르지만 그 기본구성 및 측정방법, 그리고 눈금판, 읽는 방법은 거의 비슷하다.

2) 회로 시험기에 의한 측정 영역 분류

회로시험기로 보통 측정하는 사항은 다음과 같다.

① 저항 측정
② 직류전압 측정
③ 직류전류 측정

④ 교류전압 측정
⑤ 인덕턴스 측정
⑥ 콘덴서 측정
⑦ 전압비(dB) 측정
⑧ 각종 부품의 양 · 부 판정

3) 회로 시험기 사용시 유의사항

① 기계적인 진동이나 충격을 주지 않는다.
② 직사광선 또는 먼지나 습기가 많은 곳은 피한다.
③ 강력한 자계가 있는 곳은 측정시 오차가 발생할 수 있으므로 피한다.
④ 측정하기 전에 측정 선택 스위치가 적절히 선택되어 있는지 확인한다.
⑤ 측정 범위를 예측할 수 없는 전압전류의 측정 시에는 높은 범위에서 우선 측정하고 그에 따라 차츰 내려 적절한 범위를 선택 사용한다.
⑥ 피측정 회로에 연결된 상태나 테스터 리드가 연결된 상태에서 측정 선택 스위치를 조작하면, 계기가 손상될 수가 있으므로 주의한다.
⑦ 전원이 공급된 피측정 회로의 저항은 측정하지 않는다. 저항 측정 시 회로 시험기는 자체의 내부 전원을 사용하므로 피측정 회로의 전원은 연결하지 말아야 한다.
⑧ 용량이 큰 콘덴서를 취급하는 경우에는 먼저 완전히 방전을 시켜 전기적 쇼크로 인한 안전사고를 예방한다.
⑨ 사용하지 않을 때에는 회로 시험기의 전원을 끈다. 전원을 끄게 되면 아날로그회로 시험기의 표시부는 가동코일형 검류계를 이용하므로 운반시의 충격으로 인해 바늘이 움직일 때 역기전력이 발생하여 검류계를 보호한다.

4) 아날로그 회로 시험기

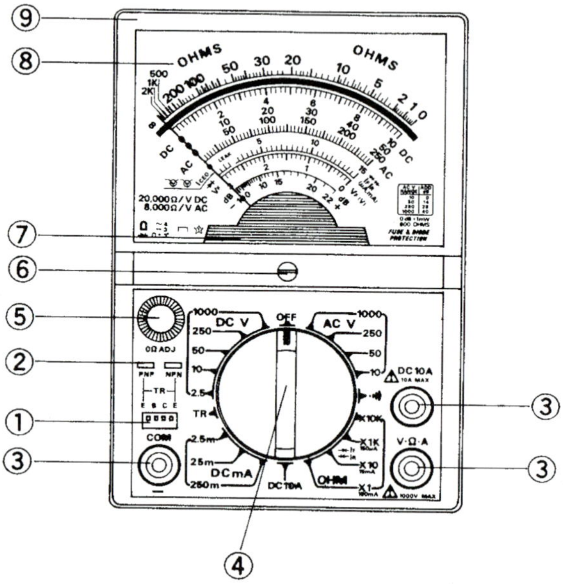

그림 3-1 아날로그 테스터기의 구조

가장 보편적으로 많이 사용되는 회로 시험기로 구조는 그림 3-1과 같고, 각 부위별 명칭 및 설명은 다음과 같다.

① **트랜지스터 검사 소켓** : 트랜지스터 검사 시 소켓에 표시된 각 극성간의 정확한 위치에 시험할 때 사용된다.

② **트랜지스터 판정 지시장치** : 적색 및 녹색 램프로 되어 있어 적색이 켜지면 양품의 PNP 극성의 트랜지스터이고 녹색이 켜지면 양품의 NPN 극성의 트랜지스터이다. 2개의 램프가 점멸되면 측정 트랜지스터의 극간의 단선상태의 고장을 알려주며 둘 다 점멸되지 않으면 콜렉터-에미터 간의 단락고장 상태를 뜻한다.

③ **입력 소켓** : 입력 소켓은 안전장치로 되어 있어 시험봉의 플러그 삽입 시 손에 접촉되지 않게 되어 있어 매우 안전하다.

④ **레인지 선택 스위치** : 명확한 레인지선택이 가능한 스위치 방식으로 20레인지의 선택이 가능하다.

⑤ **"0"옴 조정기** : 옴 메타로 사용할 때 지침이 옴 눈금의 "0"점에 정확히 오도록 조정해야 한다.

⑥ 지침 "0"옴 조정기 : 측정전, 반드시 지침이 왼쪽 "0" 점에 있는지 확인하고 필요시 조정한다.

⑦ 내자형 가동코일형 메타 : 고감도, 고직선성 및 1% 미만의 정밀도이다.

⑧ 눈금판

⑨ 케이스

5) 디지털 멀티테스터기 사용법

디지털 회로 시험기는 아날로그 회로 시험기에 비해 사용법이 편리하고 측정값이 정밀하며, 교류 전류의 측정이 가능하다는 장점 때문에 널리 사용되고 있다.

(1) 디지탈 멀티테스터기 DM-442B의 특징

① DM-442B는 43/4 digit 그리고 40,000카운트를 지원하며, DC전원을 지원하여 휴대성을 강화한 탁상형 디지털 멀티미터이다.

② DM-442B는 기본적인 교류/직류 전압, 교류/직류 전류, 저항, 캐패시터, 온도, 주파수, 다이오드, 도통 시험, 4-20mA 루프 측정, 최대값/최소값 설정뿐만 아니라 설정 변경, 데이터 저장 및 불러오기, AC+DC 전압 전류, 데이터 Holding, 자동절전기능, "Low Battery" 표시, Backlight 지원 등의 특징을 가지고 있다.

③ 교류신호에 대한 TRUE RMS 측정방식-TRUE RMS는 순수 사인파가 아닌 노이즈 성 교류 파까지 쉽고 정확하게 측정할 수 있다.

(2) 제품 구조

그림 3-2는 DM-442B 디지털 멀티미터 제품의 구조를 보여준다.

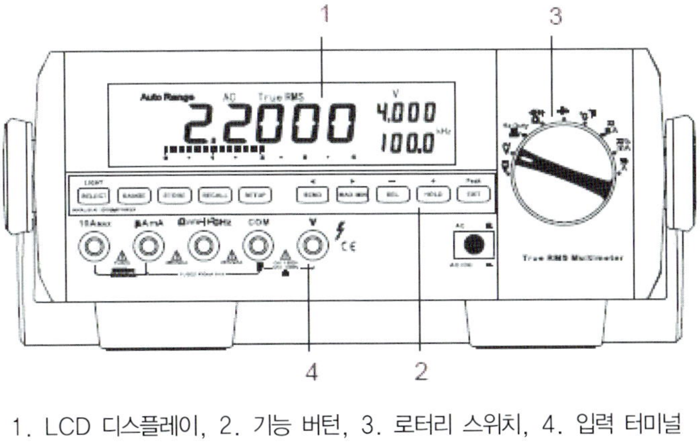

1. LCD 디스플레이, 2. 기능 버턴, 3. 로터리 스위치, 4. 입력 터미널

그림 3-2 DM-442B제품의 구조

표 3-1 로터리 스위치 기능

로터리스위치	로터리 스위치 기능	블루 "SELECT" 기능
V⎓	DC 전압 측정	
V~	AC전압 측정	
Hz Duty mV⎓	DC 밀리 전압 측정	주파수 측정 Duty 사이클 측정
•))) ⊣▶⊢ Ω	저항 측정	다이오드 테스트. 도통 테스트
⊣(⊢	Capacitor 측정	
°C °F	온도측정 (섭씨)	온도측정 (화씨)
μA≂	AC 또는 DC 전류 측정 (400μA, 4,000 μA)	AC 또는 DC 전류 선택
mA≂ %	AC 또는 DC 전류 측정 (40mA, 4,00mA)	AC 또는 DC 전류 선택 % reading에 따른 4-20mA loop current
A≂	AC 또는 DC 전류 측정 (10A)	AC 또는 DC 전류 선택

① DM-442B는 43/4 digit 그리고 40,000카운트를 지원하며, DC전원을 지원하여 휴대성을 강화한 탁상형 디지털 멀티미터이다.

② DM-442B는 기본적인 교류/직류 전압, 교류/직류 전류뿐만, 저항, 케페시터, 온도, 주파수, 다이오드, 도통 시험, 4-20mA 루프 측정, 최대값/최소값 설정 뿐만 아니라 설정 변경, 데이터 저장 및 불러오기, AC+DC 전압 전류, 데이터 Holding, 자동절전 기능, "Low Battery" 표시, Backlight 지원 등의 특징을 가지고 있다.

③ 교류신호에 대한 TRUE RMS 측정방식-TRUE RMS는 순수 사인파가 아닌 노이즈 성 교류 파 까지 쉽고 정확하게 측정 할 수 있다.

6) 저항 측정

저항을 측정하기 위하여 제품을 그림 3-3과 같이 설정하고 아래의 절차로 진행 한다.

① 붉은색 리드를 Ω단자에, 검은색 리드를 COM단자에 연결한다.

② 로터리 스위치를 Ω•))) ⊣▶⊢에 위치시킨다. SELECT 버턴을 눌러 저항측정 모드로 전환한다.

③ 테스트 리드를 측정부위에 리드를 대고 나타난 값을 읽으면 된다.

SELECT 버턴은 저항, 도통 테스트, 다이오드를 차례로 선택할 수 있다.

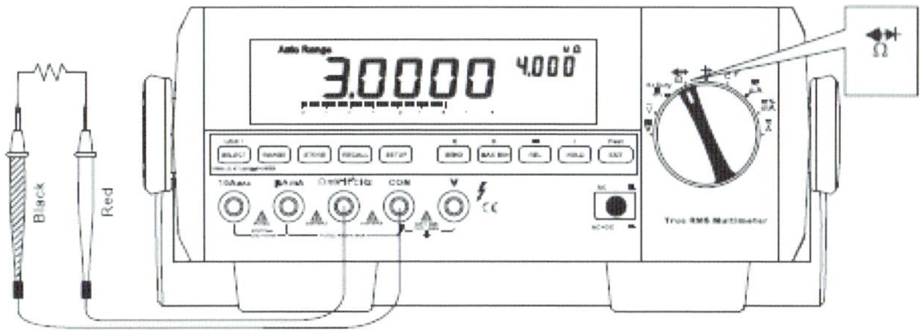

그림 3-2 저항측정

Note

① 낮은 저항 값 측정 시 테스트 리드 오차 (0.1Ω 또는 0.2Ω)가 추가 될 수 있다. 리드의 팁을 서로 교차하여 테스터 리드 자체 저항 값을 확인 할 수 있다. 필요하다면, 비교모드(REL Δ)를 이용하여 리드 저항 값을 자동으로 뺄 수 있다.

② 1MΩ 보다 큰 저항 측정 시 안정적인 값을 얻기 위하여 수초간의 측정 시 간이 필요하다. 보다 정밀한 측정값을 얻기 위하여 짧은 리드를 사용한다.

③ 화면에 "OL" 표시는 회로 개방 또는 측정 저항 값이 레인지 보다 큰 경우이다.

④ Calibrator의 저항 신호를 테스트 시 최대 디스플레이를 4,000카운트로 변경이 필요하기에 제품 전원 입력 시 "RANGE" 버턴을 수초간 눌러 변경한다.

3. 사용기기 및 부품

① 디지털 멀티미터 : 1대

② 전원 공급기 (DC Power Supply)

③ 저항 : 200Ω, 300Ω, 500Ω, 600Ω 각 1개

④ Bread Board : 1대

⑤ 기타 Accessory : Tester Lead선

4. 실험 순서

1) 저항측정연습

실험 2에서 저항판독 연습 한 결과물에서 각 저항을 디지털 멀티미터로 측정 하여 그 값을 기록하고 측정값과 판독한 저항값의 오차를 나타내어라.

$$오차 = \frac{측정값 - 저항값}{저항값} \times 100\%$$

2) 직병렬회로의 저항측정

(1) 합성저항 계산 방법

① 직렬연결

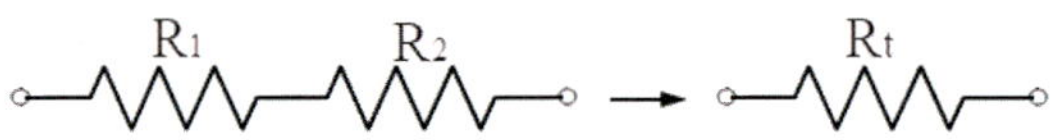

$$R_t = R_1 + R_2$$

② 병렬연결

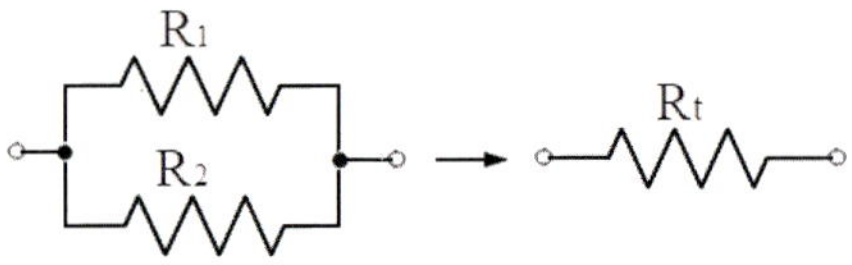

$$\frac{1}{R_t} = \frac{1}{R_1} + \frac{1}{R_2} = \frac{R_1 + R_2}{R_1 \times R_2}, \qquad R_t = \frac{R_1 \times R_2}{R_1 + R_2}$$

(2) 저항이 다음과 같이 결선되어 있을 때 합성저항 값을 이론값과 측정값을 표 3-2에 기록하고 비교하여라. ($R_1 =$ 1kΩ, $R_2 =$ 2kΩ, $R_3 =$ 3kΩ)

① 직렬연결

이론값 : 측정값 :

② 병렬연결

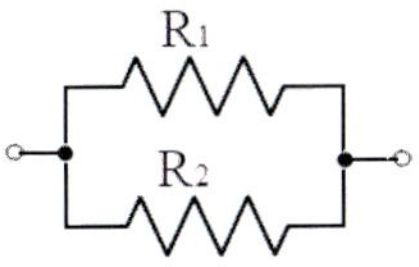

이론값 : 측정값 :

③ 직 · 병렬연결

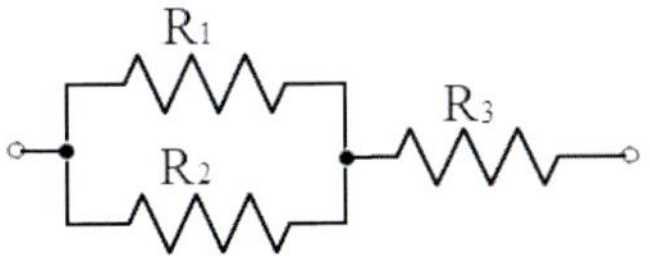

이론값 : 측정값 :

6. 결과 및 고찰

표 3-2 저항측정

저항연결	이 론 값	측 정 값
① 직렬연결		
② 병렬연결		
③ 직 · 병렬연결		

결과보고서

실습일자		담당교수	
학 번		성 명	
실험제목	실험 3. 회로시험기에 의한 저항측정		

(2) 저항이 다음과 같이 결선되어 있을 때 합성저항 값을 이론값과 측정값을 표 3-2에 기록하고 비교하여라. (R_1 = 1kΩ, R_2 = 2kΩ, R_3 = 3kΩ)

① 직렬연결

이론값 : 측정값 :

② 병렬연결

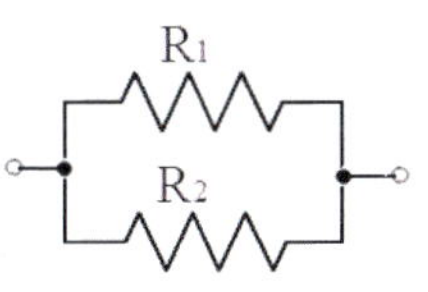

이론값 : 측정값 :

③ 직 · 병렬연결

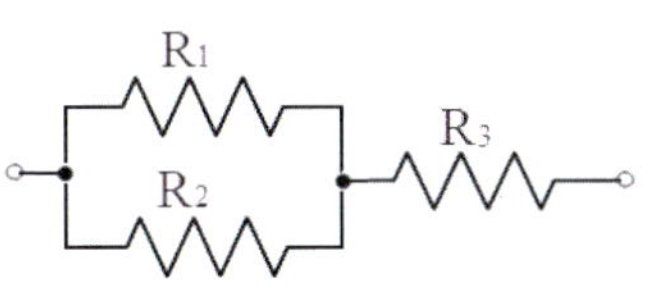

이론값 : 측정값 :

표 3-2 저항측정

저항연결	이론값	측정값
① 직렬연결		
② 병렬연결		
③ 직 · 병렬연결		

실험 04 회로시험기에 의한 전압·전류 측정법

1. 실험 목적

① Digital Multi Meter를 이용하여 전압, 전류측정의 기본 방법을 배운다.
② 직렬과 병렬 저항회로의 전류, 전압 관계를 실험을 통해 이해한다.

2. 관련 이론

DM-442B 의 화면과 기능은 다음과 같다.

그림 4-1 DM-442B 화면

표 4-1 화면과 기능의 상호 표시

FUNCTION	주화면	보조화면 (아래쪽)	보조화면 (위쪽)
DCV	DC전압 값	No display	Full range: 4 ,40, 400, 1000
ACV	AC전압 값	측정주파수범위: 40.00 ~ 250.0KHz	Full range: 4 ,40, 400, 750
DCmA	DCmA 전류 값	No display	Full range: 400
Ω	저항 측정 값	No display	Full range: 400, 4, 40, 400, 4, 40
•))	저항 측정 값	No display	Full range value: 400

-▶|-	저항 측정 값	No display	Full range: 4
Hz	주파수 측정 값	No display	Full range: 40, 400, 4, 40, 400, 4, 40, 400,
-|(-	캐패시터 측정 값	No display	Full range: 40, 400, 4, 40, 400
℃	온도 (섭씨) 측정 값	No display	1000
℉	온도 (화씨) 측정 값	No display	1832
DCμA	DCμA 측정 값	N/A	Full range: 400, 4000
ACμA	ACμA 측정 값	측정 주파수 범위: 40.00Hz ~ 100.00KHz	Full range: 400, 4000
DCmA	DCmA 측정 값	No display	Full range: 40, 400
ACmA	ACmA 측정 값	측정 주파수 범위: 40.00Hz ~ 100.00KHz	Full range: 400, 4000
DCA	DC전류 값	No display	Full range: 10
ACA	AC전류 값	측정 주파수 범위: 40.00Hz ~ 100.00KHz	Full range: 10

아날로그 바 그래프 : 측정된 입력 신호에 대하여 아날로그 표시 기능을 제공하며 바 그래프는 초당 10회 update된다.

1) DC전압 측정

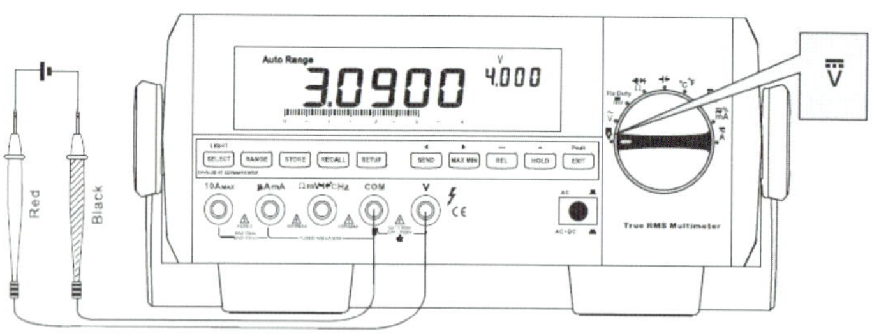

그림 4-2 DC전압 측정

DC전압을 측정하기 위하여 제품을 그림 4-2와 같이 설정하고 아래의 절차로 진행한다.

① 붉은색 테스트 리드를 V단자에, 검정색 테스트 리드를 COM단자에 연결한다.

② 로터리 스위치를 $\overline{V}$ 에 위치시킨다.

③ 테스트 리드를 측정 부위에 리드를 대고 나타나 값을 읽으면 된다. 이때 RMS로 표시된다.

> **Note**
>
> ① DC전압 측정 시 회로와 병행하여 약 10MΩ 입력 임피던스로 작용한다. 이 부하 영향은 높은 임피던스 회로에서는 측정에러를 야기 할 수 있다. 대부분의 경우 이 에러는 (0.1% 또는 이하) 무시할 수 있는 수준이다.
>
> ② 높은 전압 측정 시 별도의 주의가 요구 된다.
>
> ③ 전압 측정이 완료되면 입력 터미널 단자에서 단자 에서 테스트 리드를 제거할 것.

2) AC전압 측정

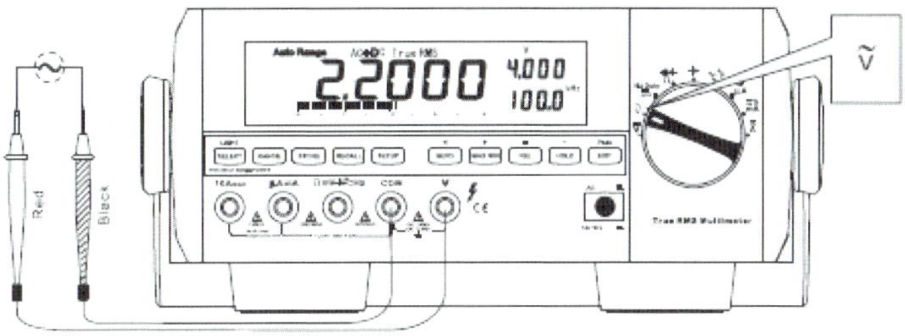

그림 4-3 AC전압 측정

AC전압을 측정하기 위하여 제품을 그림 4-3과 같이 설정하고 아래의 절차로 진행한다.

① 붉은색 리드를 V단자에, 검정색 테스트 리드를 COM단자에 연결한다.

② 로터리 스위치를 $\widetilde{V}$ 에 위치시킨다.

③ 테스트 리드를 측정 부위에 리드를 대고 나타나 값을 읽으면 됩니다. 이때 True RMS로 표시된다.

ACV기능 선택 시 AC+DC버턴을 누르면 주 화면에서 AC+DC True RMS값을 볼 수 있다.

5) 도통 테스트

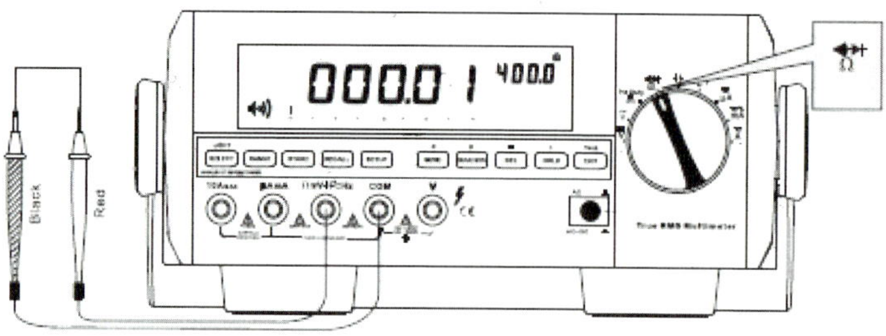

그림 4-7 도통 테스트

도통 테스트를 하기 위하여 제품을 그림 4-7과 같이 설정하고 아래의 절차로 진행한다.

① 붉은색 리드를 Ω단자에, 검정색 리드를 COM단자에 연결한다.

② 로터리 스위치를 Ω•))) ⊣ 에 위치시킨다. SELECT 버턴을 눌러 도통 테스트 측정 모드로 전환한다.

③ 폐회로에 대하여 부저음이 울린다. SELECT 버턴은 저항, 도통 테스트, 다이오드를 차례로 선택 할 수 있다.

> **Note**
> 저항의 도통 범위는 400Ω이며 개방 회로의 전압은 −1.2V이다.

10) 다이오드 테스트

본 기능을 이용하여 다이오드, 트랜지스터, 기타 반도체를 체크 한다. 회로에서 다이오드를 테스트하기 위하여 제품을 그림 4-8과 같이 설정하고 아래의 절차로 진행한다.

① 붉은색 리드를 Ω단자에, 검정색 리드를 COM단자에 연결한다.

② 로터리 스위치를 Ω•))) ⊣ 에 위치시킨다. SELECT 버턴을 눌러 ⊣ 측정 모드로 전환 한다.

③ 반도체 화합물의 순방향 전압 강화 측정을 위해서는 붉은색 리드를 소자의 양극에 대고 검정색 리드는 음극에 대고 읽으면 된다.

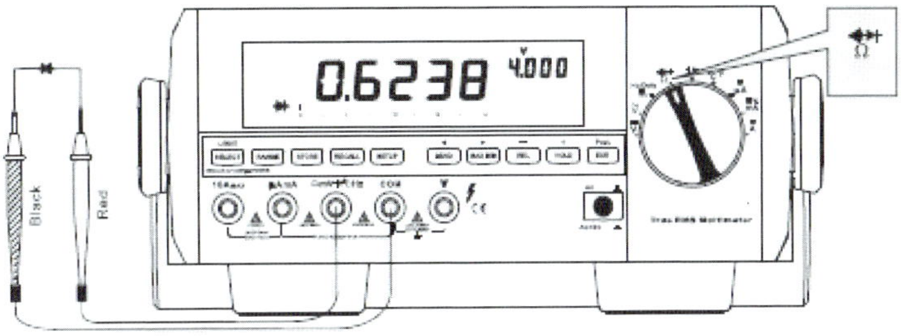

그림 4-8 다이오드 테스트

> Note
> ① 회로 상에서 정상적인 다이오드는 0.5 ~ 0.8V의 순방향 전압 강하를 보인다. 역방향 전압 강하는 다양하게 나타난다.
> ② 메인 화면에 "OL" 표시가 나면 개방 회로이거나 극성이 바뀐 경우이다.

3. 사용기기 및 부품

① 디지털 멀티미터 : 1대
② 전원 공급기 (DC Power Supply)
③ 저항 : 200Ω, 300Ω, 500Ω, 600Ω 각 1개
④ Bread Board : 1대
⑤ 기타 Accessory : Tester Lead선

4. 실험 순서 및 결과

1) 직렬회로의 전압, 전류 측정

그림 4-10의 회로를 결선하여 전류 I 및 각 저항에 걸리는 전압 V1, V2, V3를 측정한 결과와 이론적으로 계산 한 결과를 표 4-2에 기록하여라.

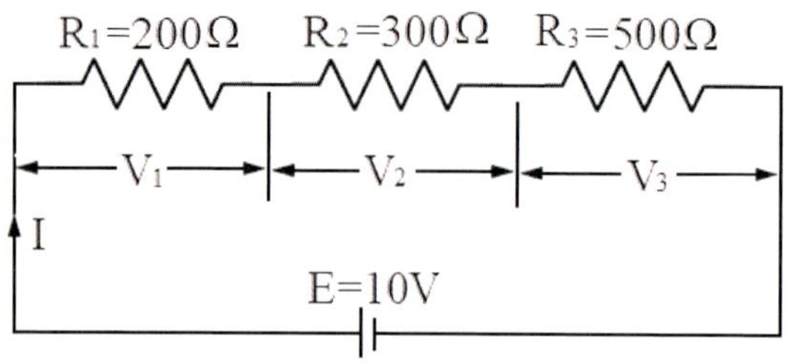

그림 4-9 직렬회로의 전압 전류측정

표 4-2 직렬회로 전류, 전압 측정

전류 및 전압		이 론 값	측 정 값	오 차
전류	I			
전압	V1			
	V2			
	V3			

2) 직 · 병렬회로의 전압, 전류의 측정

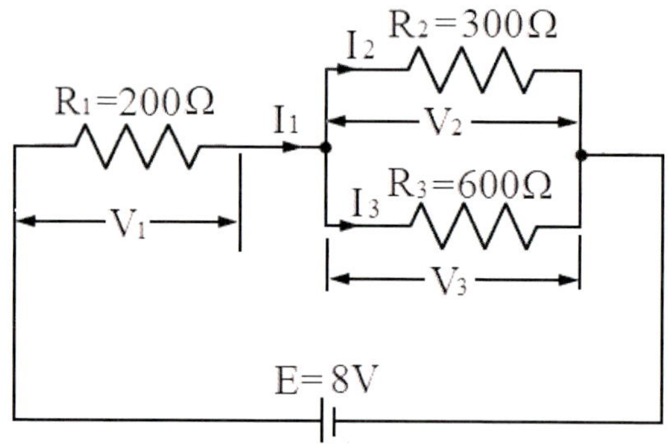

그림 4-10 직 · 병렬회로의 전압 전류측정

그림 4-10의 회로를 결선하여 전류 I1, I2, I3 및 각 저항에 걸리는 전압 V1, V2, V3를 측정한 결과와 이론적으로 계산 한 결과를 표 4-3에 기록하여라.

표 4-3 직·병렬회로 전류, 전압 측정

전류 및 전압		이 론 값	측 정 값	오 차
전류	I1			
	I2			
	I3			
전압	V1			
	V2			
	V3			

5. 과제 및 검토사항

① 전원공급기의 사용법과 주의사항을 설명하시오.

② 테스터기를 사용한 저항, 전류, 전압 측정법을 이해하였는가?

결과보고서

실습일자

담당교수

학 번

성 명

실험제목 실험 4. 회로시험기에 의한 전압·전류 측정법

표 4-2 직렬회로 전류, 전압 측정

전류 및 전압		이 론 값	측 정 값	오 차
전류	I			
전압	V1			
	V2			
	V3			

표 4-3 직 · 병렬회로 전류, 전압 측정

전류 및 전압		이 론 값	측 정 값	오 차
전류	I1			
	I2			
	I3			
전압	V1			
	V2			
	V3			

실험 05 전자기기의 부품연결 및 배선 조립

1. 실험 목적

① 각종 전기 · 전자 · 통신 · 제어회로의 정확한 동작을 위해서 기판의 특성을 이해하여 올바른 납땜 방법을 실험을 통해 숙지한다.

② 회로를 구성하는 수동 및 능동 소자의 올바른 연결과 배치하는 기법을 익힌다.

2. 관련 이론

1) 납땜

납땜은 각종 전기 · 전자 · 통신 · 제어회로나 기기 등에 있어서 회로를 구성하고 있는 수동소자(저항, 콘덴서, 인덕터등)와 능동소자(다이오드, 트랜지스터, IC등) 등의 부품을 납이란 용매를 이용하여 용질의 용융점보다 낮은 온도에서 부품을 접합하기 위한 작업으로써, 기기의 정확한 동작을 위해서는 올바른 납땜과 충실한 연습이 필요하다.

(1) 납땜용 납

전기 통신용 땜납은 녹는 온도와 납땜 강도 등을 고려하여 주석과 납이 6 : 4 [주석(Sn) 60(%), 납(Pb) 40(%)]의 비율로 혼합된 것을 사용하는 것이 좋고, 굵기는 0.8 ~ 3mm 정도의 여러 종류가 있어나 0.8mm 정도의 스프링(Spring) 납을 사용하는 것이 좋다.

(2) 납땜인두 (전기인두)

납땜인두는 납을 녹일 수 있는 온도까지 가열하는 공구로써 사용 목적에 따라 다소 차이는 있으나 전자기기 조립 및 수리에는 30 ~ 40W 정도의 막대형 인두로써 가열온도에 따라 인두 팁의 길이를 조절할 수 있는 것이 무난하고 가격도 경제적이다.

> **납땜인두 사용 시 주의사항**
> 두 팁의 청소는 도금된 팁을 사용할 때는 별문제가 되지 않지만 도금되지 않은 것은 사포나 줄로 깨끗이 닦아서 사용해야 한다.

① 인두 팁의 청소를 위해서 스펀지나 휴지를 물에 적셔서 사용해서는 안된다.

② 인두 끝의 열을 식히기 위해서 물에 담금질을 해서는 안된다.

③ 가열된 상태에서는 팁 조정나사를 돌려서는 안된다.

④ 인두 팁을 물에 담금질하면 팁의 강도가 달라져 열전도율이 변화하여 납이 잘 녹지 않게 된다.

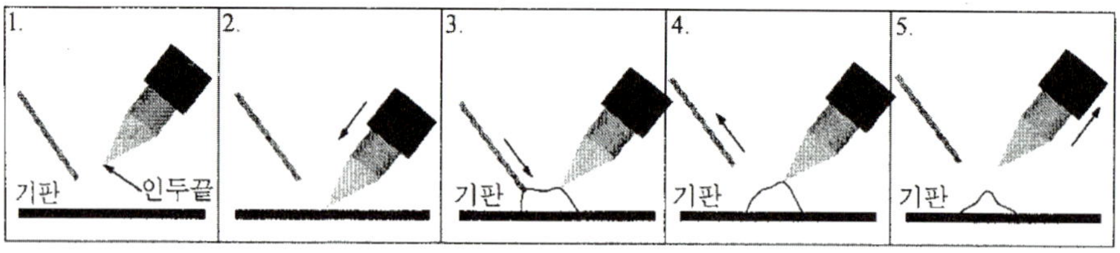

그림 5-1 납땜의 연습

(3) 납땜 작업의 순서 및 방법

① 인두 끝과 납을 가까이 하고 납땜 준비를 한다.

② 인두 끝으로 모재를 가볍게 누르며 모재(프린트 기판)를 가열한다.

③ 납땜할 위치에 납땜을 대고 적량 녹인다. 이 때 납이 곧 녹지 않으면 인두의 가열 부족이다.

④ 적량의 납이 녹으면 납을 뗀다. 납의 양은 약간 퍼졌을 때가 적량이다.

⑤ 납이 빛나고 약간 퍼질 때까지 기다렸다가 적당한 시간에 인두를 뗀다. 이때 인두 끝이 흔들리면 마무리가 잘 안된다. 위치에 납을 대고 적량 녹인다.

⑥ 검사하여 불량 땜인 경우에는 납 제거기를 사용한다.

(4) 부품 납땜 방법

① 부품의 리드선은 그림 5-2와 같이 부품 끝에서 3[mm]이상 되는 곳에서 구부리고, 기판에 삽입시킬 때에는 리드선의 높이가 5[mm]이상 되도록 삽입한다.

② 삽입한 부품의 기판 밖 리드선이 2 ~ 3[mm]되게 절단한다.

③ 리드선을 구부려 기판에 밀착시킨다.

④ 납땜한다.

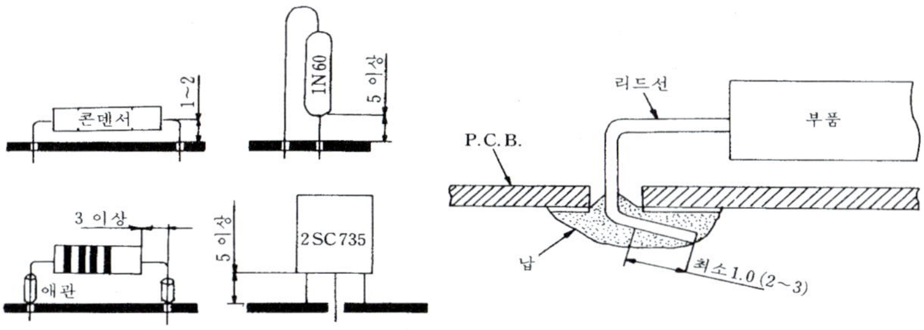

그림 5-2 리드선 구부리기와 삽입하기

(5) 납땜의 양 · 부 판정 및 검사

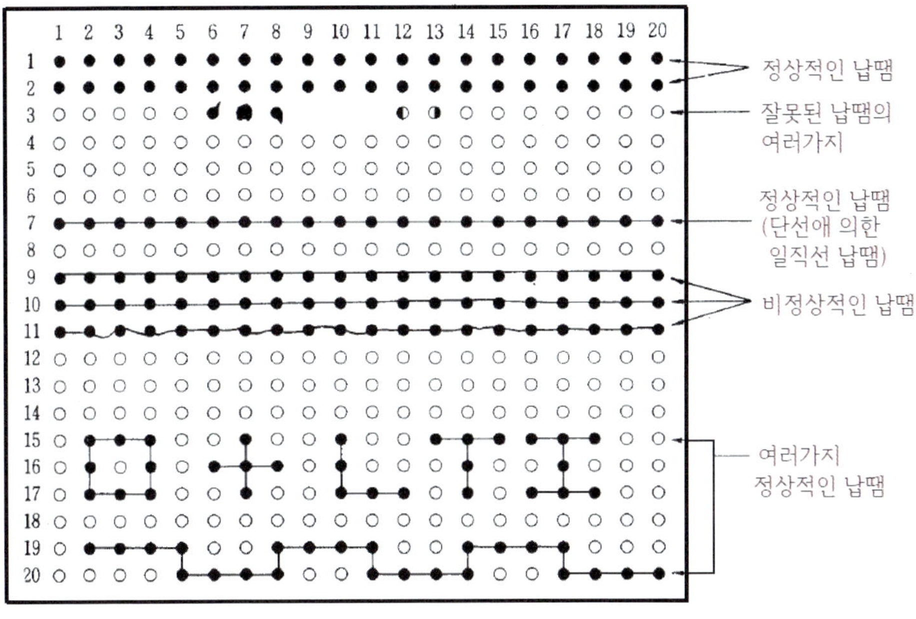

그림 5-3 20 × 20 기판의 납땜 양 · 부상태

① 납땜의 양 · 부 판정은 그림 5-3과 같다.

② 납땜 작업 후 경사각 및 검사는 그림 5-4와 같다.

③ 기판의 동박이나 부품의 리드선이 부식되었을 때는 땜이 잘되지 않는다. 따라서 사포나 줄로 부식된 부분을 깨끗이 닦아내고 페이스트를 칠하여 작업을 하면 융착이 용이하게 된다. 그러나 질이 좋은 땜납을 사용할 때에는 필요치 않게 된다.

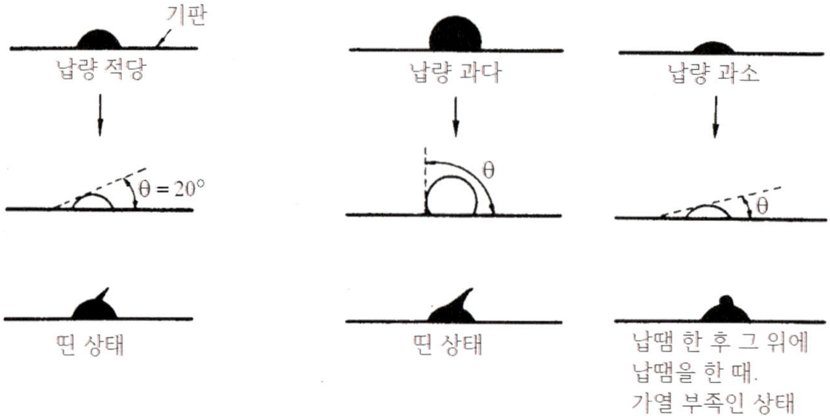

그림 5-4 납땜의 검사

2) 부품의 배선 및 배치

(1) 부품 배치

부품 배치는 주어진 회로의 구성 및 요구사항 등에 따라 배치해야하며 기판 전체를 균형있게 활용해야 한다.

기판과 회로도를 비교하여 방안지 및 기판지에 기판면(동박이 붙어있지 않는 면)을 중심으로 하여 다음 순서에 의하여 그린다.

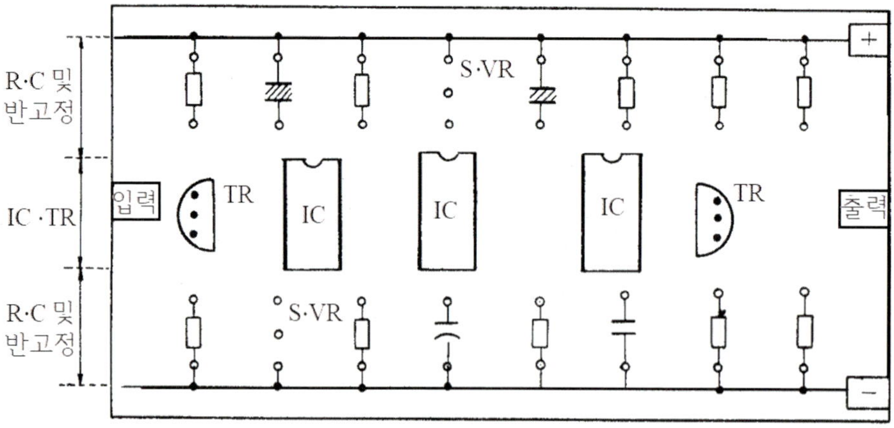

그림 5-5 부품 배치 요령

① 입력은 왼쪽, 출력은 오른쪽에 오도록 그린다.
② "+"선은 기판상단에 "−"선은 하단에 오도록 그린다.
③ 회로를 가로로 3등분하여 중앙에 트랜지스터나 IC를 배치하여 그린다.
④ 기판 위와 아래에는 기타 부품을 배치하여 그린다.
⑤ 리드선이 굵고 큰 부품은 면전을 고려하여 그려야 한다.
⑥ 부품은 서로 교차하지 않도록 그린다.
⑦ 선은 수평과 수직선만을 이용하여 그린다.
⑧ 저항이나 콘덴서 등은 세로로 배치하는 것이 바람직하나 점프선이 생길 때나 부득이한 경우에는 가로로 배치해도 무방하다.

(2) 부품 배선

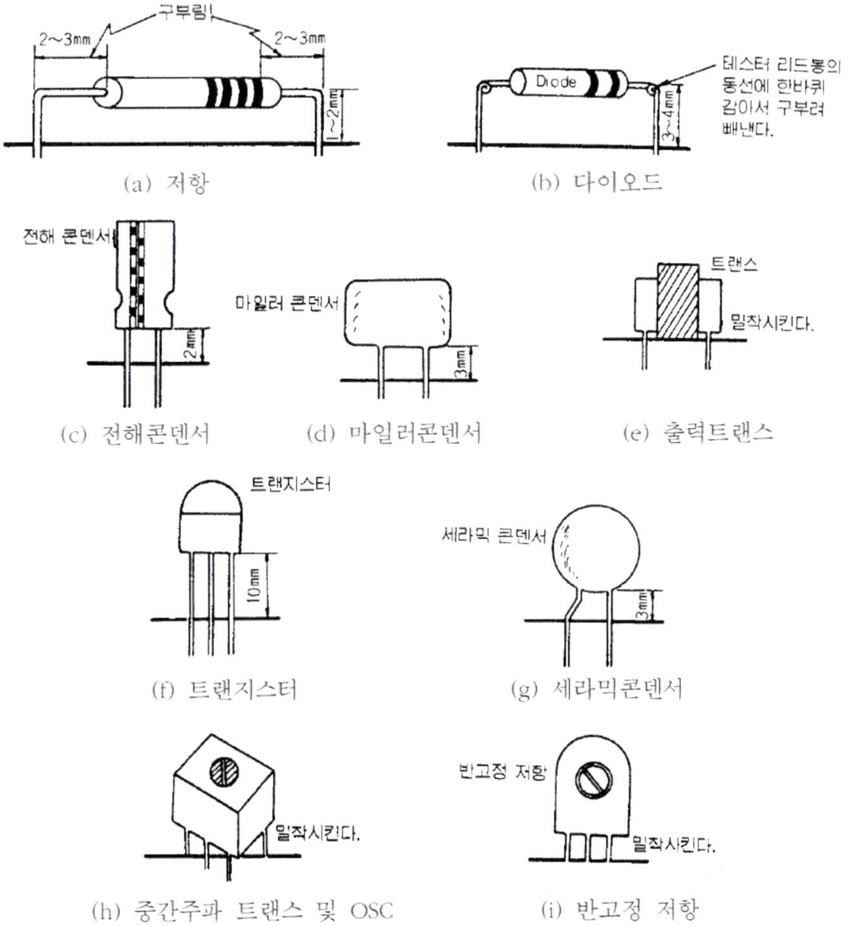

(a) 저항 (b) 다이오드
(c) 전해콘덴서 (d) 마일러콘덴서 (e) 출력트랜스
(f) 트랜지스터 (g) 세라믹콘덴서
(h) 중간주파 트랜스 및 OSC (i) 반고정 저항

그림 5-6 **부품 배선 요령**

부품 본체의 파열이나 납땜할 때의 파열로 치수가 변경되고 파손될 우려가 있기 때문에 그림 5-6과 같이 부품을 기판에 꽂아야 한다.

(3) 회로의 패턴(patten) 연습

패턴 작성은 조립하고자 하는 회로의 부품들을 기판 전체에 균형 있게 연결하기 위한 아주 중요한 작업으로, 다음 순서에 의한다.

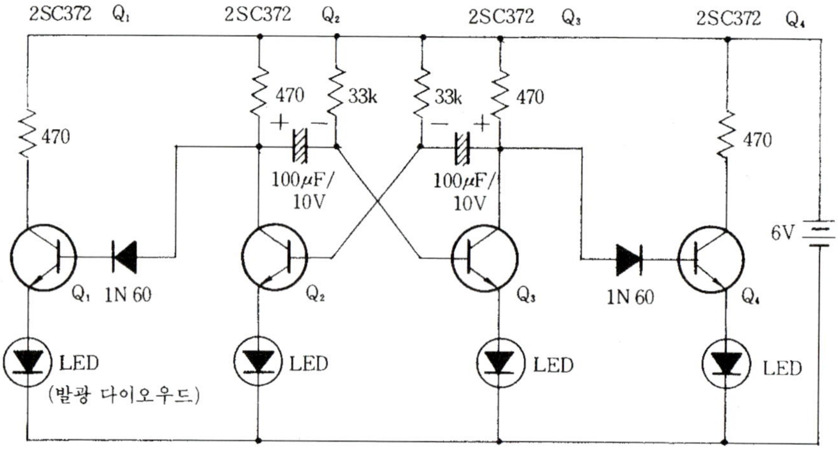

(a) 4TR 전자 점멸기 회로

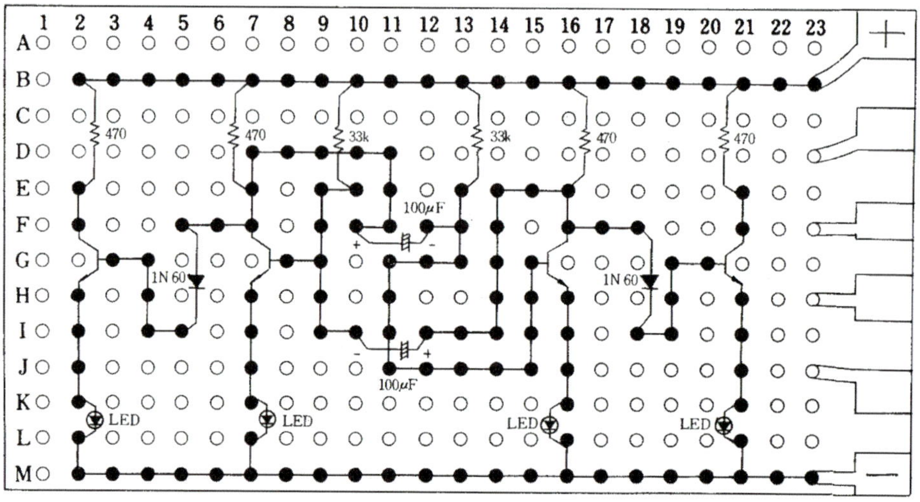

(b) 4TR 전자 점멸기 회로의 패턴도

그림 5-7 4TR 전자점멸기 회로 및 패턴도

① 기판의 전면(동박이 붙어 있는 곳)을 기준으로 입력은 왼쪽, 출력은 오른쪽으로 하고, 전원의 ⊕는 오른쪽 상단 ⊖측 접지는 오른쪽 하단에 오도록 한다.
② 부품은 기판의 후면(동박이 없는 곳)에 배치하는 것을 기준으로 한다.
③ 보통 저항은 4 ~ 5칸, TR은 3칸 Diode, 콘덴서는 2 ~ 3칸으로 한다.
④ 부품의 배치는 그림 5-5의 부품 배치 요령에 의하여 기판 전체가 균등하도록 한다.
⑤ 리드선은 수평과 수직으로만 사용하여 그린다.
⑥ 부품은 서로 교차하지 말아야 하며, 점프선이 가급적 생기지 않도록 한다. 패턴을 그리는 것은 지면상 모두 설명하기가 어려운 것이므로 담당교수의 지도와 아래의 예를 보고 반복 연습하도록 한다.

그림 5-7은 4개의 TR을 이용한 전자점멸기와 패턴도이다.

3. 사용 기기 및 부품

① 회로시험기 : 1 대
② 공구 (전기 인두 포함) : 1 Set
③ 저항 (반고정 포함) : 각각 1 개
④ TR, IC 소켓 : 각각 1 개
⑤ 2음 교차 발진기의 부품 목록 : 1 식
⑥ 기판 (20 × 20) : 3 개
⑦ 리드선 (0.5m) : 약간
⑧ 실납 : 약간

4. 실험 순서

① 20 × 20 (TR, IC 이용할 수 있는 기판) 기판에 리드선을 연결하여 2칸마다 납땜 연습을 한다.
② 그림 5-7의 회로도와 패턴도를 참조하여 기판에 배선 조립을 완성하라.

5. 결과 및 고찰

① 납땜 연습한 기판을 제출하라.
② 수동 및 능동소자의 부품 배치도를 제출하라.
③ 4TR 전자점멸기의 패턴도와 작품의 동작여부를 확인하고 제출하라.

6. 과제 및 검토사항

① 납땜 연습의 요령을 충분히 숙지하고 연습하여, 납땜이 능숙하도록 하자.
② 각종 소자의 부품 배치도를 완전히 이해하였는가?
③ 회로의 패턴도를 신속, 정확하게 그릴 수 있도록 연습하였는가?
④ 패턴도에 따라 회로를 조립할 수 있도록 지속적인 연습을 하라.

Memo

실험

06 키르히호프의 법칙 (Kirchhof's Law)

1. 실험 목적

① 키르히호프 전류법칙과 전압법칙을 이해한다.
② 키르히호프의 법칙을 실험을 통해 증명한다.

2. 관련 이론

전기회로망의 구성은 소자의 직렬과 병렬로 연결되며, 키르히호프 법칙은 회로 내의 시간적으로 변화하는 전류나 전압의 상관관계를 정의한 법칙으로써, 간단한 옴의법칙을 이용하여 복잡한 회로망을 해석하는데 널리 사용되고 있으며, 제 1법칙(전류법칙)과 제 2법칙(전압법칙)이 있다.

1) 키르히호프 제 1법칙 (전류법칙 = KCL)

정의

① 회로망의 임의의 한 접속점에 유입되는 전류의 총합과 유출되는 전류의 총합과 같다.

$$\sum_{i=1}^{n} I_i = \sum_{i=1}^{n} I_0$$

② 회로망의 임의의 한 접속점에 유 · 출입하는 전류의 대수합은 "0"이다.

$$\sum_{i=1}^{n} I_i = 0$$

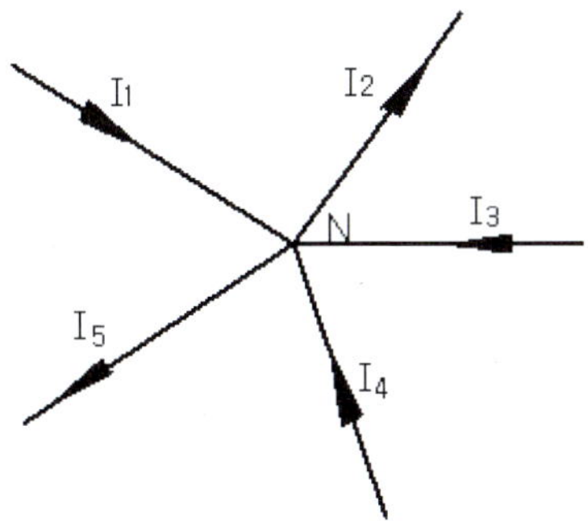

그림 6-1 전류의 법칙

그림 6-1에서 5개의 가지(branch)가 한 개의 접속점을 이루고 접속점으로 유입되는 전류를 ⊕방향, 유출되는 전류를 ⊖방향으로 할 때 KCL을 적용하면

$I_1 + I_3 + I_4 = I_2 + I_5$ 이므로 $I_1 - I_2 + I_3 + I_4 - I_5 = 0$ 이 된다.

2) 키르히호프 제 2법칙 (전압법칙 = KVL)

정의

임의의 폐회로망내의 기전력의 대수합은 그 폐회로망 내의 각 소자에 의한 전압강하의 합과 같다.

$$\sum_{i=1}^{n} E_i = \sum_{j=1}^{n} R_j I_j$$

그림 6-2에 KVL을 적용하면

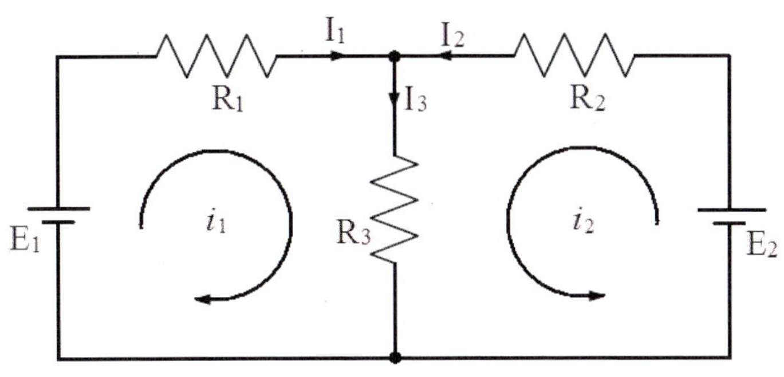

그림 6-2 전압의 법칙

$$E_1 = I_1R_1 + I_3R_3 \ [V] \qquad (1)$$

$$E_2 = I_2R_2 + I_3R_3 \ [V] \qquad (2)$$

로 표시된다. 여기서 $I_3 = I_1 + I_2$이므로 (1)식과 (2)식은

$$E_1 = (R_1 + R_3)I_1 + R_3I_2 \ [V] \qquad (3)$$

$$E_2 = R_3I_1 + (R_2 + R_3)I_2 \ [V] \qquad (4)$$

가 되어 회로망에 흐르는 전류와 각 소자에 걸리는 전압을 구할 수 있다.

3. 사용기기 및 부품

① 전원공급기 : 1대
② 테스터기 : 1대
③ 회로실험대 (Bread Board) : 1대
④ 저항 3개 (100Ω × 1, 200Ω × 1, 300Ω × 1)
⑤ 리드선 : 약간
⑥ 기타 Accessory : 1식

4. 실험 순서

① 그림 6-3에서 I_1, I_2, I_3, V_1, V_2, V_3를 계산하여 그 값들이 키르히호프 제 1, 제 2법칙이 성립함을 확인한 후 표 6-1에 이론값을 각각 기재하라.

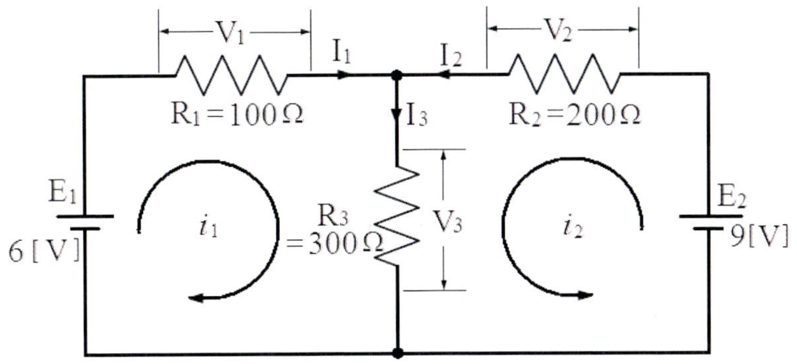

그림 6-3 키르히호프의 법칙 실험회로

② 그림 6-3을 결선 하라. 이 때 직류전압 공급기 ⊕, ⊖를 각각 연결하고 각 전압측정은 멀티테스터기를 이용한다.

③ E_1, E_2 를 표 6-1에 주어진 값들로 조정하여, 그 때 전압, 전류를 측정하여 기재하라.

※ 표 6-2의 전류는 직접 측정하지 않고 표 6-1에서 측정한 전압에서 $I = \frac{V}{R}$ 로 계산하여 기재하라.

5. 결과 및 고찰

1) 전압 측정

표 6-1 키르히호프의 법칙에 의한 전압측정

전압 / 항목	V1 [V]	V2 [V]	V3 [V]	E1 = V1 + V3 [V]	E2 = V2 + V3 [V]
이론값					
측정값					

2) 전류 측정

표 6-2 키르히호프 법칙에 의한 전류 측정

전류 / 항목	I1 [mA]	I2 [mA]	I3 [mA]
이론값			
측정값			

결과보고서

실습일자

담당교수

학　번

성　명

실험제목 실험 6. 키르히호프의 법칙(Kirchhof's Law)

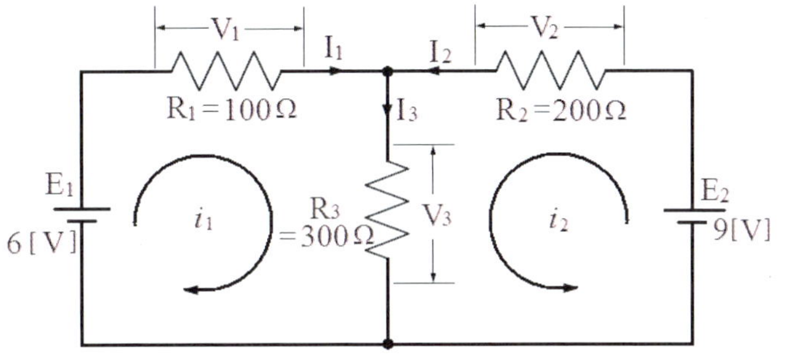

그림 6-3 키르히호프의 법칙 실험회로

표 6-1 키르히호프의 법칙에 의한 전압측정

항목 \ 전압	V1 [V]	V2 [V]	V3 [V]	E1 = V1 + V3 [V]	E2 = V2 + V3 [V]
이론값					
측정값					

표 6-2 키르히호프 법칙에 의한 전류 측정

항목 \ 전류	I1 [mA]	I2 [mA]	I3 [mA]
이론값			
측정값			

실험 07 중첩의 원리 (Law of superposition)

1. 실험 목적

① 다수의 전원을 포함하는 회로망의 전류분포를 중첩의 원리를 이용하여 구해 본다.
② 중첩의 원리를 실험을 통해 이해한다.

2. 관련 이론

1) 중첩의 원리의 정의

중첩의 원리란 직렬이나 병렬로… 이루어지고, 둘 혹은 그 이상의 전원을 포함한 회로의 해를 구할 때. 사용된다. 이… 방법의 큰 장점은 전압과 전류를 구하기 위해서 행렬식과 같은 수학적 기술을 필요로 하지 않는다는 것이다. 대신에, 각 전원은 독립적으로 취급하고, 대수적인 합으로 회로의 미지수를 결정한다. 중첩의 원리를 다음에 정리하면, 하나의 선형적 양방향성 회로망에서 한 소자의 전류나 전압은 각 전원에 의해서 독립적으로 나타나는 전류나 전압의 대수적 합과 같다. 이 이론을 적용시킬 때는 동시에 두 개 이상의 전원이 존재할 때의 영향과 해석해야 할 회로망 수의 감소를 고려하여야 한다. 그러나, 일반적으로

$$\text{해석할 회로망의 수} = \text{독립전원의 수}$$

독립적으로 각 전원의 영향을 생각하기 위하여 전원을 제거하고 마지막 결과에 영향을 미치지 않게 재배치할 필요가 있다. 이 이론을 적용할 때 전압 전원을 제거하기 위하여 그림 7-1과 같이 전압원 단자는 반드시 단락회로로 해야 하고, 전류전원을 제거할 때는 개방회로로 시켜야 한다. 치환된 전원과 관계된 내부저항이나 컨덕턴스는 제거하지 않는다고 생각해야 한다. 회로의 일부를 통과하는 전체 전류는 각각의 전원에 의해 독립적으로 생성된 전류의 대수합과

같다. 즉, 두 개의 전원 회로에서 만약 한 전원에 의한 전류가 어떠한 방향으로 흐르고 다른 전류원에 의한 전류가 반대 방향으로 흐르면 전체 전류는 두 전류의 차에 의해 결정되고 전류의 방향은 크기가 큰 전류의 방향과 같다.

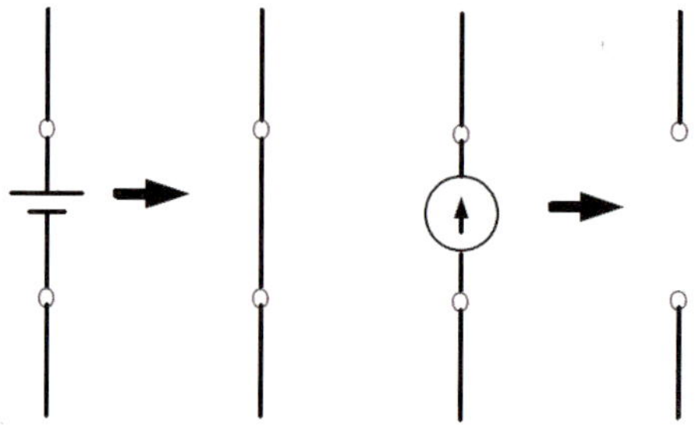

그림 7-1 전압원, 전류원 제거 예

2) 중첩의 원리를 적용시키는 단계

① 단계 1 : 한 번에 한 개의 전압(전류)원을 취하고, 다른 전압(전류)원은 단락(개방)시킨다.
② 단계 2 : 회로에 전원이 한 개만 있는 것으로 생각하여 원하는 지로의 전류(전압)을 구한다.
③ 단계 3 : 회로 내의 다른 전원에도 단계 1, 2를 반복한다.
④ 단계 4 : 필요한 전류, 전압을 구하려면 각 개별적인 전원에 의한 전류 또는 전압을 더하거나 뺀다. 전류가 동일방향이거나 전압이 동일 극성이면 더하고 전류의 방향이 반대이거나 전압의 극성이 반대이면 큰 것에서 작은 것을 빼주어 전류는 큰 것의 방향으로 전압은 큰 극성으로 방향을 정한다.
⑤ 위의 모든 단계에서 구한 전류와 전압을 키르히호프 법칙이 성립하여야 한다.

3. 사용기기 및 부품

① 전원공급기 : 1대
② 테스터기 : 1대
③ 회로실험대 (Bread Board) : 1대
④ 저항 3개 (1㏀ × 1, 1.5㏀ × 1, 2.2㏀ × 1)
⑤ 리드선 : 약간
⑥ 기타 Accessory : 1식

4. 실험순서 및 결과

① 그림 7-2의 회로를 연결하고 V1 = 12V, V2 = 6V로 맞춘다.

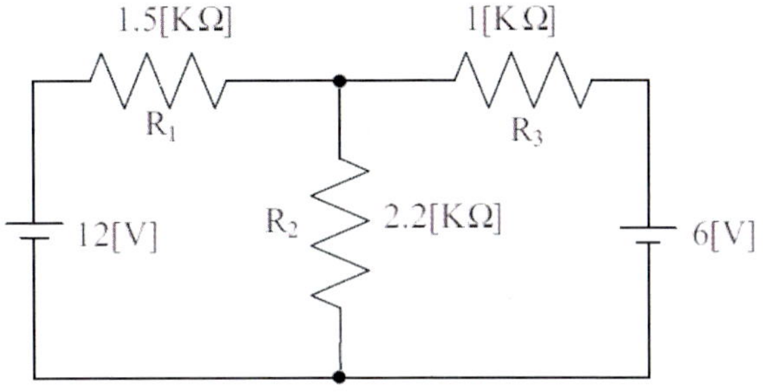

그림 7-2 실험 회로(1)

② 그림 7-2의 회로에서 중첩의 원리를 사용하여 각 저항에 흐르는 전류를 계산하여라.

I_1____________ I_2____________ I_3____________

③ 그림 7-3의 회로에 전류의 방향을 표시하여라.

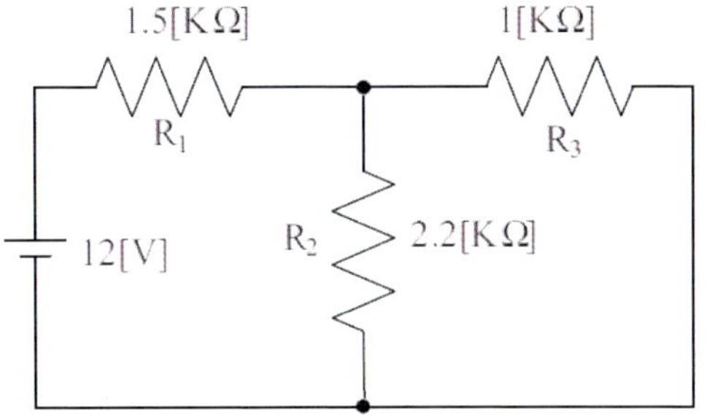

그림 7-3 실험회로(2)

④ 그림 7-3의 회로를 결선하여라.

⑤ 디지털 전압계를 사용하여 각 저항 양단의 전압을 측정하여 각 저항에 흐르는 전류를 구하여라.

I_1____________ I_2____________ I_3____________

⑥ 그림 7−4의 회로를 사용하여 순서 3)−5)의 과정을 반복 실험하여라.

I_1 ________________	I_2 ________________	I_3 ________________

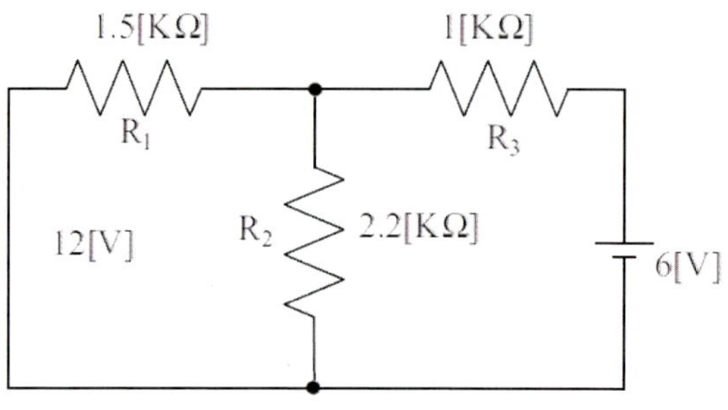

그림 7−4 실험회로(3)

⑦ 그림 7−2의 회로를 다시 그리고 그림 7−3과 그림 7−4에서 측정된 전류값들의 결과를 회로에 표시하여라.

⑧ +12V와 +6V의 전원을 동시에 사용하여 그림 7−2의 회로를 결선하고 각 저항에 흐르는 전류를 측정하여라.

I_1 ________________	I_2 ________________	I_3 ________________

⑨ 위 순서 ⑦에서 얻은 결과와 ⑧에서 얻은 측정값에 대한 %오차를 계산하여라.

% 오차	I_1 ________________	I_2 ________________	I_3 ________________

⑩ 순서 ⑧에서 구한 측정값과 순서 ②에서 계산한 값 사이의 %오차를 구하여라.

% 오차	I_1 ________________	I_2 ________________	I_3 ________________

5. 과제 및 검토사항

① KVL과 중첩의 원리 중 어느 방법이 다중 전원 문제를 풀이하는데 유리한가?

② 각 저항기에 흐르는 전류의 측정치가 이론적 계산 값과 일치하는가?

결과보고서

실습일자 ______________________ 담당교수 ______________________

학　　번 ______________________ 성　　명 ______________________

실험제목 실험 7. 중첩의 원리

② 그림 7-2의 회로에서 중첩의 원리를 사용하여 각 저항에 흐르는 전류를 계산하여라.

I_1 ______________	I_2 ______________	I_3 ______________

⑤ 디지털 전압계를 사용하여 각 저항 양단의 전압을 측정하여 각 저항에 흐르는 전류를 구하여라.

I_1 ______________	I_2 ______________	I_3 ______________

⑥ 그림 7-4의 회로를 사용하여 순서 3)-5)의 과정을 반복 실험하여라.

I_1 ______________	I_2 ______________	I_3 ______________

⑧ +12V와 +6V의 전원을 동시에 사용하여 그림 7-2의 회로를 결선하고 각 저항에 흐르는 전류를 측정하여라.

I_1__________ I_2__________ I_3__________

⑨ 위 순서 ⑦에서 얻은 결과와 ⑧에서 얻은 측정값에 대한 %오차를 계산하여라.

% 오차	I_1__________ I_2__________ I_3__________

⑩ 순서 ⑧에서 구한 측정값과 순서 ②에서 계산한 값 사이의 %오차를 구하여라.

% 오차	I_1__________ I_2__________ I_3__________

실험

08 테브난의 정리

1. 실험 목적

① 저항과 전원을 포함하는 임의의 2단자 선형회로망에서 테브난(Thévenin) 등가회로에 대하여 이해한다.

② 테브난의 정리를 이해하고 실험을 통해 증명한다.

③ 복잡한 회로를 단순한 등가회로로 대치하여 해석하는 지식을 습득한다.

2. 관련 이론

회로를 해석하다보면 단일가지에 흐르는 전류 또는 전압을 구하는 경우가 많다. 이 때에 한 가지의 전류 또는 전압을 구하기 위해서 루우프방정식 또는 마디방정식을 세워 연립방정식을 푸는 것은 일반적으로 번거롭고 지루하다. 이 경우에 등가회로에 관한 테브난의 정리와 노튼의 정리를 이용하면 매우 편리하다.

테브난의 정리는 그림 8－1(a) 에서 출력 단자 a, b로부터 선형능동회로망 쪽으로 바라본 등가임피던스 Zab와 직렬로 연결된 단일등가원으로 대치할 수 있다. 즉 Zab는 출력 단자를 개방하고 회로망내에 내포된 모든 전압원을 단락, 모든 전류원은 개방시키고, 출력단자에서 본 회로망의 구동점 임피이던스를 말한다. 그림 8－1(b)와 같이 부하 RL을 연결했을 때 부하 전류 I는 다음과 같다.

$$I = \frac{V_{ab}}{Z_{ab} + R_L}$$

그림 8－1(c) 가 테브난의 등가회로이다.

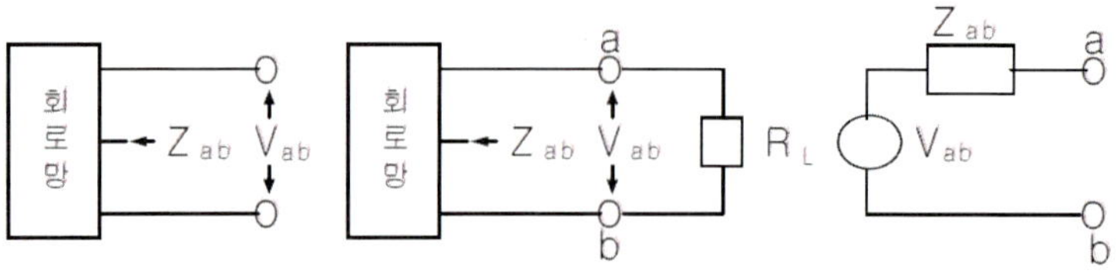

그림 8-1 테브난의 정리

테브난의 등가회로는 원래 회로에는 관계없이 항상 직렬형으로 구성된다.

테브난 등가 회로의 단자 사이에 연결된 어느 부하 저항에도 그 저항부하가 원래 회로의 단자에 연결된 것 같이 전류가 흐르고 동일한 전압이 걸린다.

테브난의 정리를 적용시키는 단계

테브난의 정리를 적용시키는 단계를 다음과 같이 요약한다.

1단계 : 테브난 등가회로를 구하려는 두 단자를 개방한다(부하를 제거한다.)

2단계 : 개방 두 단자 사이의 전압 V_{ab}를 구한다.

3단계 : 모든 전압원은 단락시키고 모든 전류원은 개방시켜, 두 단자 사이의 임피던스 Z_{ab}를 구한다.

4단계 : V_{ab}와 Z_{ab}를 직렬 연결시켜 원회로에 대한 완전한 테브난 등가를 만든다.

5단계 : 테브난 등가회로의 단자 사이에 단계 1에서 제거한 부하저항 R_L을 연결한다. 이제 부하 전류를 옴의 법칙에 의해 계산할 수 있으며, 원래 회로의 부하 전류와 동일하다.

3. 사용 기기 및 부품

① 전원공급기 : 1대

② 테스터기 : 2대

③ 회로실험대 (B.B) : 1대

④ 저항 6개 (220Ω × 1, 330Ω × 1, 470Ω × 1, 1K × 1, 2K × 1, 3K × 1)

⑤ 리드선 : 약간

⑥ 기타 Accessory : 1식

4. 실험 순서

① 그림 8－2회로에 대하여 표 8－1의 이론값을 구하여 기록하라.

② 실험 회로(1)을 결선하고 (RL은 개방된 상태) a, b 양단 전압 V_{ab}를 테스터로 측정하여 표 8－1에 기록하라.

③ 실험 회로(1)에서 20[V]의 전원을 제거하고, 그 부분을 단락한 후, a, b 단자 저항 Z_{ab}를 테스터로 측정하여 표 8－1에 기록하라.

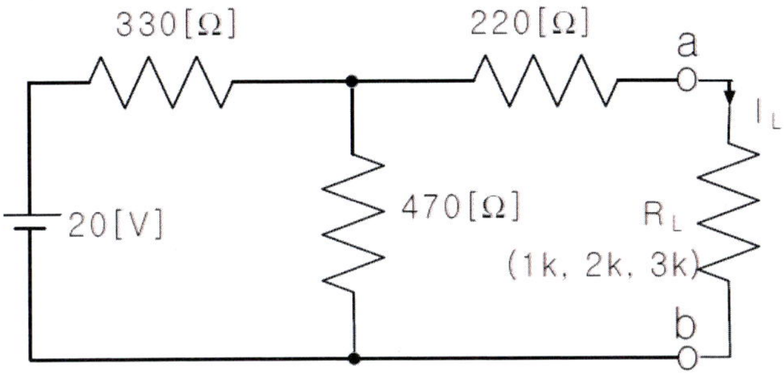

그림 8－2 실험회로 1

④ 다시 실험 회로(1)을 결선한 후, 단자 a, b에 부하저항 RL에 1[KΩ], 2[KΩ], 3[KΩ]을 접속했을 때 RL에 흐르는 각각의 전류를 테스터로 측정하여 표 8－1에 기록하라.

⑤ 실험 순서 1)에 의해 구해진 V_{ab},, Z_{ab}로 그림 8－3 실험회로 2를 구성한 후 RL값을 1[KΩ], 2[KΩ], 3[KΩ]으로 했을 때 각각의 부하 전류 IL을 테스터로 측정하여 표 8－1에 기록하라.

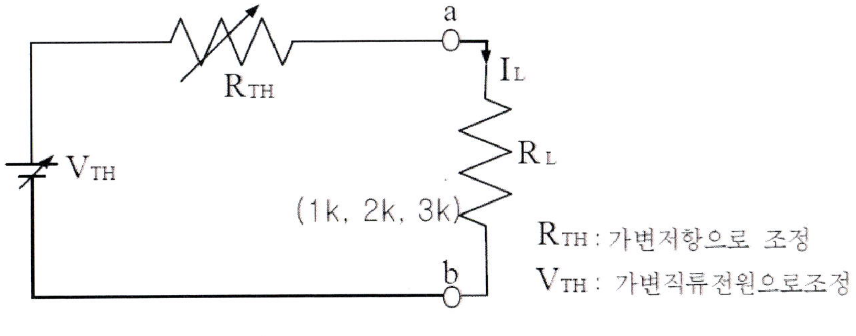

그림 8－3 실험회로 2

5. 결과 및 고찰

실험 순서에 의한 이론값과 측정값을 아래 표에 기록하라.

표 8-1 테브난의 정리 실험

		이론값	측 정 값		오 차	
			실험회로 1	실험회로 2	실험회로 1	실험회로 2
VTH						
RTH						
IL	무부하시					
	1[KΩ]					
	2[KΩ]					
	3[KΩ]					

6. 과제 및 검토사항

① 노오튼의 정리에 대하여 알아보자.

② 표 8-1에서 오차의 원인을 설명하라.

결과보고서

실습일자

담당교수

학 번

성 명

실험제목 실험 8. 테브난의 정리

표 8-1 테브난의 정리 실험

		이론값	측 정 값		오 차	
			실험회로 1	실험회로 2	실험회로 1	실험회로 2
VTH						
RTH						
IL	무부하시					
	1[KΩ]					
	2[KΩ]					
	3[KΩ]					

실험

09 오실로스코프와 신호발생기

1. 실험 목적

① 오실로스코프의 기본원리를 이해하고 구조와 단자기능 및 사용법을 익힌다.
② 신호발생기의 사용법을 익힌다.
③ 오실로스코프와 신호발생기를 이용하여 파형관측 및 전압과 주기 (T), 주파수(f)를 측정한다.

2. 관련 이론

1) 오실로스코프

음극선 오실로스코프(Cathode Ray Oscilloscope : CRO)는 파형분석을 통하여 시각적으로 회로를 분석하는데 매우 중요한 전자 측정 장치로서 텔레비전과 같이 연산 증폭 및 수직, 수평 증폭의 원리를 이용하여 미지의 직 · 교류전압, 전류, 주파수, 변조도, 위상 등의 시간적으로 변화하는 전기적인 변화를 측정, 분석하는데 널리 사용되는 계측기이다. TV관과 거의 비슷한 음극선관 (Cathode Ray Tube : CRT)은 스크린 상에 파형으로 인가한 신호의 모양을 보여주는 시각적인 디스플레이가 가능하게 한다. 전자빔은 관 정면을 가로질러 스위프하는 것처럼 편향된다. 그러면 입력단자에 인가된 신호의 디스플레이가 잔상을 남기게 된다. 멀티미터가 인가 신호에 대한 수치적인 정보를 제공하는 반면, 오실로스코프는 디스플레이 될 파형의 실제 모양을 보여준다. 넓은 주파수 대역의 오실로스코프가 사용가능한데 각 오실로스코프에 따라 디스플레이 할 수 있는 주파수 대역이 정해져 있다. CRO는 Hz의 저대역 주파수로부터 수백 MHz단위의 고대역 주파수에서 동작 할수 있도록 만들어진다. 또한 CRO는 nanosecond (9－9)의 수분의 1 단위로부터 수초에 이르기까지의 시간간격을 측정하는 데 사용 될 수 있다.

(1) 오실로스코프의 구성

오실로스코프의 간략한 구성은 전자빔 조정 시스템, 수직편향 시스템, 수평편향 시스템, 트리거 시스템 등으로 구성된다.

① **전자빔 조정 시스템** : 전자류를 만들고 위치를 정하는데 필요한 전원을 공급하며, 궤적을 선명하게 하고 파형의 초점 조정, 휘도의 세기를 조정한다.

② **수직편향 시스템** : 입력신호 파형을 받아들이고 증폭 또는 감쇄시킨다.

③ **수평편향 시스템** : 수평 스위프 발진기와 수평편향 증폭기로 구분되며, 수평 스위프 발진기는 음극선관의 표면에서 편향되는 데 요구되는 이득을 얻는 톱니파를 만드는 발진기이다. 또한 수평편향 증폭기는 외부에서 발생된 스위프 파형을 받아들일 수 있도록 되어 있다.

④ **트리거 시스템** : 수평 스위프 발진기의 시간을 정하는데 필수적이며, 동기 또는 트리거 펄스는 입력파 형상의 정해진 점에서 스위프 발진기가 연속적으로 시작되도록 한다. 적절한 트리거 작용으로 음극선관의 표면상에서 입력신호가 안정하게 표시 되도록 된다.

(2) 오실로스코프의 단자기능

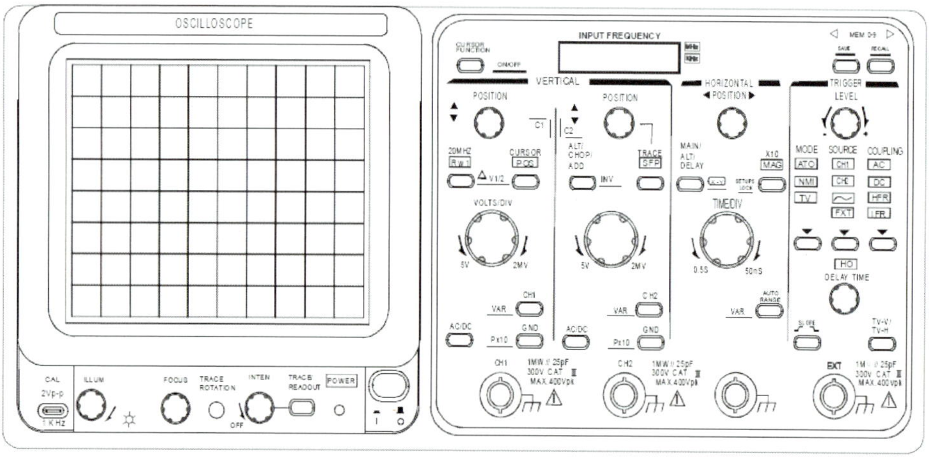

그림 9-1 오실로스코프 OS-7100RB의 전면부

오실로스코프의 전면에 있는 조정단자들의 형태, 위치, 기능 등은 생산회사에 따라 약간 다르지만 근본적인 기능은 거의 같다. 그림 9-1은 오실로스코프 모델 OS-7100RB으로서 전면 판넬의 각 조절기 및 단자의 기능은 다음과 같다.

디스플레이 제어부

디스플레이 제어 부분은 화면상 파형의 외관을 조정하고 프로브 보상용 신호를 제공한다.

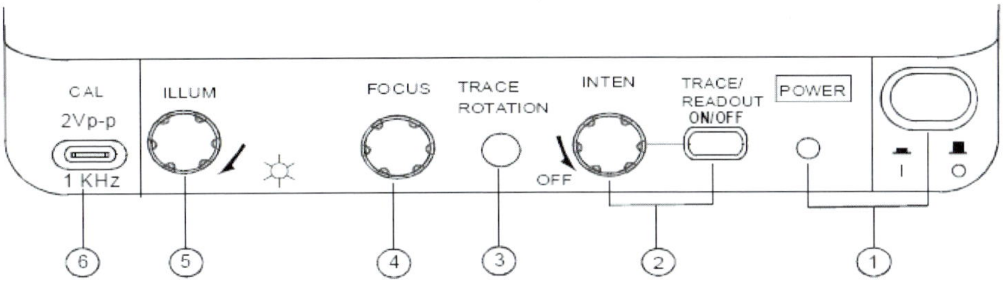

디스플레이 제어부

① 전원스위치-ON (I) and OFF (O) : 스위치 On시 모든 LED가 점등되고 및 소프트웨어 버전이 화면에 나타난다. 회로 내부 테스트가 완료되면 일반적인 사용모드로 전환된다. 마지막 설정 상태가 활성화되고 LED가 ON상태를 나타낸다.

② INTEN-TRACE/READOUT & READOUT ON/OFF : 이 노브는 트레이스와 문자의 휘도를 조정 한다. 시계방향으로 돌리면 휘도를 증가 시키고 반대 방향은 감소시킨다. The TRACE/READOUT 버턴은 휘도 기능을 선택하며 "TRACE INTEN" 또는 "READOUT INTEN"을 번갈아 표시한다. 이 버턴은 다음과 같은 순서대로 표시된다: "TRACE INTEN"-"READOUT INTEN"-"TRACE INTEN" READOUT ON/OFF: TRACE/READOUT 버턴을 누른 상태에서 1-2초간 지속하면 리더아웃 기능을 On 또는 Off 할 수 있다.

③ TRACE ROTATION : 트레이스의 수평축을 화면의 수평눈금과 동일 선상으로 정렬하는 기능입니다. 작은 스크류 드라이버로 조정한다.

④ FOCUS : 트레이스와 리드아웃 문자의 포커스를 조정한다.

⑤ ILLUM : 화면의 밝기를 조정한다.

⑥ CALL : CAL 단자는 프로브 보상용 1KHz / 2Vp-p의 기준 신호를 제공한다.

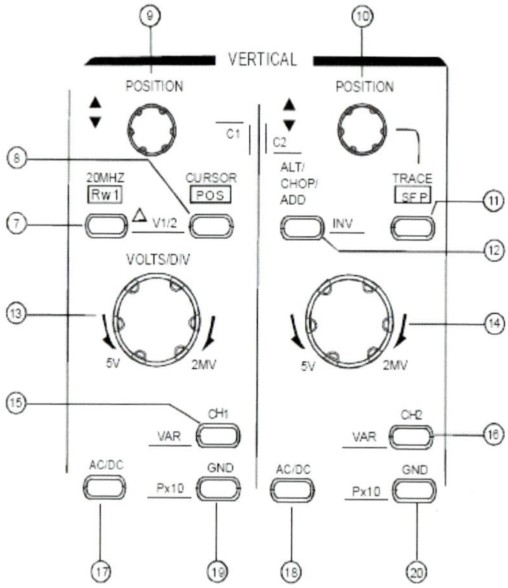

수직축 제어부

⑦ **20MHz 대역폭 제한** : 대역폭이 20MHz로 제한 되고 측정은 파형에서 원하지 않는 고주파 신호를 제거 한 후 이루어 진다. 20MHz 이상의 높은 주파수 성분은 트리거 신호로부터 제거된다.

⑧ **CURSOR POS-△V1/2** : 이중기능이 있는 버턴과 이에 상응하는 LED 커스의 포지션 또는 CH1/CH2의 포지션 기능은 커서 버턴을 눌러 커서 측정이 가능하다는 표시 이후에 선택할 수 있다.

버턴을 눌러 관련 LCD가 점등되면 각 CH1/CH2 Position 노브는 이제 Cursor1 / Cursor2의 포지션 조정으로 전환. 동작하게 된다.

V1 / 2 – 이 기능은 △V(Voltage) 측정 관련 듀얼 모드에서 가능하다.

이 버턴을 누른 상태에서 1-2초간 지속하면 CH1과 CH2사이의 측정값으로 전환된다. 이때 측정값은 "V1…" 또는 △V2…" 표시되며 교정된 편향계수(the deflection coefficient)가 제공된다. 커스 설정은 반드시 선택된 채널의 신호에 관련된 것이야 한다.

⑨ **CH1 POSITION** : CH1의 수직축 포지션 노브로 사용되며 아울러 커스 측정 모드에서는 Cursor1의 포지션 노브로 사용된다.

⑩ CH2 POSITION : CH2의 수직축 포지션 노브로 사용되며 아울러 커스 측정 모드에서는 Cursor2의 포지션 노브로 사용된다. B타임 모드에서 CH2 포지션 노브는 메인 Sweep에서 Delay sweep을 분리하는데 사용 할 수 있다. 자세한 것은 소인 설정⑪을 참조하기 바란다.

⑪ TRACE SEP : 이 기능은 교번 타임 모드에서만 동작한다. 버턴을 눌러 LED를 점등하고 CH1 Volt/div 노브는 B SWEEP의 Y축 위치를 변화시킨다.

⑫ ALT/CHOP/ADD-INV : 이 버턴은 많은 기능을 포함하지만 양쪽 채널이 활성화 되어 있을 시 사용 가능하다.

- ALT-파형을 하나씩 순서대로 DISPLAY
- CHOP-파형을 동시에 나타낸다.
- ADD-두 파형의 합 또는 차를 나타낸다.
- INV-CH2 파형의 극성을 180° 변화 시킨다.

⑬ CH1 VOLTS/DIV

⑭ CH2 VOLTS/DIV : 1-2-5 STEP으로 2mV/div에서 5V/div까지 수직편향 감도를 선택하는 단계별 감쇄기로서 입력신호의 크기에 관계없이 파형 관측이 가능하며, 파형 관측이 용이하도록 적절한 위치에 놓고 사용한다.

⑮ CH1-VAR

⑯ CH1/CH2

⑰ CH1 AC/DC

⑱ CH2 AC/DC : AC/DC입력 커플링을 선택한다. 선택된 커플링이 화면에 표시된다.

⑲ CH1 GND-P X 10 : CH2 GND-P X 10: 2개의 기능을 제공한다.

⑳ GND : 버턴을 누르면 수직 증폭기 입력단을 접지시킴으로서 GND가 기준점이 된다. 화면에는 접지 형태가 나타난다. (⏚)

- P x 10 - 버턴을 1-2초간 지속적으로 누르면 프로브 10:1프로브 감쇄비율을 선택할 수 있으며 화면에는 “p10”으로 나타난다.

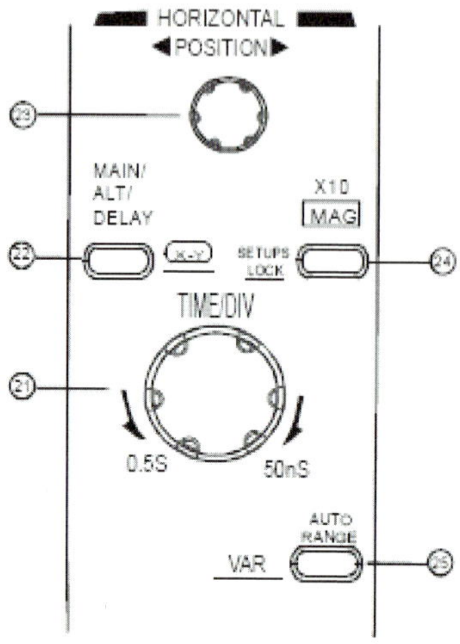

수평축 제어부

㉑ TIME/DIV : 교정된 주기간 간격, 지연소인 동작을 위한 지연시간을 선택 할 수 있다.

㉒ MAIN/ALT/DELAY/X-Y : 소인 형태를 선택한다.

- MAIN-주 시간축의 SWEEP 시간을 표시한다.
- ALT-MAIN TIME과 DELAY TIME SWEEP의 시간을 동시에 표시하며 DELAY SWEEP은 MAIN SWEEP의 강조된 부분이 나타난다.
- DELAY-지연된 시간축의 SWEEP 시간이 표시 됩니다. 휘도 변조된 부분이 확대 되어 화면에 나타난다.
- X-Y-CH1을 X축으로 CH2를 Y축의 입력으로 표시하며 X-Y 측정시에 내부 시간축은 사용되지 않으며, 수직 및 수평 편향 모두 외부신호에 의해 동작한다.

㉓ H POSITION : SWEEP의 X축 위치를 움직이게 합니다. X 10 MAG기능과 함께 사용이 가능하다.

㉔ X 10 MAG-SETUPS LOCK (이중기능) : X 10 MAG: SWEEP의 X축을 10배 확대 합니다.

- SETUPS LOCK : 버턴을 누른 후 1-2초간 지속하면 본 기능이 활성화 되어 잠금 기능이 ON 또는 OFF 된다.

㉕ AUTO RANGE-VAR (다중기능)

- AUTO RANGE - 입력 신호에 대하여 X축 방향으로 1.6 ~ 4개의 파형이 나타날 수 있도록 자동으로 설정된다. 100Hz 또는 그 이하의 주파수 입력 시 TIME/DIV는 5ms/div

로 설정되며 8MHz 또는 이상의 주파수 입력 시 TIME/DIV는 50ns/div로 설정된다.

• VAR-버턴을 누른 후 1-2초간 지속하면 Variable 기능이 활성화된다. 본 기능은 Main 시간에 대해서만 동작한다.

(3) 오실로스코프의 기본 측정

먼저 측정하기 전에 오실로스코프의 수직입력감쇠 미세 조정기(variable)는 CAL위치에, 수직 position, 수평 position, focus, 및 trace rotation을 목적에 맞게 조절하고 probe도 정확하게 조정 작업을 한다.

① DC 또는 DC 에 AC가 중첩된 전압의 측정 방법

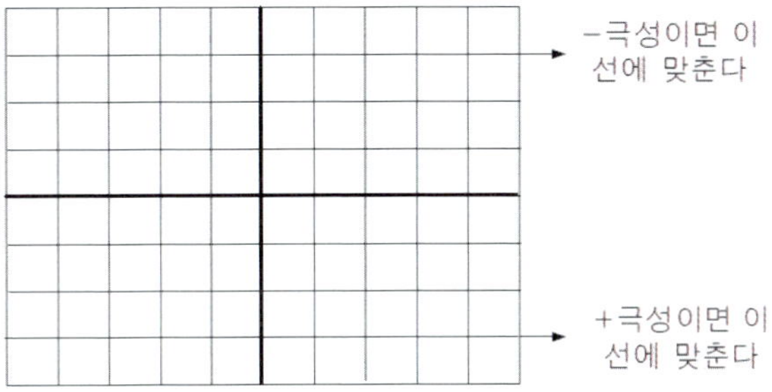

그림 9-3 전압극성에 따른 휘선의 설정

먼저 프로브를 입력신호를 수직입력단자에 접속하고 입력결합 선택기를 접지 (GND)로 하여 휘선을 임의의 위치에 맞춘다. 이 경우 입력신호가 +의 극성이면 그림 9-3의 CRT 스크린상의 밑에서 1DIV째의 위치, -의 극성이면 위에서 1DIV의 위치에 맞춘 다음 입력 결합선택기를 DC로 한다. DC전압의 경우는 휘선이 이동하면 교류가 중첩된 전압 파형은 그림 9-4와 같다.

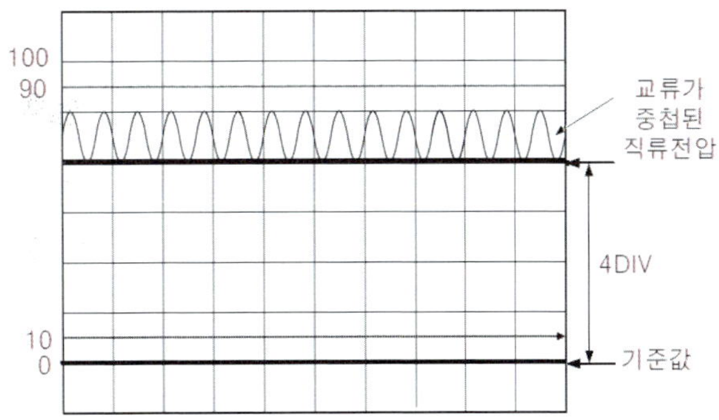

그림 9-4 교류가 중첩된 직류전압 측정

전압을 구하는 방법은

$$직류전압(Vdc) = 수직이동거리(DIV) \times 수직감쇠기지시치(VOLTS/DIV) \times 프로브의\ 감쇠비$$

예를 들어 그림 9-4의 경우 수직이동거리는 기준선에 대해 4 DIV이다.
VOLTS/DIV의 지시치를 0.2V/DIV이라 하고, 10:1 프로브를 사용하여 측정한 경우, 위 식에 의해

$$Vdc = 4(DIV) \times 0.2\ (V/DIV) \times 10 = 8V\ 계산된다.$$

② **교류 전압의 측정 방법** : 입력결합선택기를 AC로 하고, 파형이 정지하도록 각 조정기의 손잡이를 설정한 다음 파형이 측정되기 쉽도록 수직감쇠기(VOLTS/DIV)와 소인시간선택기(SWEEP TIME/DIV) 손잡이를 조정한다. 다음에 수직위치 조정기로 측정하려고 하는 전압파형의 하단을 수평눈금선의 하나에 일치시키고 또한 측정파형이 CRT스크린 상에서 최대가 되도록 수직입력 (VOLTS/DIV)을 조정한다.

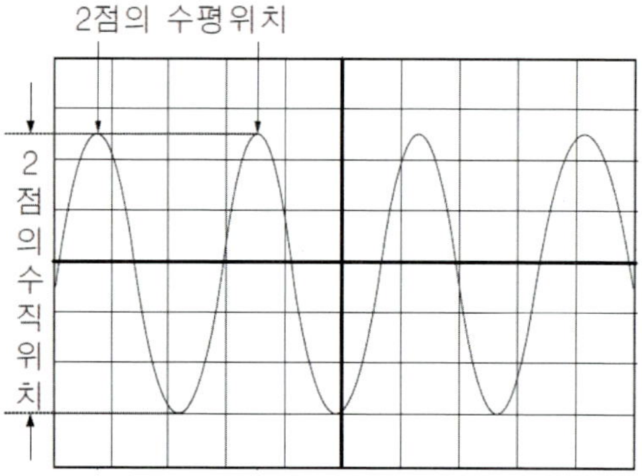

그림 9-5 교류전압의 측정 방법

그림 9-5에 있어서 측정하는 2점(peak-to-peak)간의 수직거리를 측정하여 다음 식에 의하여 교류전압의 Vp-p값을 얻을 수 있다.

교류 전압(Vp−p) =
2점간의 수직거리 (DIV) × 감쇠기지시치(VOLTS/DIV) × 프로브의 감쇠비

$$최대전압(V_P, V_m) = \frac{V_{P-P}}{2}$$

$$실효전압(Vrms) = \frac{V_p}{\sqrt{2}} = \frac{V_m}{\sqrt{2}} = \frac{V_{p-p}}{2\sqrt{2}} = 0.3536(V_{P-P})$$

③ **전류의 측정 방법** : 오실로스코프는 기본적으로는 전압을 시간적으로 표시하는 측정기이기 때문에 그대로는 전류를 측정 할 수 없다. 전류의 측정 방법으로는 전류 프로브를 이용하는 방법과 전압강하를 이용하는 방법이 있다. 전압강하를 이용하는 방법은 측정하려고 하는 전류 통로에 저항을 넣고 그 전압강하 분을 측정하는 것으로 앞에서 설명한 전압측정과 같은 방법으로 측정할 수 있다. 이때 전류는 옴의 법칙

$$I = \frac{V}{R} \text{ (A)}$$

로 얻는다. 여기서 주의하여야 할 것은 전류가 흐르고 있는 회로에 저항을 넣음으로써 전류값이 변하는지 확인하는 일과 오실로스코프 측의 접지는 측정회로의 한쪽과 접속해야 하기 때문에 고전압회로의 전류를 측정하는 것은 특별히 주의 해야 한다.

④ **주기 및 주파수의 측정 방법** : 오실로스코프는 전압을 시간적으로 표시하는 측정기로서 그 시간축은 정확히 교정되어 있으므로 표시 파형의 시간은 높은 정확도로 측정할 수 있다. 물론 소인시간선택기 (SWEEP TIME/DIV)의 미세 조정기 (VARIABLE)는 CAL의 상태로 한정한다.

신호를 수직입력 단자에 접속하여 CRT 면상에 적당한 파형을 나타낸다. 수평위치 조정기로 측정하는 한 개의 점을 수평눈금 좌측에서 1DIV에 맞추어 측정하려는 부분을 그림 9-6과 같이 맞춘다.

신호파형의 한 주기T는

주기 T = 한 주기간의 수평거리 (DIV) ×
소인시간 선택기의 지시치 SWEEP TIME/DIV × 수평확대비의 역수

예를 들면 그림 9−6에서 구형파의 한 주기간의 수평거리는 6 DIV이다. 소인시간이 2ms/DIV이고 수평확대비가 1이라면

$$T = 6DIV \times 2ms/DIV \times 1 = 12ms$$

로 된다. 주파수는 주기의 역수이므로

$$T = \frac{1}{f}, f = \frac{1}{T} = \frac{1}{12ms} = \frac{1}{12 \times 10^{-3}sec} = 83.4Hz$$

으로 계산된다.

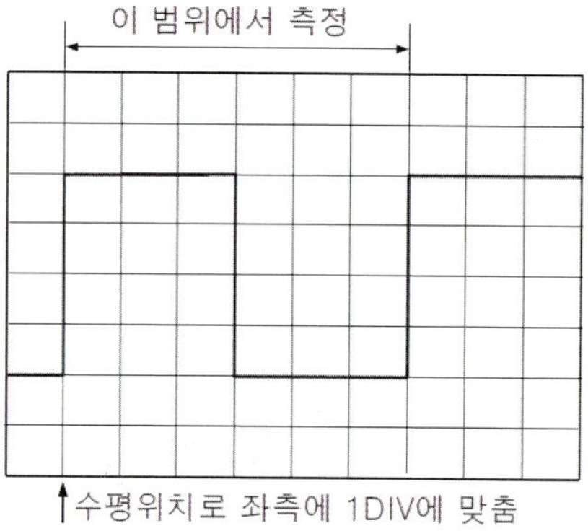

그림 9-6 주기 및 주파수측정

2) 신호발생기

신호발생기는 정해진 주파수에서 다양한 형태의 파형을 갖는 전압을 공급하는 기기이다. 신호발생기는 모든 주파수 범위를 수용할 수 없으나 1[Hz]에서 수천[MHz]대의 주파수를 발생할 수 있다. 발생되는 파형은 정현파, 삼각파, 구형파 등이다. 함수발생기라고 불리는 특별한 형태의 신호발생기는 상대적으로 낮은 출력전압의 정현파, 삼각파, 구형파 등의 파형을 광범위한 주파수대에서 발생시킬 수 있다.

신호발생기는 설계된 주파수범위에 의해서 구별된다. AF 신호발생기는 수[Hz]에서 20[KHz]까지의 가청주파수 범위를 수용하며 수[V]에서 20[V]이상의 출력전압을 갖는 단순한 정현파를 발생한다.

신호발생기는 주로 실험용으로 사용되므로 출력의 정확도와 안정성이 매우 중요하다.

(1) 신호발생기의 사용법 및 기본 측정

신호발생기 사용법은 여러 가지가 있으나 가장 기본적으로 많이 사용되는 사인파, 삼각파, 구형파의 출력파형과 Vp-p크기를 조정하는 법 등은 해당 실험 시 사용설명서를 참조한다.

(2) 사용 연습

그림 9-7과 같이 장비를 결선하여 보기의 파형을 오실로스코프에 파형을 나타내 보시오.

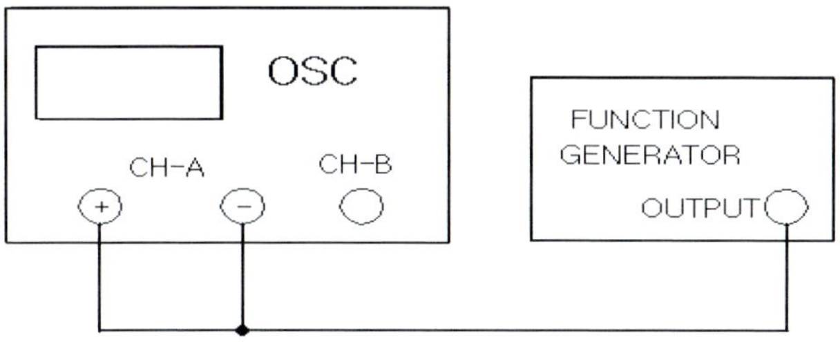

그림 9-8 오실로스코프와 신호발생기의 연결

보기 1

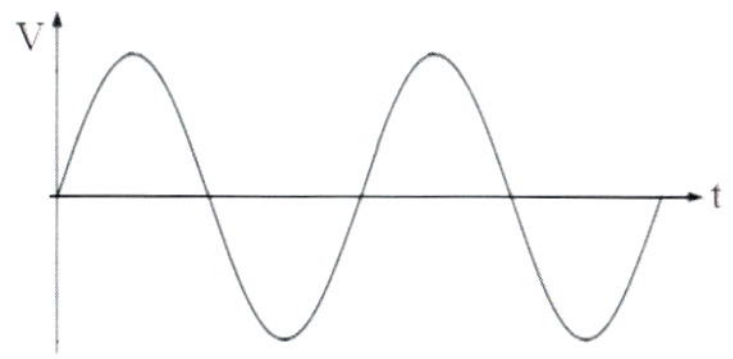

Vp-p = 6[V]로, f = 1[KHz]로 조정

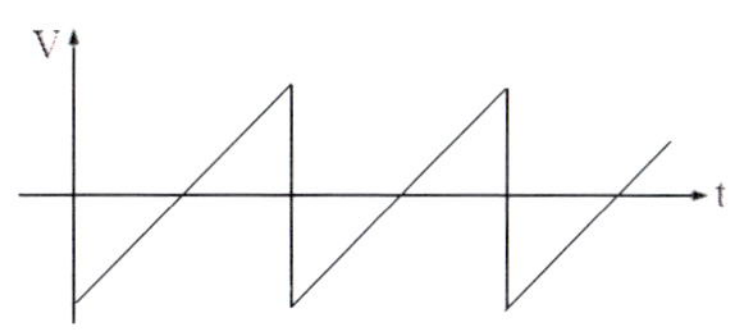

Vp-p = 4[V]로, f = 2[KHz]로 조정

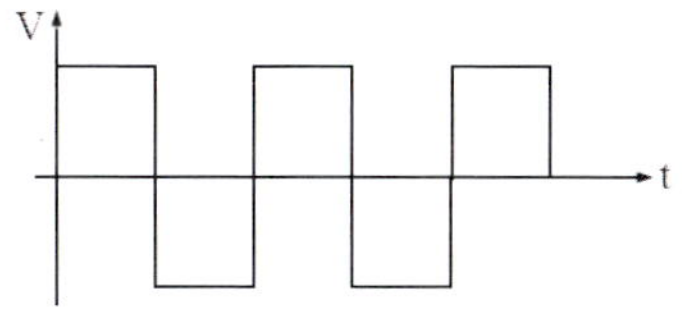

Vp-p = 2[V]로, f = 500[Hz]로 조정

3. 사용기기 및 부품

① 직류 전원 장치 : 1대
② 신호 발생기 : 1 대
③ 오실로스코프 : 1 대
④ 저항 : 1㏀, 20㏀, 47㏀, 100㏀ × 2개, 200㏀, 470㏀
⑤ 콘덴서 : 0.1μF/15V
⑥ Lead선 약간
⑦ 기타 Accessory : Tester Lead선

4. 실험 순서 및 결과

1) 직류(DC) 및 교류(AC) 전압측정

① 먼저 오실로스코프를 이 실험에 적절하도록 조정하라.
② 그림 9-9 (a)를 구성하고 주어진 R2 저항치에 대한 DC전압을 오실로스코프로 측정하여 값을 표 9-1(a)에 기입하여라.

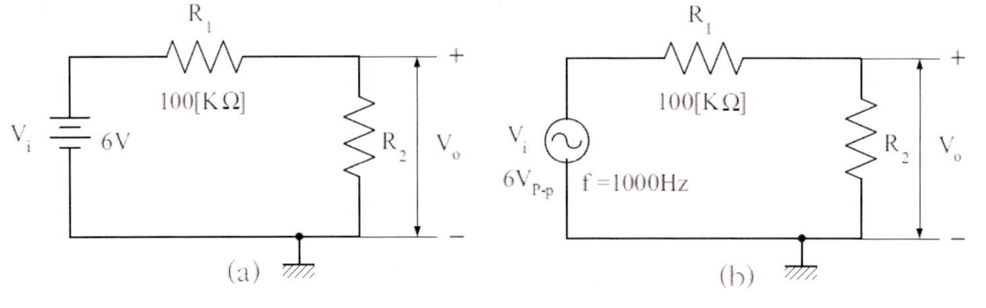

그림 9-9 직류 및 교류측정 회로

③ 회로시험기로 R2양단의 DC전압V0을 측정하여 표 9-1(a)에 기입하라.

표 9-1 (a)

R_2		20kΩ	47kΩ	100kΩ	200kΩ	470kΩ
이론치 VO(V)						
오실로스코프로 측정한 VO(V)	실험치					
	오 차					
회로시험기로 측정한 VO(V)	실험치					
	오 차					

④ 그림 9-9 (b)의 회로를 구성하고 저주파(AF)신호발생기는 f=1000Hz 정현파로 출력 전압을 VD = 6Vp-p로 조절하라.

⑤ 표 9-1(b)에 열거한 R2 저항치에 대해서 R2저항 양단의 AC전압 V0를 오실로스코프로 측정하여 표 9-1(b)에 기입하라.

⑥ 전압계와 회로 시험기로 R2양단의 AC전압 V0을 측정하여 표9-1(b)에 기입하라.

표 9-1 (b)

R_2		20kΩ	47kΩ	100kΩ	200kΩ	470kΩ
이론치 $V_O(V_{p-p})$	계산치					
	Vrms $= \frac{V_{p-p}}{2\sqrt{2}}$					
오실로스코프로 측정한 $V_O(V_{p-p})$	실험치					
	Vrms $= \frac{V_{p-p}}{2\sqrt{2}}$					
	오 차					
회로시험기로 측정한 $V_O(V_{p-p})$	실험치					
	오 차					

2) 주파수 및 주기 측정회로

① 저주파 신호 발생기의 출력을 오실로스코프의 수직입력에 접속하라. : 오실로스코프를 이 실험에 적절하도록 각종 손잡이를 조정하라.

② 저주파 신호발생기의 출력전압은 2Vp-p로 하고 표 9-2(a)에 열거한 파형 및 저주파 신호발생기의 눈금상의 주파수에 대해서 신호전압의 주기 T를 측정하여 표 9-2에 기입하여라. 또한 이에 따른 주파수 f를 계산하라.

표 9-2

신호발생기눈금상의 주파수, f		500Hz	1KHz	2KHz	50KHz	100KHz
환산주기 T $=\frac{1}{f}$[sec]						
정현파의 경우 측정한주기, T	실험치[sec]					
	$f=\frac{1}{T}[Hz]$					

3) 입력 및 출력신호전압 측정 및 파형관측

① 그림 9-10(a)의 RC(적분)회로를 구성하고 저주파신호 발생기의 출력 전압을 2Vp-p로 맞추어라. 2현상 오실로스코프의 CH1수직입력에는 RC회로의 입력신호를 CH2수직입력에는 CR(미분)회로의 출력신호를 각각 접속하여라. 오실로스코프의 수직축 동작방식 선택기를 DUAL로 하고 ALT나 CHOP중 적당히 어느 하나를 선택하라. 오실로스코프의 각종 손잡이를 이 실험에 적당히 조정하라.

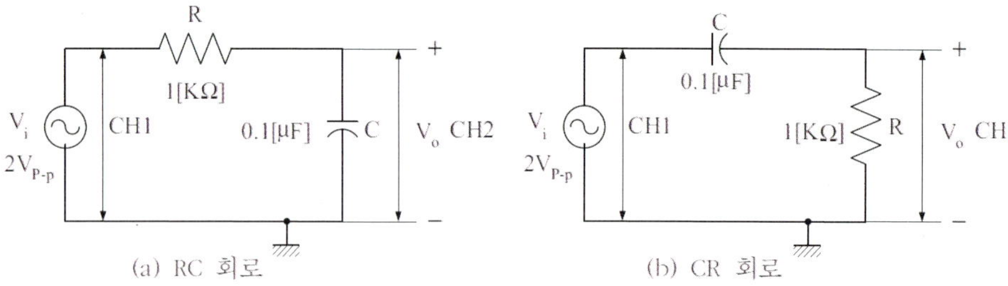

그림 9-10 신호 전압 파형 측정

② 신호 발생기의 출력이 정현파 및 구형파 1 kHz, 50 kHz, 100 kHz에 대한 그림 9-10(a) RC회로의 입력 및 출력파형을 동시에 관측하고 표 9-4(a)에 그려라.

③ 그림 9-10(b)의 회로를 구성하고 그림 9-10(a)의 RC회로와 같은 방법으로 측정하여 표 9-4(b)에 그려라. 단, 입력전압의 기준선 (0V)와 출력 전압의 기준선 (0V)를 같이 설정하고 입력과 출력파형을 그려라.

표 9-4 (a) 입력 및 출력 전압 파형파형

주파수 f = 1㎑ 일때

주파수 f = 50㎑ 일때

주파수 f = 100㎑ 일 때

표 9-4 (b) 입력 및 출력 전압 파형

주파수 f = 1KHz 일때

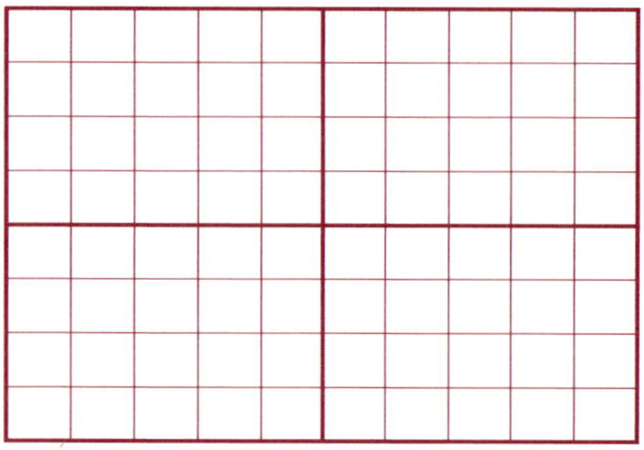

주파수 f = 50KHz 일때

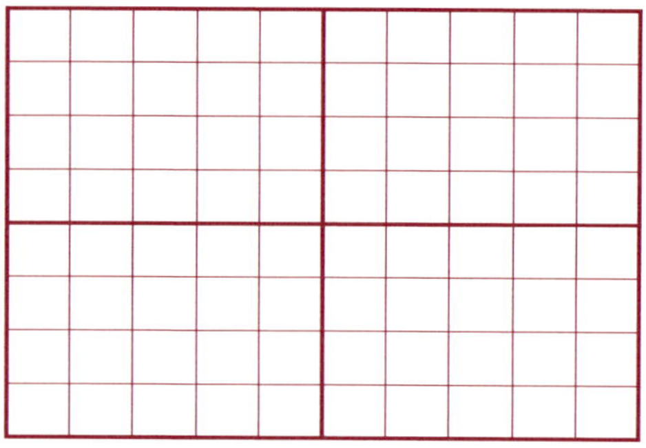

주파수 f = 100KHz 일 때

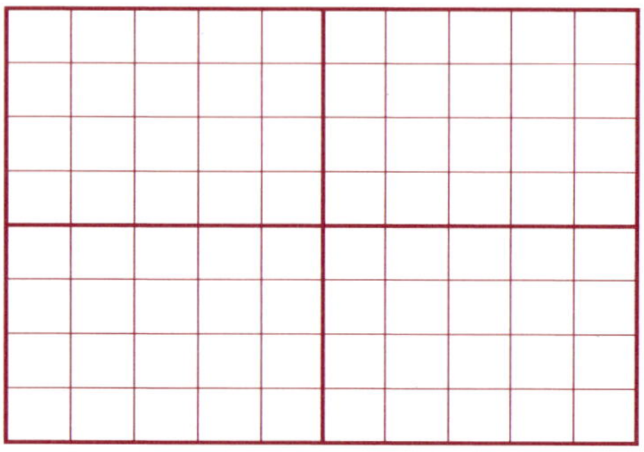

5. 과제 및 검토사항

① 오실로스코프로 전압을 측정하는 경우에 발생할 수 있는 측정오차에는 어떠한 것이 있는가?

② AC-GND-DC모드 스위치가 AC와 DC위치에 있는 경우 파형에서의 차이점을 고찰하여라.

결과보고서

실습일자		담당교수	
학　　번		성　　명	
실험제목	실험 9. 오실로스코프와 신호발생기		

표 9-1 (a)

R_2		20kΩ	47kΩ	100kΩ	200kΩ	470kΩ
이론치 VO(V)						
오실로스코프로 측정한 VO(V)	실험치					
	오 차					
회로시험기로 측정한 VO(V)	실험치					
	오 차					

표 9-1 (b)

R_2		20kΩ	47kΩ	100kΩ	200kΩ	470kΩ
이론치 $V_O(V_{p-p})$	계산치					
	Vrms $= \frac{V_{p-p}}{2\sqrt{2}}$					
오실로스코프로 측정한 $V_O(V_{p-p})$	실험치					
	Vrms $= \frac{V_{p-p}}{2\sqrt{2}}$					
	오 차					
회로시험기로 측정한 $V_O(V_{p-p})$	실험치					
	오 차					

표 9-2

신호발생기눈금상의 주파수, f		500Hz	1KHz	2KHz	50KHz	100KHz
환산주기 T $= \frac{1}{f}$[sec]						
정현파의 경우 측정한주기, T	실험치[sec]					
	$f = \frac{1}{T}$[Hz]					

표 9-4 (a) 입력 및 출력 전압 파형파형

주파수 f = 1KHz 일때

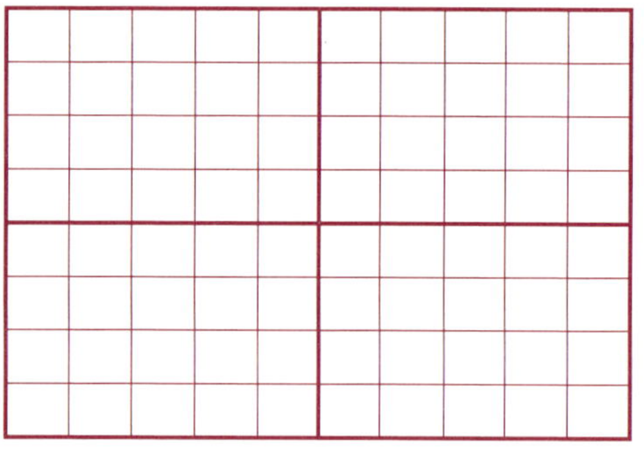

주파수 f = 50KHz 일때

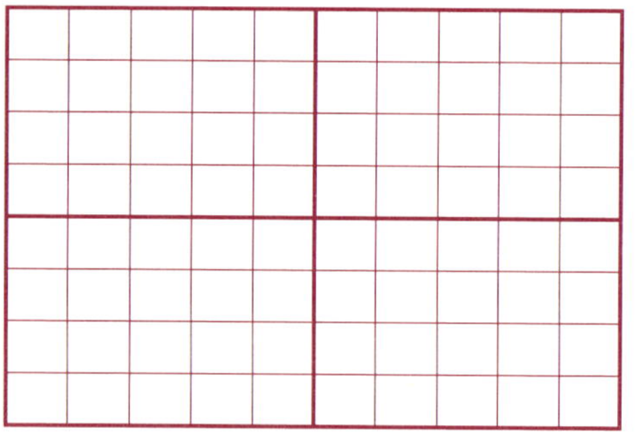

주파수 f = 100KHz 일 때

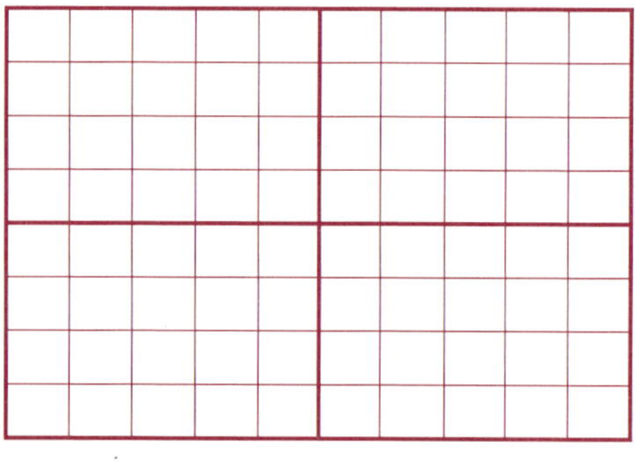

표 9-4 (b) 입력 및 출력 전압 파형

주파수 f = 1KHz 일때

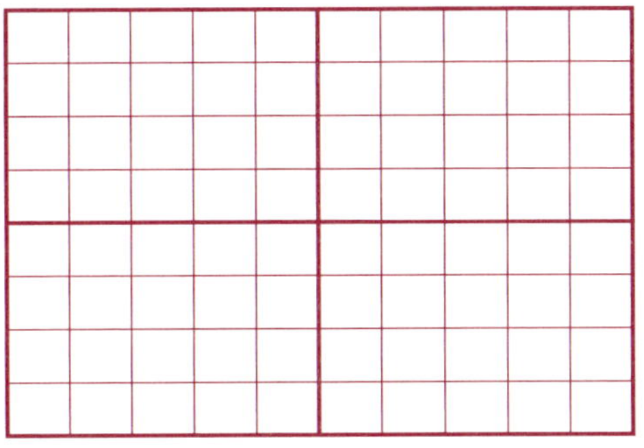

주파수 f = 50KHz 일때

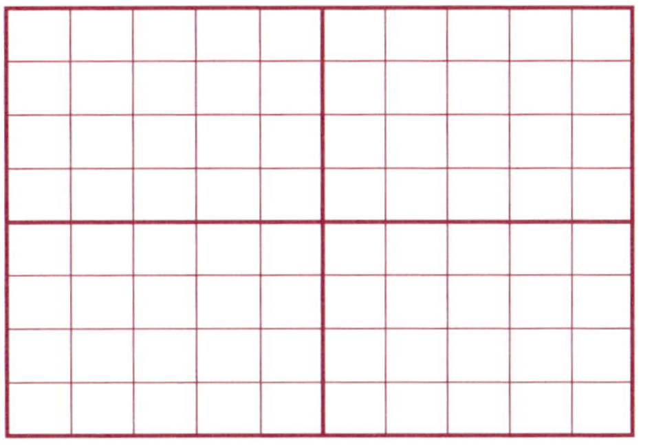

주파수 f = 100KHz 일 때

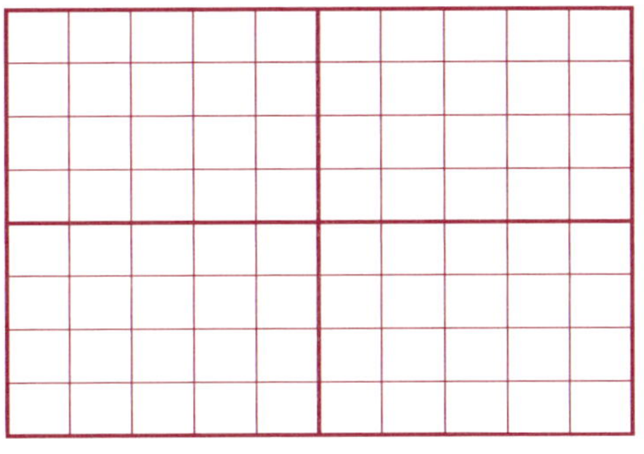

실험

10 콘덴서의 충·방전 특성

1. 실험 목적

① R−C 직렬회로에서 시정수(τ)에 따른 콘덴서의 충 · 방전 특성을 이해한다.
② 시정수(τ)를 이용하여 충전과 방전 특성을 실험을 통해 확인한다.

2. 관련 이론

1) R−C 직렬회로의 충 · 방전 특성

콘덴서에 전압을 가하면 콘덴서 양극에 ⊕,⊖의 전하가 모이게 되며, 콘덴서 내부에는 전장이 형성되어 전기에너지로 축적되는 것을 충전이라 하고 전압을 제거시키면 충전된 에너지가 외부로 방출되어 전류가 흐르는 것을 방전이라 한다.
이 때 콘덴서 양단의 전압이 충전전압의 63.2[%]가 될 때까지 걸리는 시간을 시정수라 정의하고 다음과 같이 표시된다.

$$\tau = R \cdot C\,[s]$$

2) 충전과 방전 특성

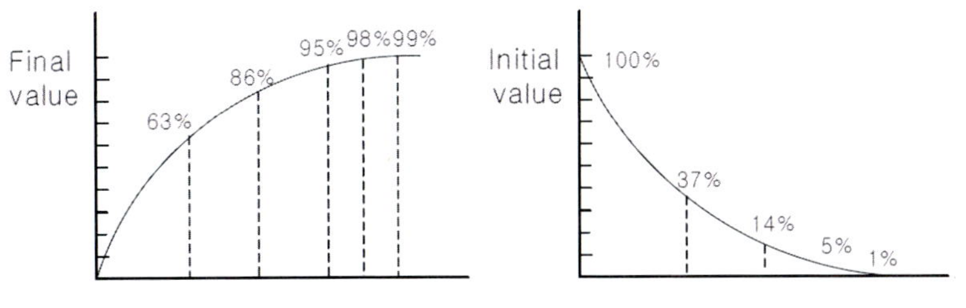

그림 10−1 R−C 회로에 대한 충 · 방전 지수곡선

콘덴서는 그림 10-1에서 보는 바와 같이 비선형 곡선을 따라 충전과 방전을 한다. 이 그래프에서 완전방전의 근사 퍼센트 율을 매 시정수마다 표시했다. 이 형태의 곡선을 지수곡선이라 하고 시정수의 5배, 즉 5τ 에 거의 최종값에 이른다.

그림 10-1에서 1τ의 시정수 구간 동안 콘덴서의 전하는 거의 63[%]가 변화한다. 그러므로 충전되지 않은 콘덴서는 1τ의 시정수에서 충분히 충전된 전압의 63[%]까지 변화하는 것이 된다. 방전시에 콘덴서 전압은 1τ의 시정수에서 초기 값에 대해 37[%]의 전압이 강하한다. 이러한 충·방전 전압의 관계를 나타내는 공식은 다음과 같다.

① 충전 시 $V_c = V_f\,(1-e^{-t/RC})$

② 방전 시 $V_c = V_i\ e^{-t/RC}$

2) RC 충·방전 회로에서 전압과 전류 변화 곡선

(1) RC 충전 회로

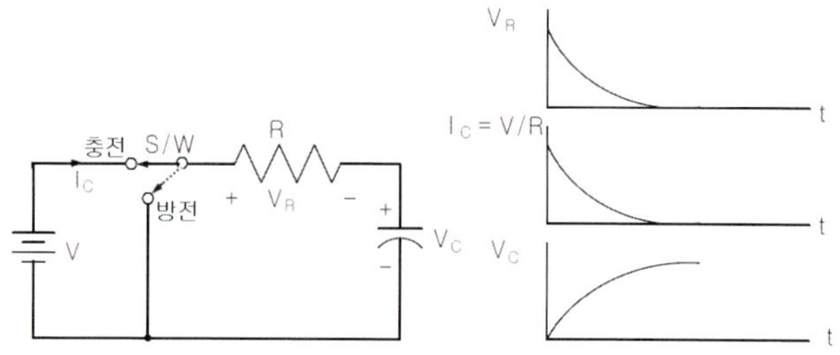

(a) 충·방전 회로 (b) 충전 특성

그림 10-2 R-C 충전 회로

그림 10-2(a)의 충전회로에서 충전 시 VR, VC, i의 변화는 그림 10-2(b) 와 같다.

(2) R-C 방전 회로

그림 10-3(a)의 충·방전회로에서 방전 시 VR, VC, i의 변화는 그림10-3(b)와 같다.

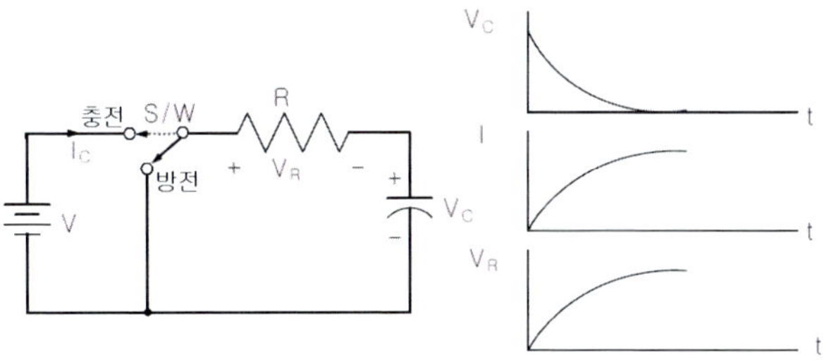

(a) 방전회로　　(b) 방전특성

그림 10-3 R-C 방전 회로

3. 사용기기 및 부품

① 전원공급기 : 1대
② 테스터기 : 2대
③ 회로실험대 (B.B) : 1대
④ 저항 1개 (2[MΩ] × 1)
⑤ 콘덴서 1개 (10[μF] × 30[V])
⑥ S/W : 2개 (리드선 사용해도 무방함)
⑦ 기타 Accessory : 1식

4. 실험순서 및 결과

1) R-C 충전 회로 실험

① 그림 10-4의 RC충전회로에서 주어진 R-C 값을 이용하여 시정수를 구한 후 각 시정수에 따라 충전 전압을 계산하여 표 10-1에 기록하라.

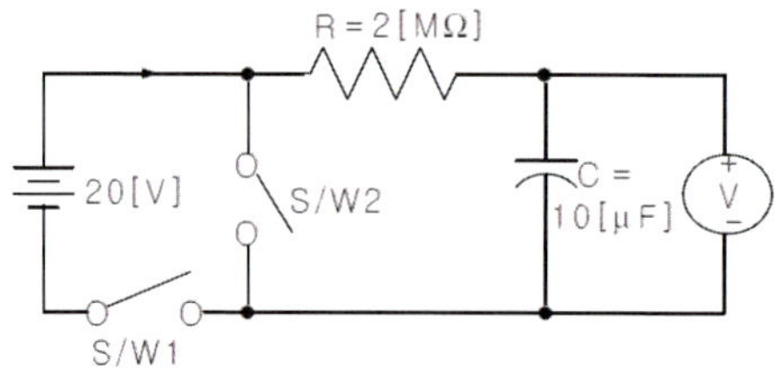

그림 10-4 R-C 충전회로

② 그림 10-4를 결선하라.

③ 모든 S/W을 OFF한 상태에서 콘덴서의 양단을 단락시켜 콘덴서의 전하를 완전히 방전시킨다.

④ S/W1을 ON, S/W2을 OFF 한 순간부터 1τ에서 5τ까지 각각의τ에 대한 충전 전압을 테스터로 측정하여 표 10-1에 기록하라.

⑤ 실험이 끝난 후 충전 곡선을 그려서 이론값이 충전 곡선과 비교해 보고 그림 10-1(a)의 충전 곡선과 일치하는가를 확인하라.

표 10-1 충 · 방전 실험

시정수	충 전 전 압		방 전 전 압		오 차	
	이론값	측정값	이론값	측정값	충전전압	방전전압
1τ						
2τ						
3τ						
4τ						
5τ						

2) R-C 방전 회로 실험

① 실험 회로에서 S/W1을 OFF하고 S/W2를 ON한 순간부터 각 시정수에 대한 방전 전압을 테스터로 측정하여 표 10-1에 기록하라.

② 실험이 끝난 후 방전 곡선을 그려서 이론값의 방전 곡선과 비교해 보고 그림 10-1(b)의 방전 곡선과 일치하는가를 확인하라.

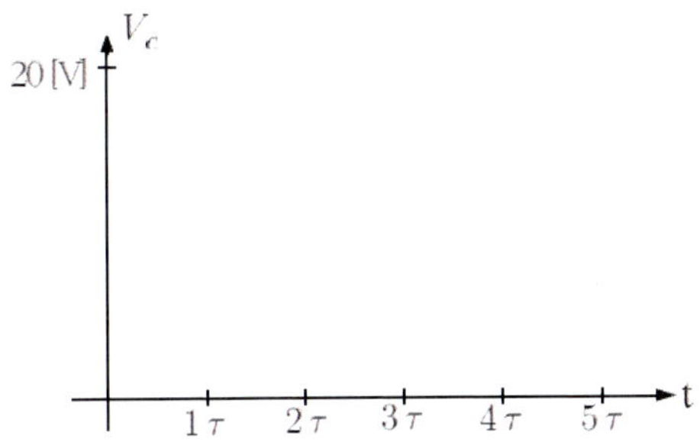

충전곡선

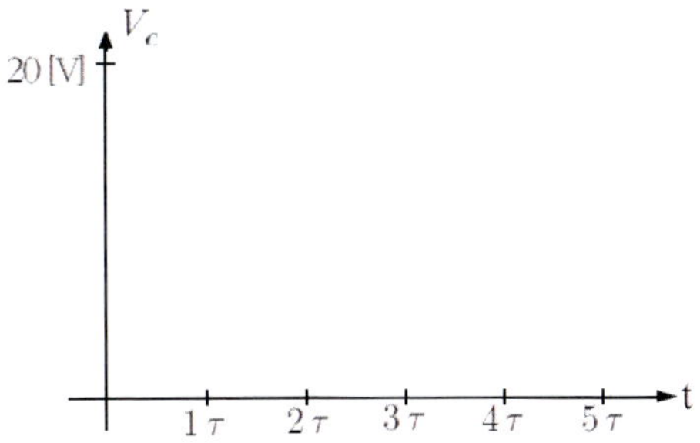

방전곡선

5. 과제 및 검토사항

① R-C 직렬 회로에서 시상수의 개념을 이해하였는가?

② 콘덴서의 충전 및 방전 과정을 설명하시오.

③ 표 10-1에서 VC의 측정값과 이론값의 오차를 설명하시오.

결과보고서

실습일자		담당교수	
학 번		성 명	
실험제목	실험 10. 콘덴서의 충 · 방전 특성		

표 10-1 충 · 방전 실험

시정수	충 전 전 압		방 전 전 압		오 차	
	이론값	측정값	이론값	측정값	충전전압	방전전압
1τ						
2τ						
3τ						
4τ						
5τ						

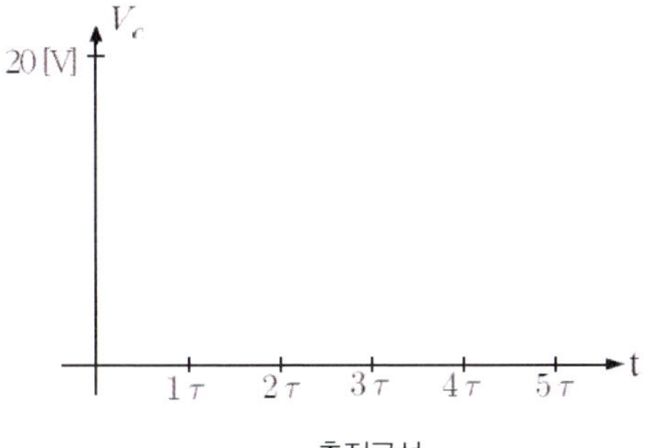

충전곡선

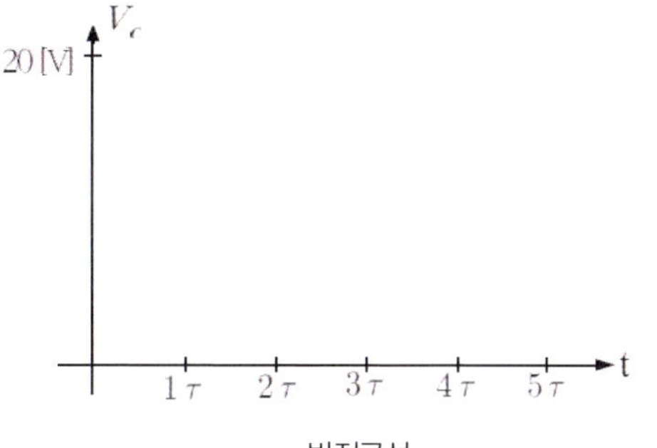

방전곡선

실험

11 필터 회로(Filter Circuit)

1. 실험 목적

① RC 저역통과 필터의 주파수특성을 관찰한다.

② RC 고역통과 필터의 주파수특성을 관찰한다.

2. 관련 이론

필터(여파기)회로는 수많은 주파수들 중에서 특정영역의 주파수만을 통과시키거나 제거하는 기능을 가진 회로이다. 이러한 회로는 전자 통신분야에서 많이 사용되고 있다. 필터는 여러 가지로 분류할 수 있으나, 크게 수동필터와 능동필터로 나눈다. 수동필터는 R, L, C소자만으로 구성된 필터를 말하며 여기에 능동소자인 연산증폭기 등을 사용하면 능동필터가 된다. 이 장에서는 수동필터에 대해서 다루기로 한다. 필터의 종류에는 사용되는 주파수 영역에 따라 저역필터, 고역필터, 대역필터, 대역소거필터등이 있다.

1) RC 저역통과 필터

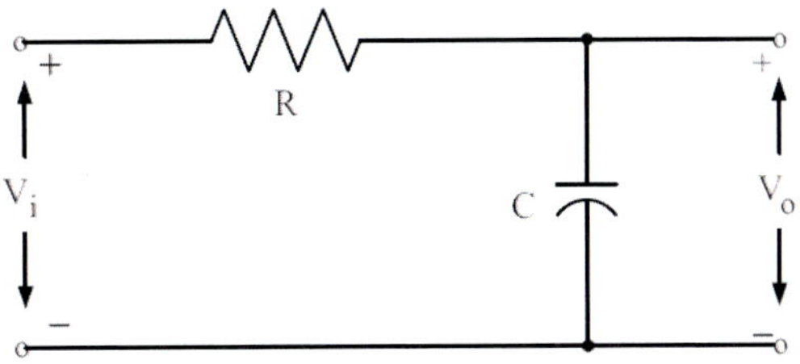

그림 11-1 저역통과필터

설계상 간단한 RC 필터는 저역통과 필터나 고역통과 필터로 사용된다. 만일 출력이 캐패시터를 통하여 분기된다면, 그림 11－1에 나타난 것처럼 저역통과 필터로 작용할 것이다. 만일 저항과 캐패시터의 위치가 바뀌고 출력이 저항기로 분기된다면, 그 응답은 고역통과 필터로 작용할 것이다.

그림 11－1을 보면, 낮은 주파수에서는 높은 출력이 나타나고 임계값 이상에서는 감소하는 값으로 나타내는 것을 알 수 있다. 우선 f = 0[Hz]인 낮은 주파수와 높은 주파수에서의 응답을 회로의 응답을 시험하기 위해서 조사해 보자. f =0[Hz]에서 리액턴스는

$$X_C = \frac{1}{2\pi fc} = \infty \quad [\Omega]$$

가 되고, 등가 개방회로는 그림 11－2와 같이 캐패시터는 개방된다. 그 결과 V0 = V1이다. 높은 주파수에서 리액터스는

$$X_C = \frac{1}{2\pi fc} - = 0 \quad [\Omega]$$

이 되고, 등가단락회로는 그림 11－3에서처럼 캐패시터는 단락되고 그 결과로 V0 = 0V이다.

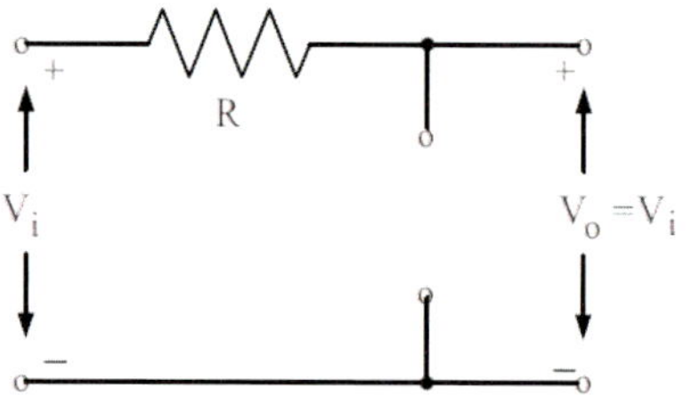

그림 11－2 낮은 주파수에서의 C

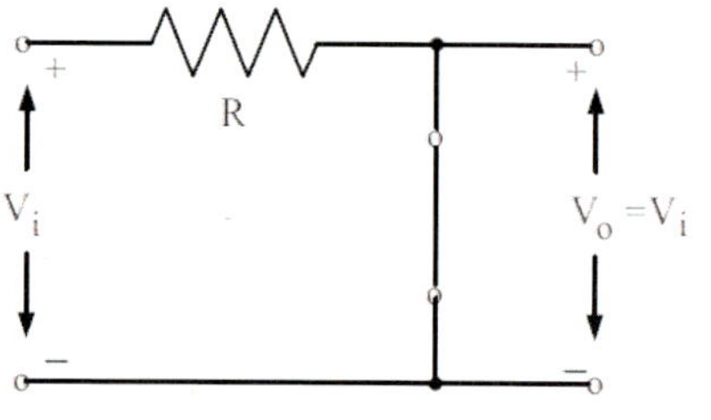

그림 11－3 높은 주파수에서의 C

V0의 과고값을 측정하여 그래프를 그리면 그림 11－4의 특성이 나타난다. 이 그림의 대역통과로부터 출력의 변화가 일어나는 과고점의 주파수를 찾으면 차단주파수가 된다.

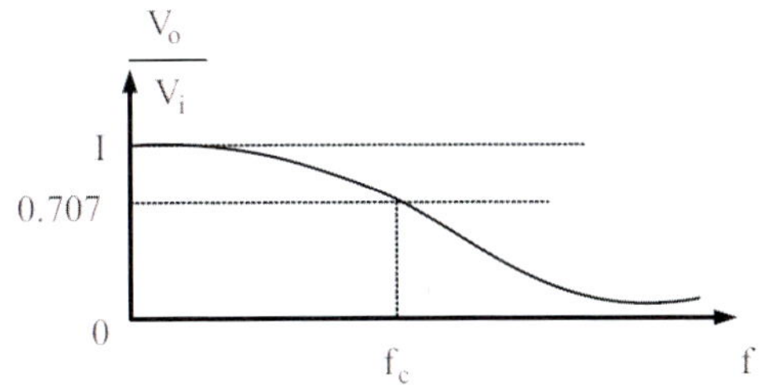

그림 11-4 저역통과필터 특성

차단주파수는 다음의 식에서 구할 수 있다.

$$\frac{V_o}{V_i} = \frac{X_C}{\sqrt{R^2 + X_C^2}} \angle -90° + \tan^{-1}(X_C / R)$$

그러므로 V0/Vi의 비의 크기는

$$\frac{V_0}{V_i} = \frac{X_C}{\sqrt{R^2 + X_C^2}} = \frac{1}{\sqrt{\left(\frac{R}{X_C}\right)^2 + 1}}$$

그리고 위상각은

$$\theta = -90° + \tan^{-1}\frac{X_c}{R}$$

XC = R인 주파수의 크기는

$$\frac{V_0}{V_i} = \frac{1}{\sqrt{\left(\frac{R}{X_c}\right)^2 + 1}} = \frac{1}{\sqrt{1+1}}$$

그리고

$$\frac{V_0}{V_i} = \frac{1}{\sqrt{2}} = 0.707,$$ XC = R, f = fC

즉, 그림 11-4에 나타난 것처럼 다음과 같다.

XC= R에서의 주파수는

$$f_C = \frac{1}{2\pi RC}$$

위 식이 의미하는 것은, 임의의 저역 통과 필터에 f0보다 작은 주파수를 가하면 입력신호 크기의 70.7% 정도보다 큰 출력전압 VO를 얻을 수 있다. f0보다 큰 임의의 주파수에 대해서 출력은 가해진 전압의 70.7% 보다 작게 얻어진다는 것이다.

2) RC 고역통과 필터

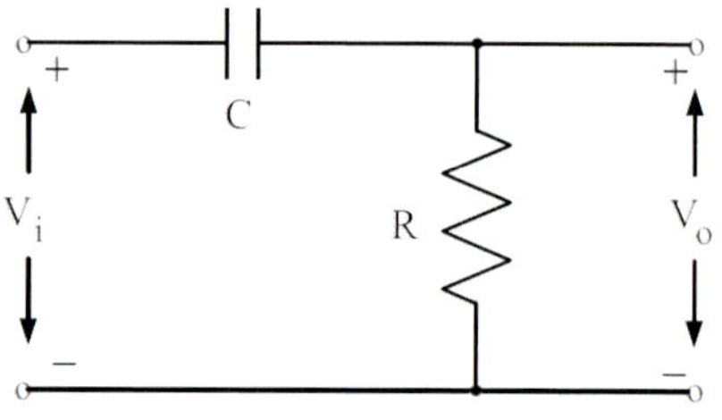

그림 11-5 고역통과필터

고역통과 R-C 필터는 그림 11-5에서 보여준 것처럼, 간단히 캐패시터와 저항의 위치를 바꿈으로서 만들 수 있다.

낮은 주파수에서는 캐패시터의 임피던스는 매우 커지므로 그림 11-6에서 보여준 것처럼 개방된 등가회로로 대치될수 있다. 그 결과는 그림 11-8의 응답 특성에서 보여준 것처럼, V0 = Vi 또는 V0 / Vi = 1이다.

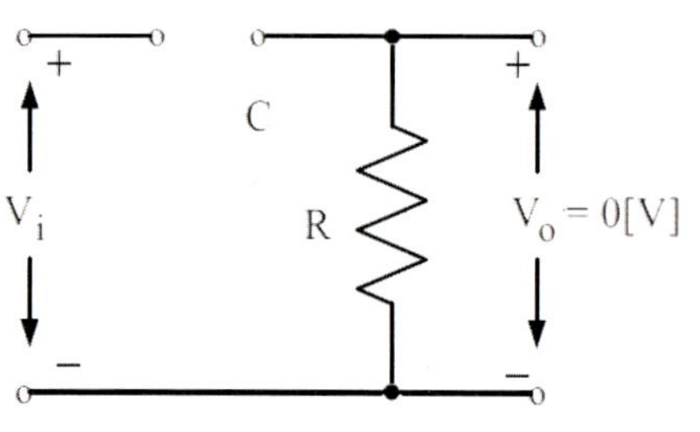

그림 11-6 낮은 주파수에서의 C

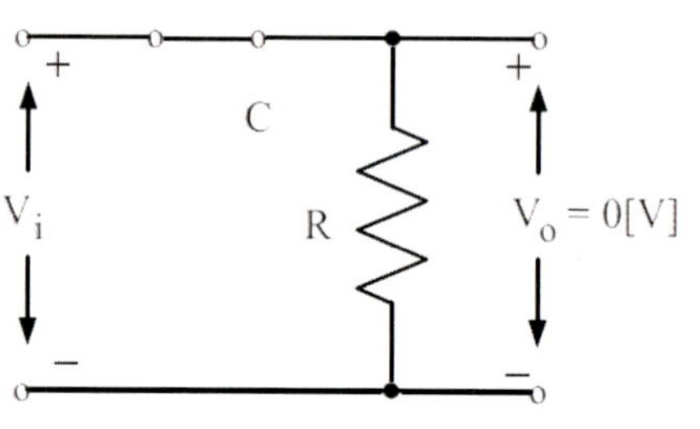

그림 11-7 높은 주파수에서의 C

높은 주파수에서 캐패시터의 임피던스는 ∞가 되며, 그림11－7에 나타난 것처럼 단락된 등가 회로로 대치될 수 있다. 또한 그 결과는 그림 11－8에서 보여준 것처럼, VO = 0V 또는 VO / Vi =0이 된다. 임의의 주파수에서, 출력전압은 전압분배법칙을 사용하여 구 할 수 있다.

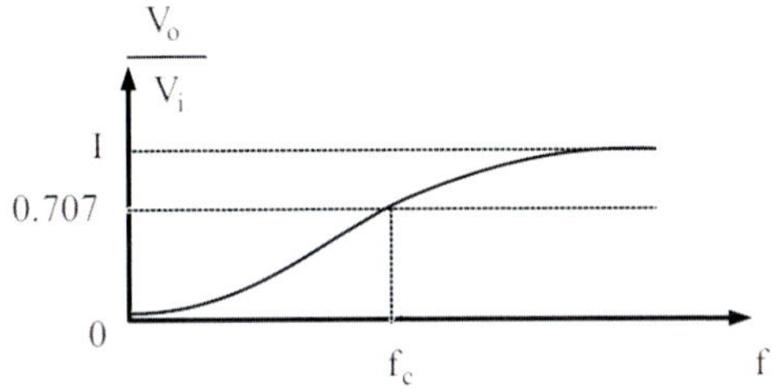

그림 11－8 고역통과필터 특성

$$V_O = \frac{RV_i}{R+X_C}$$

또한

$$\frac{V_O}{V_i} = \frac{R}{R+X_C} = \frac{R\angle 0°}{R-jX_C} = \frac{R\angle 0°}{\sqrt{R^2+X_C^2}\angle \tan^{-1}(X_C/R)}$$

그리고

$$\frac{V_O}{V_i} = \frac{R}{\sqrt{R^2+X_C^2}\tan^{-1}(X_C/R)}$$

그러므로 V0 / Vi의 크기는 다음과 같이 결정된다.

$$\frac{V_O}{V_i} = \frac{R}{\sqrt{R^2+X_C^2}} = \frac{1}{\sqrt{1+(\frac{X_C}{R})^2}}$$

또, 위상각θ는

$$\theta = \tan^{-1}\frac{X_C}{R}$$

Xc = R인 주파수에서, 크기는

$$\frac{V_O}{V_i} = \frac{1}{\sqrt{1 + (\frac{X_C}{R})^2}} = \frac{1}{\sqrt{1+1}}$$

또는

$$\frac{V_O}{V_i} = \frac{1}{\sqrt{2}} = 0.707$$

그림 23-3에 나타나 있다. Xc = R에서의 주파수는

$$X_C = \frac{1}{2\pi f_C C} = R$$

이므로, 다음 식이 성립한다.

$$f_C = \frac{1}{2\pi RC}$$

3. 사용기기 및 부품

① 디지털 멀티테스터
② 신호 발생기 : 1 대
③ 오실로스코프 : 1 대
④ 저 항 : 20kΩ, 2kΩ, 10kΩ
⑤ 콘 덴 서 : 0.01μF, 1μF, 0.001μF
⑥ Lead선 약간
⑦ 기타 Accessory : Tester Lead선

4. 실험순서 및 결과

1) 고역통과 여파기

디지털 멀티테스터로 각 회로소자의 C, R 값을 측정하여라.

R=______Ω, C=______μF

① 그림 11-9의 회로를 구성하여라.

② 다음 공식을 사용하여 3dB 주파수를 결정하여라.

f_{3dB} = 1/2πRC=________Hz

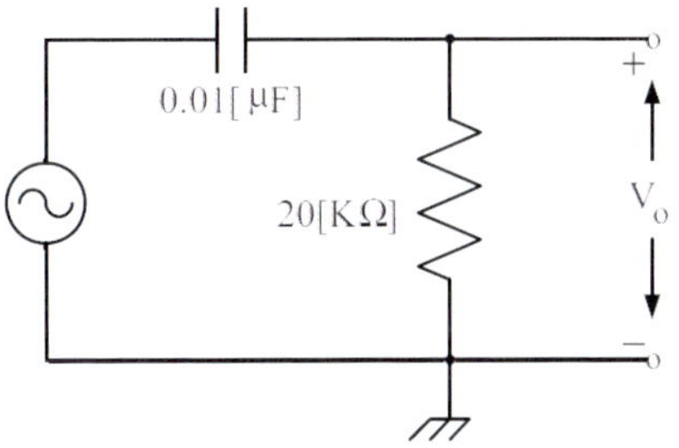

그림 11-9 RC 1차 고역통과 회로

③ 신호 발생기의 출력 전압을 2 V(p−p)로 유지하면서 주파수를 100kHz로 맞추고, 오실로스코프의 CH1 의 리드를 신호발생기 양단에 접속하여 고역 통과 필터 회로의 입력전압을 측정한다.

표 11-1 고역통과회로

f	$V_{O(p-p)}$	*f*	$V_{O(p-p)}$
100 kHz		800 Hz	
50 kHz		700 Hz	
10 kHz		600 Hz	
5 kHz		500 Hz	
2 kHz		200 Hz	
1 kHz		100 Hz	

④ 신호원 주파수를 100kHz에서 100 Hz까지 감소시키면서 표 11-1에 열거한 주파수에서 고역통과 필터의 출력전압을 각각 측정하여 기록하여라. 오실로스코프 CH 2의 리드를 저항기 R 양단에 접속하여 출력전압을 측정한다.

⑤ 신호원의 주파수 100 kHz에서 연속적으로 감소시킬 때 고역통과필터의 출력 전압 V0은 연속적으로 감소되어 간다. 출력전압 V0가 입력전압(또는 신호원전압)Vi의 0.707배(또는 70.7%)가 되는 주파수를 정밀 측정하여라.

f_{3dB} = ____________ Hz

⑥ 위에서 측정한 3dB 점 주파수에서 입력전압과 출력전압간의 위상차를 측정하여라.

$f = f_{3dB}$에서, θ = __________ °

또한, f=100 Hz와 f=100 kHz에서 입-출력간의 위상차를 측정하여라.

f = 100 Hz에서, θ = __________ °
f = 100 kHz에서, θ = __________ °

⑦ 표 11-1의 측정 데이터를 사용하여 주파수 응답 곡선을 그래프로 그려라.

2) 저역통과 필터

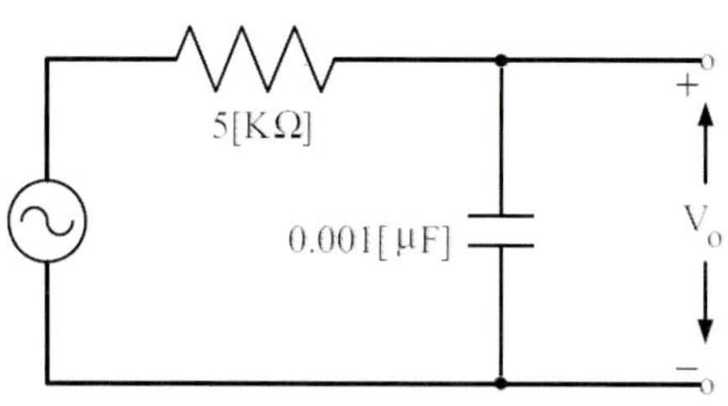

그림 11-10 RC 저역통과 필터 회로

① 그림 11-10의 회로를 구성 하여라

② 다음 공식을 사용하여 3dB주파수를 결정하여라.

$f_{3dB} = 1/2\pi RC =$ __________ Hz

③ 신호 발생기의 주파수를 100 Hz로 맞추고, 이 실험 동안에 신호 발생기의 출력전압을 2V[p－p]로 유지하여야 한다. 오실로스코프 CH 1의 리드를 신호발생기 양단에 접속하여 저역 통과 필터회로의 입력 전압을 측정한다.

④ 오실로스코프의 CH 2의 리드를 캐패시터 양단에 접속하여 LPF의 출력 전압을 측정한다. 주파수를 100 Hz까지 표 11－2에 열거한 주파수에서 출력 전압을 측정하여 기록하여라.

표 11－2 저역통과회로

f	$V_{0(p-p)}$	f	$V_{0(p-p)}$
100 kHz		800 Hz	
50 kHz		700 Hz	
10 kHz		600 Hz	
5 kHz		500 Hz	
2 kHz		200 Hz	
1 kHz		100 Hz	

⑤ 신호발생기의 주파수를 100 Hz에서 연속적으로 증가시킬 때 저역통과필터의 출력 전압 V0은 연속적으로 감소되어 간다. 출력전압 V0이 입력전압(또는 신호원 전압)Vi의 $1/\sqrt{2}$ 배(또는 70.7%)이 되는 주파수를 정밀 측정하여라.

f_{3db} ____________ Hz

⑥ 위에서 측정한 3dB점 주파수에서 입력전압과 출력전압간의 위상차를 측정하여라.

f_{3db} ____________ Hz 에서 θ = __________ °

또한, f＝100 Hz와 200kHz에서 입－출력간의 위상차를 측정하여라.

f = 100 Hz에서 θ = __________ ° f = 200 Hz에서 θ = __________ °

5. 과제 및 검토사항

① 필터의 기본원리를 설명하시오

② 수동필터의 종류를 열거하고 특성 및 용도를 정리하시오.

③ 능동필터의 기본원리를 조사하시오.

결과보고서

실습일자

담당교수

학　　번

성　　명

실험제목 실험 11. 필터 회로(Filter Circuit)

표 11-1 고역통과회로

f	$V_{O(p-p)}$	f	$V_{O(p-p)}$
100 kHz		800 Hz	
50 kHz		700 Hz	
10 kHz		600 Hz	
5 kHz		500 Hz	
2 kHz		200 Hz	
1 kHz		100 Hz	

표 11-2 저역통과회로

f	$V_{O(p-p)}$	f	$V_{O(p-p)}$
100 kHz		800 Hz	
50 kHz		700 Hz	
10 kHz		600 Hz	
5 kHz		500 Hz	
2 kHz		200 Hz	
1 kHz		100 Hz	

실험 12 R-L-C 회로의 교류신호특성

1. 실험 목적

① R-L-C 직·병렬 회로의 각 소자 특성을 파악한다.
② R-L-C 직·병렬 회로의 특성을 실험을 통해 이해한다.

2. 관련 이론

R-L-C 직·병렬회로는 인덕턴스와 커패시턴스를 모두 갖고 있다. 유도성 리액턴스(X_L)와 용량성 리액턴스(X_C)는 회로의 위상각에 대해서 서로 정반대의 영향을 주기 때문에, 이 두 종류의 리액턴스를 합한 전체리액턴스의 크기는 두 리액턴스 중 큰 값의 리액턴스보다는 항상 작아진다. 본 실험에서 R-L-C 직·병렬회로의 여러 가지 특성을 알아본다.

1) R-L-C 직렬회로의 특성

그림 12-1(a),(b)는 R-L-C 직렬회로와 전류, 전압의 벡터도이다.

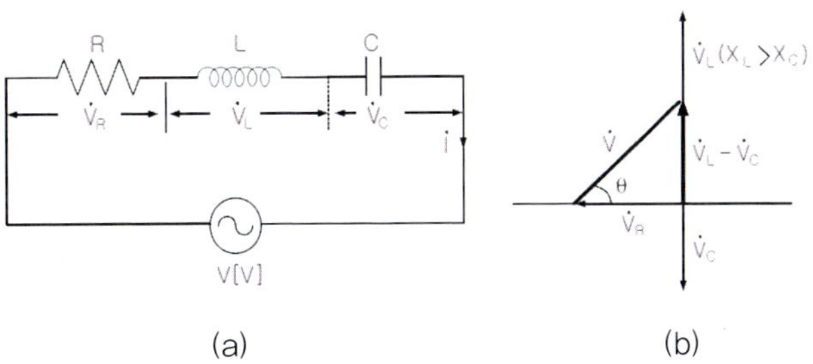

그림 12-1 R-L-C 직렬회로와 벡터도

(1) R−L−C 직렬회로의 전압, 전류 계산

① $\dot{V}_R = \dot{I}R\ [V]$ (V_R과 I는 동위상이다.)

② $\dot{V}_L = \dot{I}X_L = \dot{I}\omega L\ [V]$ (I보다 $\frac{\pi}{2}$ $[rad]$ 만큼 앞선다.)

③ $\dot{V}_C = I\cdot\frac{1}{\omega C}\ [V]$ (I보다 $\frac{\pi}{2}$ $[rad]$ 만큼 뒤진다.)

④ $\dot{V} = \dot{V}_R + \dot{V}_L - \dot{V}_C$

$$V = \sqrt{(V_R)^2 + (V_L - V_C)^2}$$

$$= \sqrt{(IR)^2 + (I\omega L - I\cdot\frac{1}{\omega C})^2}$$

$$= I\sqrt{R^2 + (\omega L - \frac{1}{\omega C})^2}\ [V]$$

$$= \frac{V}{Z}\ [A]$$

여기서 $Z = I\sqrt{R^2 + (\omega L - \frac{1}{\omega C})^2}$ 이다.

(2) 리액턴스와 위상차의 관계

① 합성리액턴스 $X = \omega L - \frac{1}{\omega C}\ [\Omega]$

② $\omega L > \frac{1}{\omega C}$ 인 경우 → 유도성 리액턴스이고

③ $\omega L < \frac{1}{\omega C}$ 인 경우 → 용량성 리액턴스이다.

④ 위상차 θ 계산

• 유도성 리액턴스일 때 (V_L이 I보다 θ만큼 앞서는 경우)

$$\theta = \tan^{-1}\frac{V_L - V_C}{V_R}$$

$$= \tan^{-1}\frac{\omega L - \frac{1}{\omega C}}{R}$$

$$= \tan^{-1}\frac{X}{R}\ [rad]$$ 이다.

• 용량성일 때 (V_C 가 I보다 θ만큼 뒤지는 경우)

$$\theta = \tan^{-1}\frac{V_C - V_L}{V_R}$$

$$= \tan^{-1}\frac{\frac{1}{\omega C} - \omega L}{R}\ [rad]$$ 이다.

예로서 그림 12-2 회로에서 각 소자의 전압과 위상차를 계산하여 보아라.

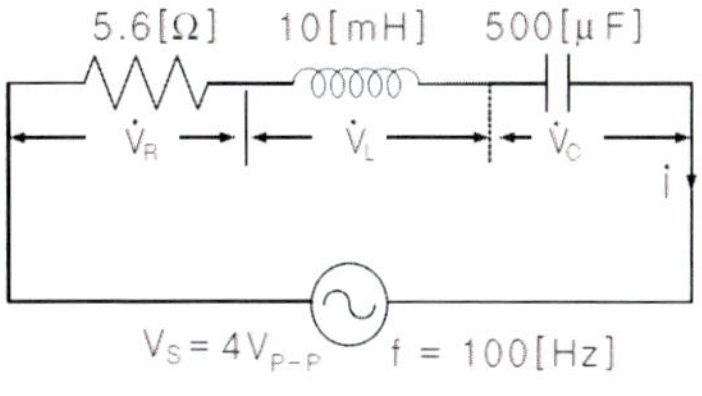

그림 12-2 R-L-C 직렬 회로 예

2) R-L-C 병렬회로의 특성

그림 12-3(a), (b)는 R-L-C 병렬회로와 전류, 전압의 벡터도이다.

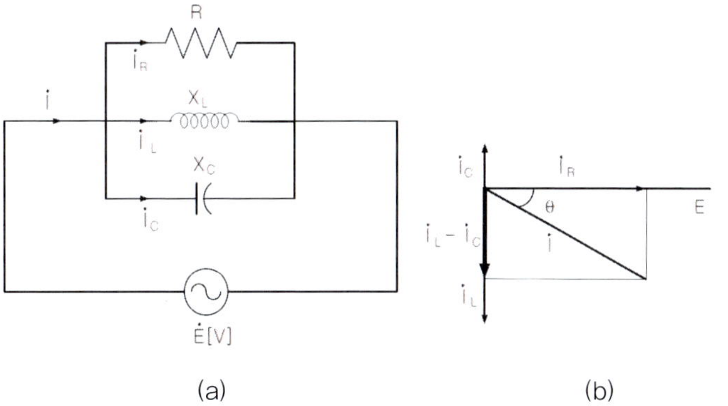

그림 12-3 R-L-C 병렬회로와 벡터도

그림 12-3(a)에서 저항 R에 흐르는 전류 I_R, 유도 리액턴스X_L에 흐르는 전류 I_L, 용량 리액턴스 X_C에 흐르는 전류 I_C의 옴의 법칙으로 계산하면 다음과 같다.

$$I_R = \frac{E}{R}[A],\quad I_L = \frac{E}{X_L}[A],\quad I_C = \frac{E}{X_C}[A]$$

다시 위상 관계에 대해서는 I_R은 전압 E와 동상이고, I_L은 E보다 $\frac{\pi}{2}$ rad 뒤지고, I_C는 E보다 $\frac{\pi}{2}$ rad 앞서게 된다. 여기서 $I_L > I_C$인 경우를 예로 들면 전전류 I는 I_R, I_L, I_C라는 3가지 전류의 벡터 합으로 표시되고, 그림 12-3(b)와 같이 되지만 크기 I는 피타고라스의 정리를 사용하여 다음과 같이 구할 수 있다.

$$I = \sqrt{I_R^2 + (I_L^2 - I_C^2)} = \sqrt{(\frac{E}{R})^2 + (\frac{E}{X_L} - \frac{E}{X_C})^2}$$
$$= E\sqrt{(\frac{1}{R})^2 + (\frac{1}{X_L} - \frac{1}{X_C})^2} \quad [A]$$

여기서, 상기식 가운데 $(\frac{1}{X_L} - \frac{1}{X_C})$을 $\frac{1}{X}$이라 하면 상기식은 다음과 같다.

$$\frac{1}{X} = \frac{1}{X_L} - \frac{1}{X_C}$$

$$X = \frac{1}{\frac{1}{X_L} - \frac{1}{X_C}} = \frac{1}{\frac{X_C - X_L}{X_L X_C}} = \frac{X_L X_C}{X_C - X_L} \quad [\Omega]$$

따라서 저항 R과 2개 리액턴스 X_L과 X_C의 병렬 회로의 임피던스는 다음과 같다.

$$Z = \frac{E}{I} = \frac{1}{\sqrt{(\frac{1}{R^2} + \frac{1}{X^2})}}$$
$$= \sqrt{\frac{1}{\frac{R^2 + X^2}{R^2 \times X^2}}} = \frac{RX}{\sqrt{R^2 + X^2}} \quad [\Omega]$$

또 전압 E와 전류 I와의 위상차 θ는 다음 식으로 표시된다.

$$\tan\theta = \frac{I_L - I_C}{I_R} = \frac{\frac{E}{X_L} - \frac{E}{X_C}}{\frac{E}{R}} = \frac{\frac{1}{X_L} - \frac{1}{X_C}}{\frac{1}{R}} = \frac{\frac{1}{X}}{\frac{1}{R}} = \frac{R}{X}$$

$$\theta = \tan^{-1}\frac{R}{X}\ [rad]$$

그림 12-4의 회로에서 용량성인지 유도성인지 판정하여 전류와 위상차를 구하여보자.

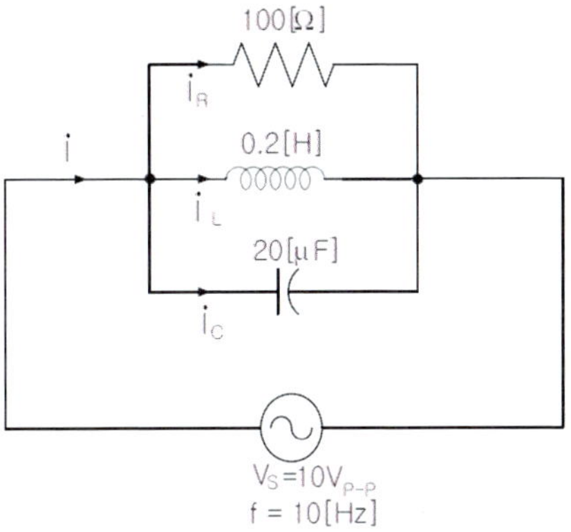

그림 12-4 R-L-C 병렬 회로 예

3. 사용기기 및 부품

① 오실로스코프 : 1대

② 신호발생기 : 1대

③ 테스터기 : 2 ~ 3대

④ 회로실험대 (B.B) : 1대

⑤ 저항 2개 (1K × 2)

⑥ 인덕터 2개 (50[mH] × 2)

⑦ 케패시던스 2개 (1[μF] × 2)

⑧ 기타 Accessory : 1식

4. 실험순서 및 결과

1) R-L-C 직렬 회로 측정

① 그림 12-5를 보고 표 12-1에 있는 각 항의 이론값을 계산하여 기록 하라.

② 그림 12-5를 결선하고, 주어진 V_S값을 신호발생기로 정확히 조정한 후 표 12-1에 주어진 각 항에 대해 테스터나 오실로스코프를 이용하여 측정한 값을 기록한다.

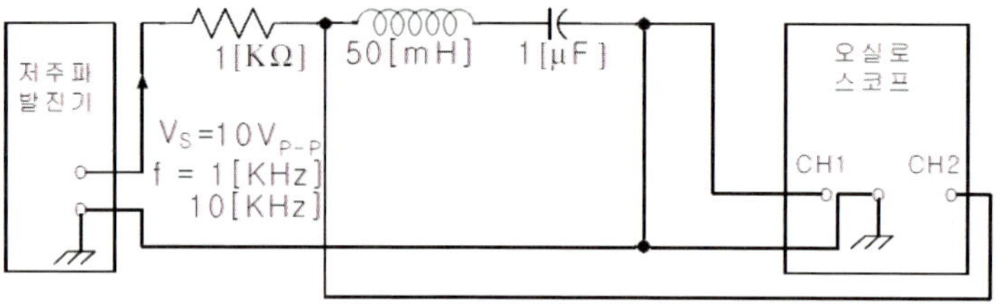

그림 12-5 R-L-C 직렬회로

표 12-1 R-L-C 직렬회로 측정

항목 \ VS		10 [V_{p-p}]	
		1 [KHz]	10 [KHz]
I_R	이론값		
	측정값		
	오 차		
V_R	이론값		
	측정값		
	오 차		
V_L	이론값		
	측정값		
	오 차		
V_C	이론값		
	측정값		
	오 차		
θ	이론값		
	측정값		
	오 차		

2) R-L-C 병렬회로 측정

① 그림 12-6을 보고 표 12-2에 있는 각 항의 이론값을 계산하여 기록하라.

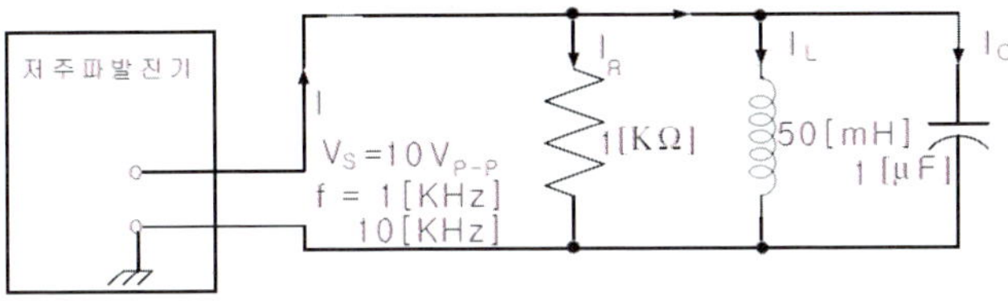

그림 12-6 R-L-C 병렬회로

② 그림 12-6을 결선하고, 주어진 V_S값을 신호발생기로 정확히 조정한 후 표 12-2에 주어진 각항에 대해 테스터를 이용하여 측정한 값을 기록하라. (단, 위상차의 측정 각도는 테스터로 측정한 I_R, I_L, I_C를 이용하여 계산하라.)

표 12-2 R-L-C 병렬회로 측정

항목 \ VS		10 [V_{p-p}]	
		1 [KHz]	10 [KHz]
I	이론값		
	측정값		
	오 차		
I_R	이론값		
	측정값		
	오 차		
I_L	이론값		
	측정값		
	오 차		
I_C	이론값		
	측정값		
	오 차		
θ	이론값		
	측정값		
	오 차		

결과보고서

실습일자

담당교수

학 번

성 명

실험제목 실험 12. R-L-C 회로의 교류신호특성

표 12-1 R-L-C 직렬회로 측정

항목 \ VS		10 [V_{p-p}]	
		1 [KHz]	10 [KHz]
I_R	이론값		
	측정값		
	오 차		
V_R	이론값		
	측정값		
	오 차		
V_L	이론값		
	측정값		
	오 차		
V_C	이론값		
	측정값		
	오 차		
θ	이론값		
	측정값		
	오 차		

표 12-2 R-L-C 병렬회로 측정

항목 \ VS		10 [V_{p-p}]	
		1 [KHz]	10 [KHz]
I	이론값		
	측정값		
	오 차		
I_R	이론값		
	측정값		
	오 차		
I_L	이론값		
	측정값		
	오 차		
I_C	이론값		
	측정값		
	오 차		
θ	이론값		
	측정값		
	오 차		

제 2 편

반도체회로 실험

실험

01 접합 다이오드의 특성

1. 실험 목적

① 접합 다이오드의 원리와 구조를 익힌다.

② 접합 다이오드의 순방향 및 역방향의 전류 · 전압 특성을 실험적으로 알아보고 이해한다.

2. 관련 이론

1) N형 반도체

실리콘(Si), 게르마늄(Ge)과 같은 결정 내에 5개의 가전자를 갖는 5족 원소인 안티몬(Sb), 비소(As), 인(P)등의 도너(donor) 불순물을 도핑(doping) 하면 4개의 외각 전자는 공유 결합을 이루게 되고 한 개의 전자는 결합을 못한채로 자유롭게 놓이는 과잉 전자가 되어 낮은 에너지로도 원자의 구속을 쉽게 벗어나 결정 내를 자유롭게 돌아다니며 전류를 흘리는 작용을 한다. 이때, 불순물 반도체의 캐리어는 음(Negative) 전하를 띤 전자이므로 N형 반도체라 한다.

2) P형 반도체

실리콘(Si), 게르마늄(Ge)과 같은 결정 내에 3개의 가전자를 갖는 3족 원소인 알루미늄(Al), 붕소(B), 인듐(In) 등의 억셉터(acceptor)를 도핑 하면 이들 불순물이 실리콘이나 게르마늄 등과 공유 결합을 하기 위해서는 한 개의 전자가 부족하여 실리콘이나 게르마늄 원자 중에서 하나의 원자를 얻어 공유 결합을 하며 전자를 하나 준 실리콘이나 게르마늄 원자는 전자가 한개 부족한 정공이 생긴다. 이때, 반도체에 전기 에너지를 가하면 정공이 전류의 근원이 되고 불순물 반도체의 캐리어는 정(Positive)전하인 정공이므로 P형 반도체라 한다.

3) P-N 접합 다이오드

P형과 N형 반도체가 금속적으로 접합하면 P-N 접합 다이오드가 되며 이 다이오드는 외부에서 전압을 인가하면 동작을 하는데 이를 바이어스(bias)라 하며 바이어스 시 전기적으로 어느 한 쪽 방향으로만 전류가 흐른다.

그림 1-1은 일반적인 다이오드의 모형과 기호이다.

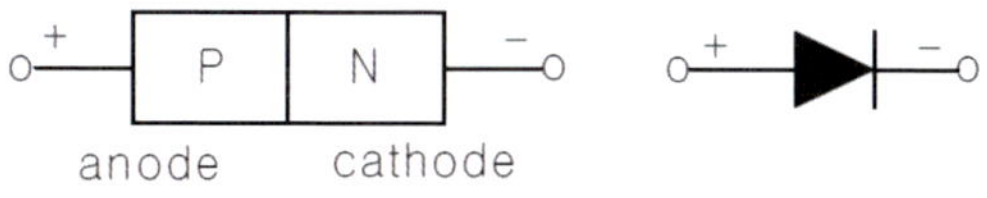

그림 1-1 P - N 접합 다이오드 모형과 기호

(1) 순방향 바이어스

전원의 (+)단자를 P형 반도체에, 전원의 (−)단자를 N형 반도체에 연결하면 전원의 (−)단자가 접합면을 향해서 N형 영역에 있는 전자를 밀어내어 전자는 접합면을 통과해서 정공과 결합하여 자유 전자는 가전자가 된 다음 P형 반도체의 정공을 통과하여 전원의 (+)단자 속으로 흐른다. 이때를 다이오드의 ON 상태라 하며 저항 값은 수십 [Ω] 이다.

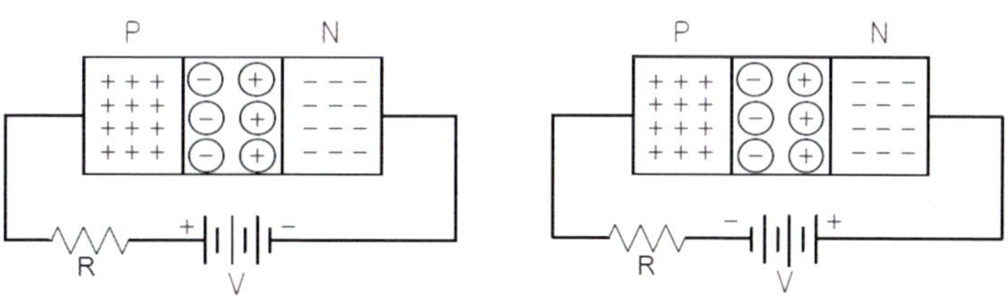

(a) 순방향 바이어스 (b) 역방향 바이어스

그림 1-2 다이오드의 순방향, 역방향 바이어스

(2) 역방향 바이어스

전원의 (+)단자를 N형 반도체에, 전원의 (−)단자를 P형 반도체에 연결하면 N형 영역의 자유 전자를 전원의 (+)단자 쪽으로, 또한 P형 영역의 정공은 전원의 (−)단자 쪽으로 이동하여 그 결과 접합면의 공핍층은 더욱 넓어지며 매우 작은 전류(차단 전류)가 흐른다.

이때를 다이오드의 OFF 상태라 하며 저항 값은 수백 [kΩ] 이상이 된다.

4) 다이오드의 V-I 특성 곡선

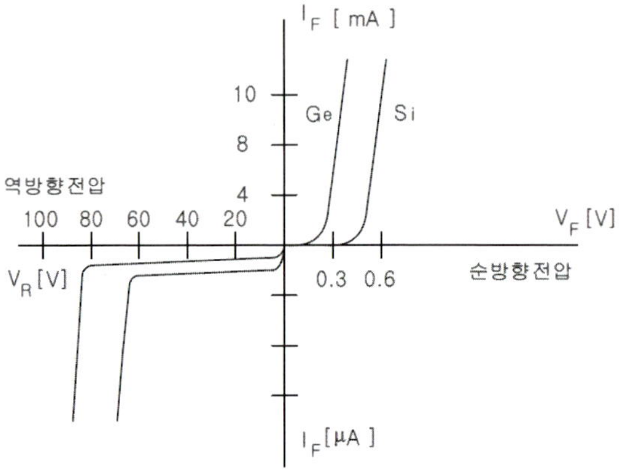

그림 1-3 다이오드의 V - I 특성 곡선

그림 1-3은 다이오드의 전압 - 전류 특성 곡선으로 다이오드에 인가 된 전압에 대하여 다이오드에 흐르는 전류의 변화를 나타낸 특성 그래프이다.

5) 다이오드의 극성 판정

다이오드의 극성 판정은 회로 시험기의 저항계를 이용하여 쉽게 판정할 수 있다.
다이오드의 순방향 바이어스 상태에서는 수십 [Ω] 이하의 낮은 저항 값을, 역방향 바이어스에서는 수백[Ω] 이상의 높은 저항 값을 가지고 있으므로 회로시험기의 적색 리드봉(양극)과 흑색 리드봉(음극)을 서로 바꿔서 다이오드의 저항 값을 측정한다.
이때 저항 값이 큰 경우는 다이오드가 역방향 바이어스 상태로 적색 리드봉 쪽이 캐소드(cathode)가 되고, 반대로 낮은 저항 값인 경우는 다이오드의 순방향 바이어스 상태로 적색 리드봉이 에노드(anode)가 된다.

3. 사용 기기 및 부품

① 회로 시험기 : 1 대
② 직류 전원 장치 : 1대

③ 다이오드 : 1N4001(Si) × 1개, 1N60(Ge) × 1개

④ 저항 : 1[kΩ] × 1개

⑤ 리드선 : 약간

⑥ 기타 Accessory : 1식

4. 실험 순서

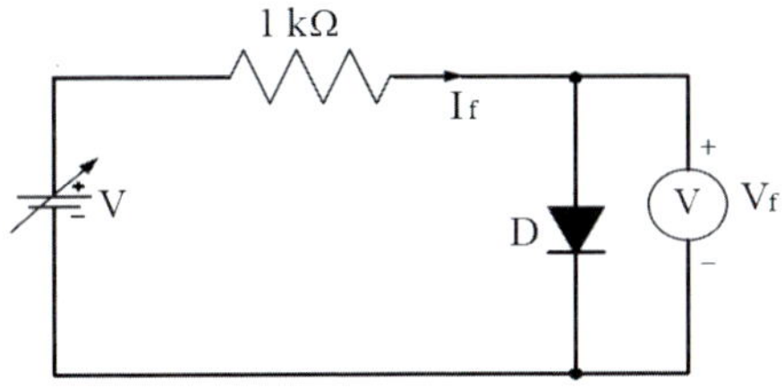

그림 1-4 순방향

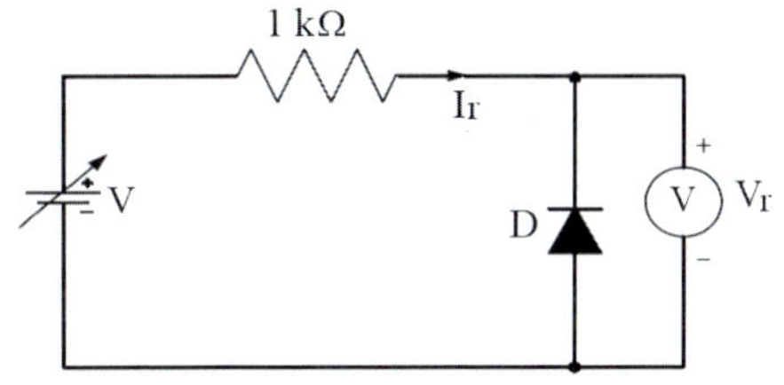

그림 1-5 역방향

① 주어진 다이오드의 극성을 회로 시험기의 다이오드측정을 이용 확인한다.

② Si 다이오드를 사용하여 그림 1-4와 같이 회로를 구성한다.

③ 직류 가변 전원 장치를 서서히 증가시키며 순방향 전압 V_f 가 표 1-1과 같이 되도록 하였을 때 순방향 전류 I_f 를 측정 기록한다. 이때 I_f 는 1kΩ 저항 양단의 전압을 측정하여 $I_f = \frac{R}{1k\Omega}$ 식을 이용하여 구한다.

④ 그림 1-5와 같이 다이오드를 역방향으로 하여 회로를 구성한다.

⑤ ③번과 같은 방법으로 표 1-2에 역방향 전류 I_f 을 측정 기록한다.

⑥ 그림 1-4, 그림 1-5에서 Si 다이오드를 Ge 다이오드로 바꾸어 실험방법 ③에서 ⑤까지 반복하여 표 1-3과 1-4에 기록한다.

⑦ 그래프용지에 각 실험값을 이용하여 가로축을 V, 세로축을 I로 한 V-I 특성 곡선을 그린다.

5. 실험결과

표 1-1 Si 다이오드의 순방향 전압 V_f [V]와 순방향 전류 I_f [mA] 측정

V_f [V]	0	0.1	0.2	0.3	0.4	0.5	0.55	0.6	0.65	0.70	0.75	0.8
I_f [mA]												

표 1-2 Si 다이오드의 역방향 전압 V_R [V]와 역방향 전류 I_R [mA] 측정

V_r[V]	0	1	5	10	15	20	25	30
I_r[μA]								

표 1-3 Ge 다이오드의 순방향 전압 V_f [V]와 순방향 전류 I_f [mA] 측정

V_f [V]	0	0.1	0.2	0.3	0.4	0.5	0.55	0.6	0.65	0.70	0.75	0.8
I_f [mA]												

표 1-4 Ge 다이오드의 역방향 전압 V_R [V]와 역방향 전류 I_R [mA] 측정

V_r [V]	0	1	5	10	15	20	25	30
I_r [μA]								

6. 과제 및 검토사항

① 실리콘 다이오드와 게르마늄 다이오드의 차이점에 대하여 요약해 보라.
② 다이오드의 극성 및 양부 판정에 대하여 요약해 보라.
③ 순방향 바이어스와 역방향 바이어스를 간단히 요약해 보라.

결과보고서

실습일자		담당교수	
학 번		성 명	
실험제목	실험 1. 접합 다이오드의 특성		

표 1-1 Si 다이오드의 순방향 전압 V_f [V]와 순방향 전류 I_f [mA] 측정

V_f [V]	0	0.1	0.2	0.3	0.4	0.5	0.55	0.6	0.65	0.70	0.75	0.8
I_f [mA]												

표 1-2 Si 다이오드의 역방향 전압 V_R [V]와 역방향 전류 I_R [mA] 측정

V_r [V]	0	1	5	10	15	20	25	30
I_r [μA]								

표 1-3 Ge 다이오드의 순방향 전압 V_f [V]와 순방향 전류 I_f [mA] 측정

V_f [V]	0	0.1	0.2	0.3	0.4	0.5	0.55	0.6	0.65	0.70	0.75	0.8
I_f [mA]												

표 1-4 Ge 다이오드의 역방향 전압 V_R [V]와 역방향 전류 I_R [mA] 측정

V_r [V]	0	1	5	10	15	20	25	30
I_r [μA]								

실험

02 제너 다이오드의 특성

1. 실험 목적

① 제너 다이오드(Zener diode)의 전압 · 전류 특성을 측정한다.
② 제너 다이오드의 이용을 실험으로 확인한다.

2. 관련 이론

정류용 다이오드 또는 스위칭 다이오드를 사용할 때 역방향 바이어스는 Break down이 일어나지 않는 역방향 전압 범위내에서 사용한다. 그러나 제너다이오드는 순방향 바이어스를 인가할 때는 일반 다이오드와 동일한 작용을 하지만 역방향 바이어스를 인가할 때는 어떤 특정한 전압(Breakdown voltage)에서 전류가 급격히 증가하며 전압이 일정하게 포화되는 특징을 가지고 있으며, 전력 소비 능력이 충분히 큰 다이오드로 동작 특성은 일반 다이오드와 같지만 3[V]에서 200[V]의 항복 전압 V_z을 갖는 다이오드이다.
역방향 항복 현상에는 두 가지 고체 역학적 메카니즘이 있으며 제너 항복(Zener breakdown)과 애벌런시 항복(Avalenche breakdown)이 이것에 해당한다.

1) 제너 항복

반도체의 금속학적 접합면 양측이 불순물에 의하여 강하게 도핑되면 공간전하 영역이 매우 좁게 형성되고 여기에 역방향 바이어스를 인가하면 접합면에 전계가 강하게 형성되어 터널링(Tunneling) 현상에 의하여 큰 역방향 전류를 형성한다. 기준 전압이 $6V$ 이하인 경우는 제너 항복이며 온도계수는 음이다. 그리고 불순물의 양이 적으면 제너 항복 전압 V_z는 높아진다.

2) 애벌런시 항복

다이오드의 접합면 근처에서 열에너지에 발생된 소수케리어가 역바이어스 전압에 의해 큰 운동에너지를 가지게 되고 전계에 의해 반도체 내를 이동하면서 결정격자 충돌하여 격자원자를 이온화 시켜 전자-정공쌍을 발생시킨다. 이렇게 생성된 케리어는 반도체내를 이동하면서 충돌을 반복하여 많은 수의 전자-정공쌍을 발생시킨다. 일반적으로 기준 전압이 6 *V*이상인 항복전압은 애벌런시항복에 의한 것이며 온도계수는 양수이다.

일반적인 제너 다이오드의 심벌과 특성곡선은 그림 2-1과 같다.

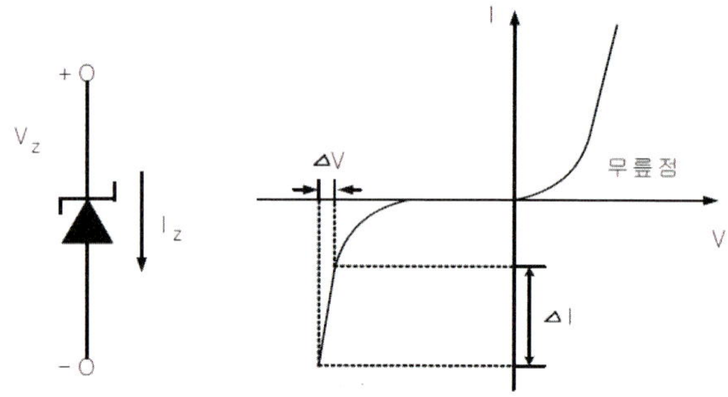

그림 2-1 제너다이오드의 심벌 및 특성곡선

이 제너다이오드 특성곡선에서 중요한 것은 breakdown 영역에서 제너 전압 Vz와 breakdown 영역에서의 동저항 Rz이다. 제너다이오드를 정전압원으로 이용하기 위해서는 그림 2-1과 같이 특성곡선의 breakdown점 이상의 전류에서 동작을 시켜야 한다. 동적저항 Rz는 제너다이오드의 역방향 바이어스에서 전압의 변화에 대한 역방향 제너 전류의 변화 크기에 의해 결정된다.

$$Rz = \frac{\Delta E}{\Delta I}$$

3) 제너다이오드를 이용한 정전압원

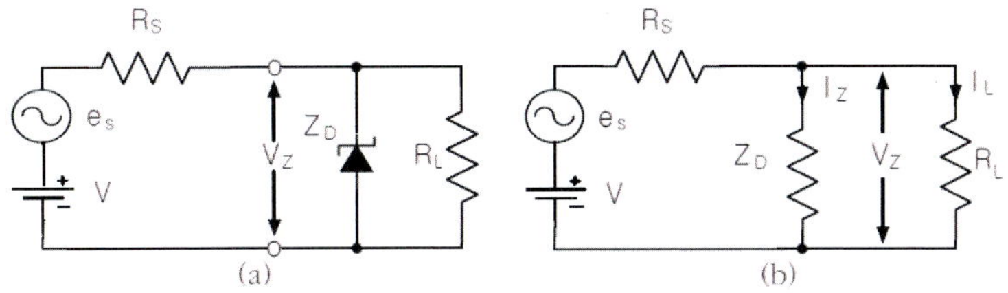

그림 2-2 정전압 회로와 제너 다이오드 등가 회로

그림 2-2(a)에서 V는 전압이 일정하지 않은 직류전압, e_s는 리플 전압이며 Rs는 직류 전압원의 내부저항이고 RL은 부하저항이다. 이 회로에서 제너 다이오드가 연결되어 있지 않다면 e_s가 증가하면 공급 전압원의 전류가 증가되어 출력 전압이 증가하게 된다. 여기서 증가된 전류를 초과 전류라 하며 제너 다이오드는 초과 전류를 분류시켜 출력 전압이 Vz으로 일정하게 된다. 또한, 부하 저항 RL에서의 전류 증가도 출력 전압을 증가시키는 요인이나 제너 다이오드가 부하 전류를 분류시켜 출력 전압도 Vz로 일정하게 유지하게 된다. 리플 전압 e_s나 부하 저항 RL이 감소하여도 반대 현상으로 출력을 일정하게 유지하게 된다. 제너 다이오드는 내부의 동적저항 Rz 때문에 완전히 이상적인 정전압원이 되지 못한다.

정전압 원에 대한 등가 회로는 그림 2-2(b)와 같다. 여기서 제너 다이오드는 동적저항 Rz으로 대치하였다. 정전압 원으로서 제너 다이오드의 동작은 그림 2-2를 통하여 알 수 있다.

제너 다이오드는 원하는 출력 Vz에 맞추어 선택한다. 저항 Rs는 원하는 동작점에서 최대 부하 전류 I_L에 제너 다이오드 전류 I_z를 더한 값이 되도록 선택한다.

따라서, 저항 R_S와 출력에서의 맥류 전압 V_{out}는 다음과 같게 구할 수 있다.

$$R_s = \frac{V - V_z}{I_z + I_L}, \qquad V_{out} = e_s \times \frac{R_L R_z}{R_L R_z + R_s (R_L + R_z)}$$

3. 사용 기기 및 부품

① 전원 공급 장치 : 1대

② 회로 시험기 : 1대

③ 제너 다이오드 : 1[w] 5[V] × 1개
④ 저항 : 2[w] 470[Ω] × 1개, 1/2[w] 3.3[KΩ] × 1개
⑤ 리드선 : 약간

4. 실험 순서

1) 제너 다이오드의 특성 실험

① 그림 2-3의 회로와 같이 제너 다이오드의 특성 실험회로를 구성하여라.
② 전원 전압 V를 0[V]에 맞춘다.

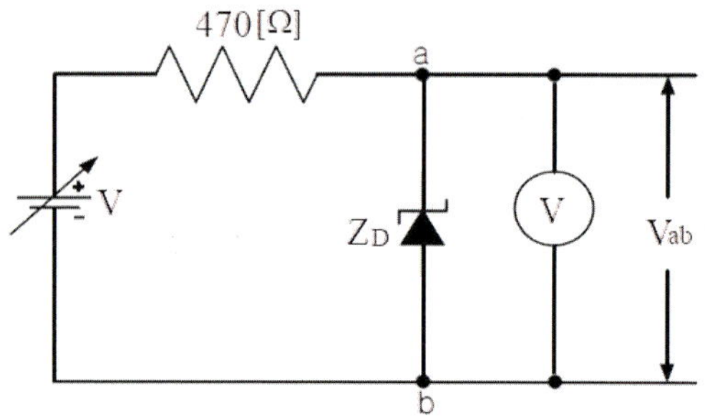

그림 2-3 제너 다이오드 특성 실험 회로

③ 전원 전압 V를 표 2-1에 주어진 값에 따라서 제너 다이오드 양단에 나타나는 전압 V_{ab}와 전류 I 값을 기록하라.
④ 실험을 통하여 측정된 실험값에 대한 동적 저항 R_z (= V_{ab}/I)을 계산하여 표 2-1에 기록하라.
⑤ 표 2-1에서 측정된 실험값을 이용하여 그림 2-5에 제너다이오드 특성곡선을 그려라.

5. 결과 및 고찰

표 2-1 제너 다이오드의 특성 실험

− V[V]	0	0.5	1.0	1.5	2.0	2.5	3.0	3.5	4.0	4.5	5.0	5.5	6.0	6.5	7.0	8.0	9.0	10
Vab[V]																		
I [mA]																		
R_z [Ω]																		

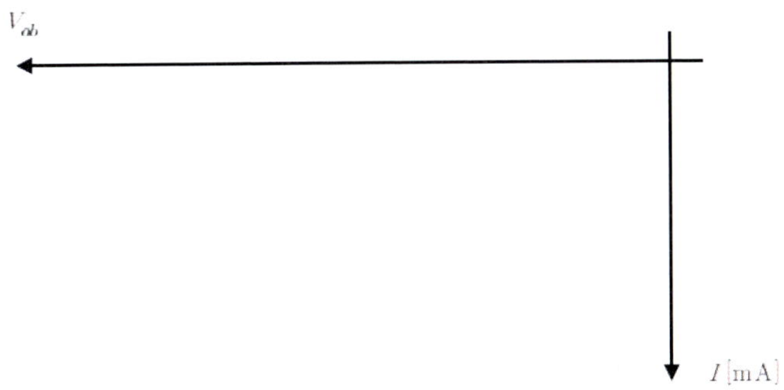

그림 2-5 제너 다이오드의 역 방향 특성 곡선

6. 과제 및 검토사항

① 제너 항복(Zener breakdown)과 전자 사태 항복(Avalanche breakdown)에 대하여 설명하라.

② 접합 다이오드와 제너 다이오드의 차이점을 설명하라.

③ 제너 다이오드의 극성을 구별하는 방법에 대하여 설명하라.

④ 표 2-2의 결과로부터 제너 다이오드가 전압 조정기로 사용될 수 있는 이유를 설명하라.

결과보고서

실습일자

담당교수

학　　번

성　　명

실험제목 실험 2. 제너 다이오드의 특성

표 2-1 제너 다이오드의 특성 실험

− V[V]	0	0.5	1.0	1.5	2.0	2.5	3.0	3.5	4.0	4.5	5.0	5.5	6.0	6.5	7.0	8.0	9.0	10
Vab[V]																		
I [mA]																		
R_z [Ω]																		

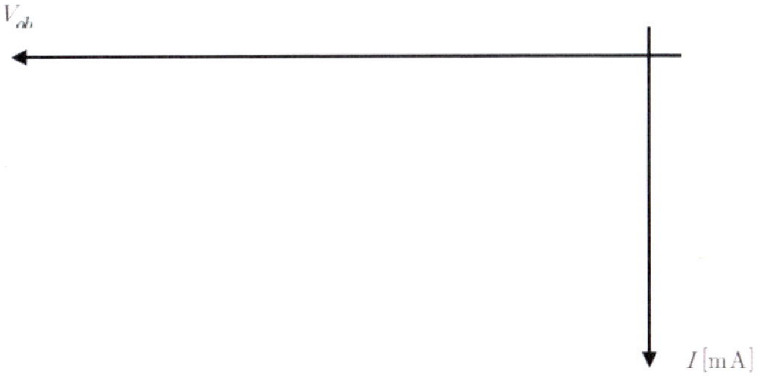

그림 2-5 제너 다이오드의 역 방향 특성 곡선

실험

03 다이오드의 정류 특성

1. 실험 목적

① 다이오드의 사용한 반파 정류 회로의 출력 파형을 측정, 관찰한다.
② 다이오드의 사용한 전파 정류 회로의 출력 파형을 측정, 관찰한다.
③ 다이오드의 사용한 브리지 정류 회로의 출력 파형을 측정, 관찰한다.

2. 관련 이론

전원장치는 부하에 적당한 동작전압이나 전류를 공급하기 위한 것으로서 직류전압이 필요하게 된다. 따라서 직류전압을 공급하기 위해서 교류전원을 직류전원으로 변환하는 장치를 정류기 회로라고 한다. 정류소자로는 대전력용 반도체 다이오드가 주로 사용되고, 대전력 송신기에는 수은 정류관이 사용된다. 그림 3-1은 교류전원에서 전력을 공급받는 직류전원장치의 볼록선도이다. 정류기를 제외한 나머지의 회로기능은 적용분야에 따라 포함하기도 하고 제외하기도 한다. 그림 3-1에서 파형으로 나타낸 바와 같이 각 회로의 기능은 다음과 같다.

① **변압기**(transformer) : 필요한 전압을 얻기위해 승압이나 감압한다.
② **정류기**(rectifier) : 교류전압을 맥류가 포함된 직류로 바꾼다.
③ **필터**(filter) : 정류기 출력에 포함된 리풀을 제거 한다.
④ **레귤레이터**(regulator) : 부하조건이나 또는 전압변동에 관계없이 일정한 전압을 유지하도록 하는 장치

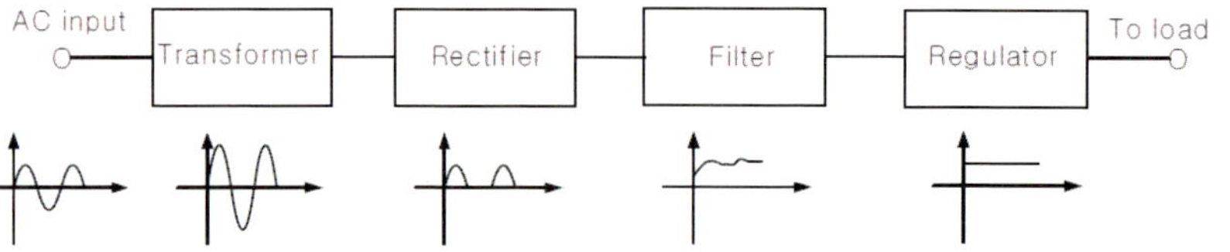

그림 3-1 전원 장치의 블록선도

1) 반파정류

그림 3-2는 반파 정류 회로의 기본도 이다.

그림에서 다이오드는 교류의 (+) 반 주기 동안에는 순방향으로 바이어스 되어 큰 전류가 흘러 부하 저항 양단에 출력 전압이 걸리게 되므로 회로를 통하여 전류가 흐르게 되고, 교류의 (−) 반 주기 동안에는 역방향 바이어스 되어 다이오드를 통해 흐르는 전류는 작은 전류뿐이므로 부하 저항 양단에는 출력 전압이 걸리지 않아 회로에 전류가 거의 흐르지 않는 반파 정류가 된다.

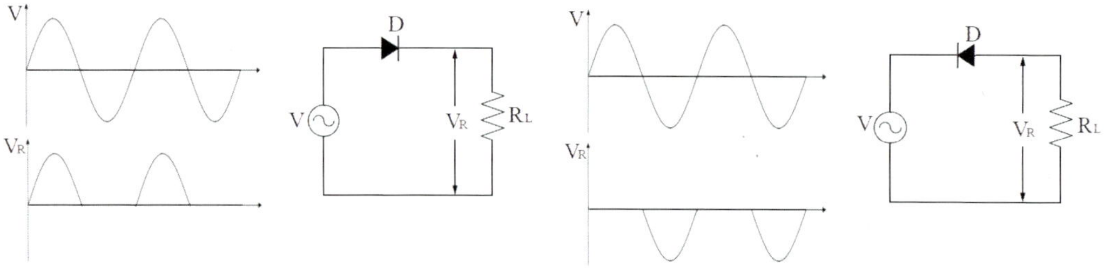

(a) + 반주기　　(b) − 반주기

그림 3-2 반파 정류 회로

반파 정류 회로의 교류 입력 전압을 V_{ac}라 할 때, 다이오드 D는 (+) 반파 일 때만 직류 출력 전류I_d가 흐르므로 부하 저항 R_L에는 (+) 반파의 직류 전압 V_{dc}가 나타나고, 직류 출력 전류의 평균값 I_{dc}는 다음과 같다.

$$V_{dc} = \frac{1}{2\pi}\int_0^{\pi} V_m \sin\omega t d(\omega t) = \frac{V_m}{2\pi}[-\cos\omega t]_0^{\pi} = \frac{V_m}{2\pi} = 0.318\ V_m$$

$$\therefore\ I_{dc} = \frac{V_{dc}}{R_L}$$

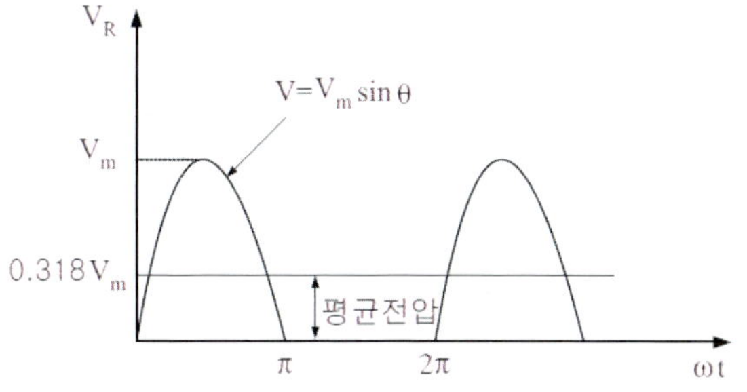

그림 3-3 반파 출력파형

(1) 전압 변동률

정류회로의 출력단자에 부하를 연결하면 출력전압이 감소하게 되는데 이 부하전류의 변화에 따라서 직류출력전압의 변화정도를 전압변동률 이라한다.

$$\text{전압변동률}[\%] = \frac{\text{무부하시직류전압} - \text{전부하시직류전압}}{\text{전부하시직류전압}} \times 100(\%)$$

이상적인 전원회로에서는 부하전류의 크기에 관계없이 일정한 출력전압을 유지하므로 그 변동률은 0이 된다.

(2) 맥동률

정류기에 있어서 교류전압(전류)를 완전한 직류전압(전류)로 변환하는 것이 이상적이다. 그러나 실제의 정류기는 많거나 적거나 교류 성분을 포함하고 있다. 따라서 직류전압(전류)속에 얼마나 교류 성분이 포함되어 있는가를 나타내는 것이 맥동률(γ)이다.

$$\text{즉, } \gamma = \frac{\text{출력파형에 포함된 교류분의실효치}}{\text{출력파형의 평균치(직류성분)}}$$

로서 정의된다.

2) 전파 정류

전파 정류 회로에는 그림3-4와 같이 변압기에 중간 단자가 있는 전파 정류 회로와 그림 3-6과 같은 브리지 정류 회로가 있다.

전파 정류 회로는 교류의 (+), (−) 두 파형을 모두 직류로 정류하기 때문에 반파 정류 회로보다 효율이 좋다.

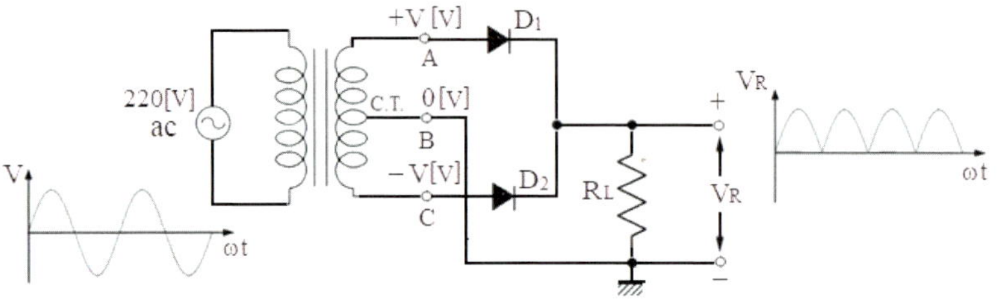

그림 3-4 전파 정류회로

(1) 전파 정류 회로

이 회로는 변압기의 2차 측에 전압을 양분하는 중간 단자가 있어 이 중간 단자가 전파 정류 회로의 공통 단자가 된다.

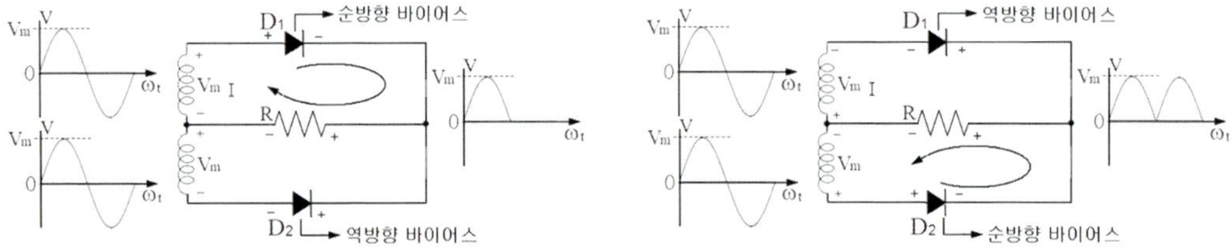

(a) (+)반주기

(b) (−)반주기

그림 3-5 전파 정류회로의 회로 동작상태

그림 3-5는 이 정류 회로의 동작 상태를 자세하게 보여 주고 있다.

입력 교류의 (+) 반주기 동안에 D_1은 ON, D_2는 OFF가 되고, 입력 교류의 (−) 반주기 동안에 D_1은 OFF, D_2는 ON이 된다.

전파 정류 회로에서의 평균 직류 출력 전압은 다음과 같다.

$$V_{dc} = 2 \times 0.318\, V_m = 0.636\, V_m$$

(2) Bridge 전파 정류 회로

중간 단자가 없는 변압기를 사용할 때 4개의 다이오드로 bridge 회로를 그림 3-6와 같이 구성하여 전파 정류를 할 수 있으며, 가장 많이 사용되는 정류 회로 중의 하나이다.

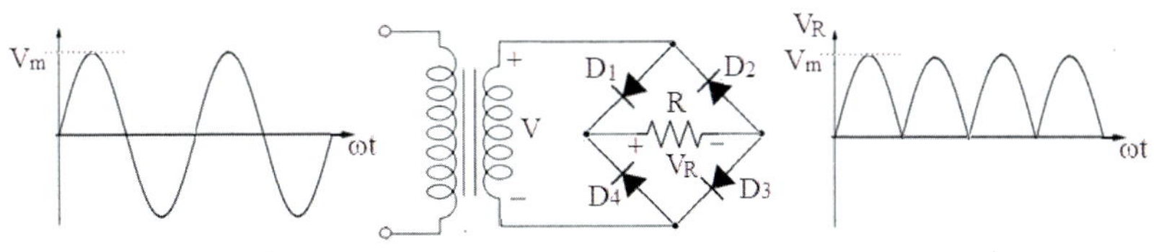

그림 3-6 Bridge 전파 정류 회로

그림 3-7는 이 회로의 동작 상태를 자세하게 보여 주고 있다.

입력 교류의 (+) 반주기 동안에 D_1과 D_3는 ON이 되고, D_2와 D_4는 OFF 된다. 입력 교류의 (−) 반주기 동안에 D_1과 D_3는 OFF가 되고, D_2와 D_4는 ON이 된다.

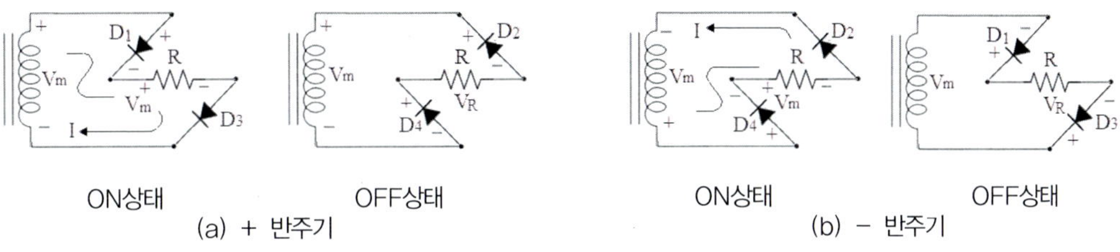

그림 3-7 Bridge 전파 정류회로 동작상태

또한 전파 정류이므로 평균 직류 출력 전압은 다음과 같다.

$$V_{dc} = 2 \times 0.318\, V_m = 0.636\, V_m$$

3. 사용기기 및 부품

① 저항(0.5w) : 1k, 1.5kΩ

② 다이오드 : IN 4002 × 4

③ 전원트랜스 : 220V(1차) (2차) 0, 3, 6, 9, 12V

4. 실험 순서

1) 반파정류

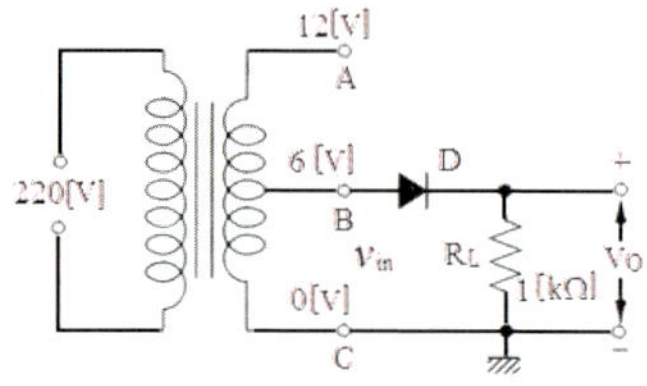

그림 3-8 반파 정류회로

① 그림 3-8의 회로를 구성하라.

② 전원트랜스의 2차측 전압, 점 B와 C간의 교류전압 vin이 6V가 되는지를 테스터로 측정 확인하여라.

③ 오실로스코프로 점 B와 C간의 입력전압 vin의 Peak치를 측정하고, 그 파형을 표 3-1에 그려라. 오실로스코프의 화면에 2~3 주기의 파형이 나타나도록 조정한다.

④ 반파정류회로의 RL저항 양단에 오실로스코프를 접속하고, 출력정류전압 Vo의 Vp-p치를 측정하여라. 또한 입력파형과 반파정류파형을 표 3-1에 그려라.

⑤ 다이오드 양단의 전압 VD를 오실로스코프로 관찰하고, 파형을 표 3-1에 그려라.

2) 전파정류회로

① 그림 3-9의 회로를 구성하라.

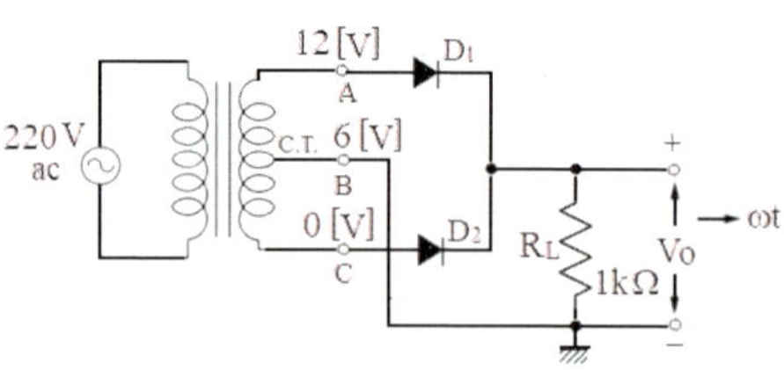

그림 3-9 전파 정류회로

② 전원트랜스의 2차측에서 점 A와 B간의 전압 vAB와 점 B와 C간의 전압 vBC가 똑같이 6V가 되는지를 테스터로 측정 확인하여라. 점B가 점 A와 C의 center-tap 인지를 확인한다.

③ 전원트랜스 2차측에서 전압 vAB=vBC의 피이크치 및 그 파형을 오실로스코프로 측정하여 표 3-2에 기록하라.

④ 부하 RL 양단에 오실로스코프를 연결하고, 전파정류출력전압 Vo의 p-p치를 측정하여, 입력파형과 맞추어 표 3-2에 기록하라.

⑤ 다이오드 D1, D2의 양단전압을 각각 오실로스코프로 관찰하고, 그 파형을 입력과 맞추어 표3-2에 기록하라.

3) 브리지정류회로

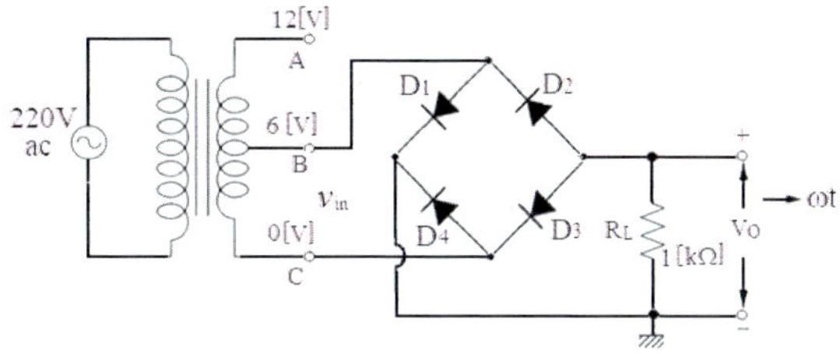

그림 3-10 브릿지 정류회로

① 그림 3-10의 회로를 구성하라.

② 전원트랜스의 2차측에서 전압 vBC의 피이크치를 측정하여 표 3-3에 기록하라.

③ 부하 RL 양단에 오실로스코프를 연결하고, 정류출력전압 Vo의 p-p치를 측정하여 입력파형과 맞추어 표 3-3에 기록하라.

④ 다이오우드 D1의 양단전압을 오실로스코프로 관찰하고, 파형을 표 3-3에 기록하라.

5. 결과 및 고찰

실험 순서에 따라 다음 표에 결과를 기록하라

표 3-1 반파정류회로

트랜스 2차측 전압 파형측정

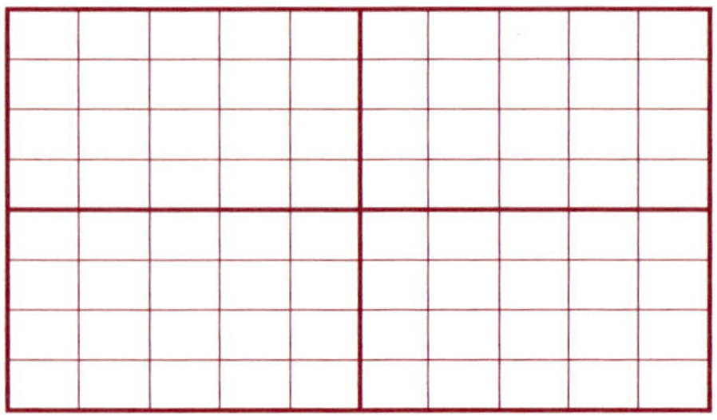

출력전압 Vo 파형측정

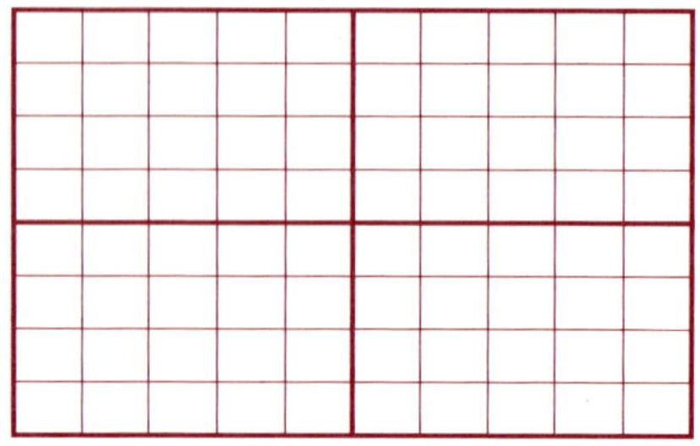

다이오우드 V_D 양단 파형측정

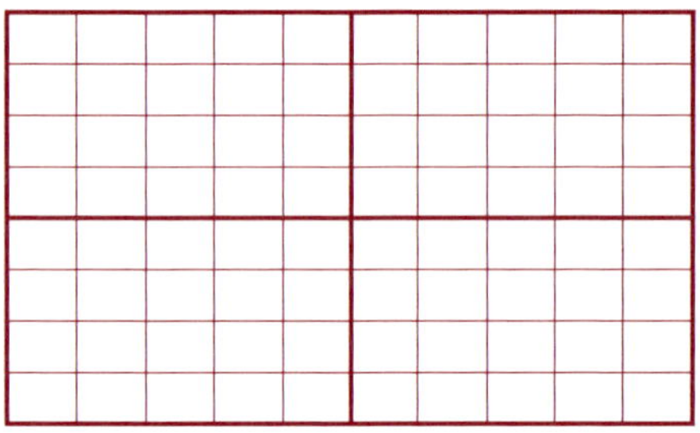

표 3-2 전파정류 회로

vAB=vBC전압 파형 측정

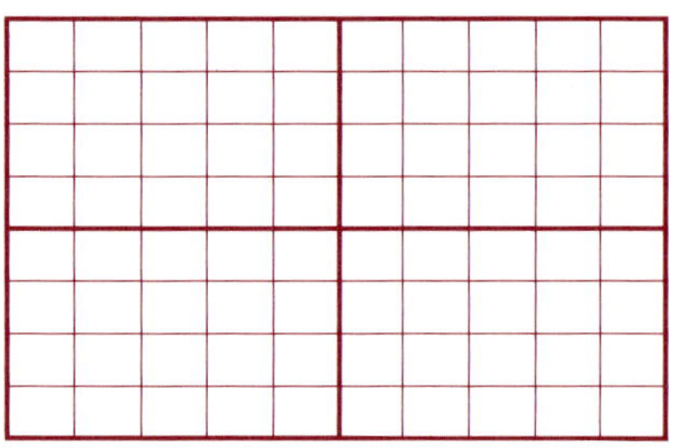

측정부하 R_L 양단 파형측정

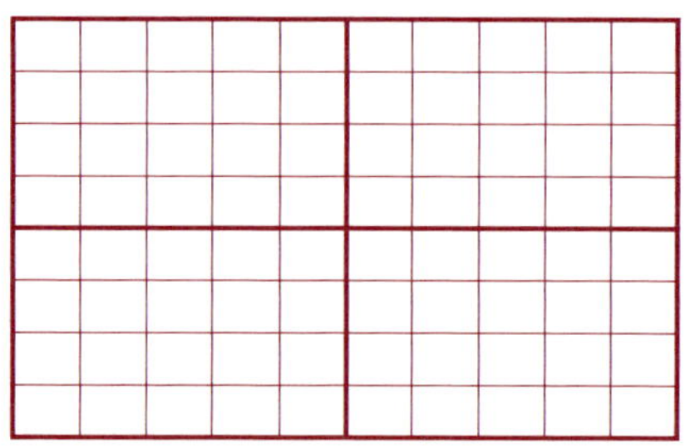

다이오우드 V_D 양단 파형측정

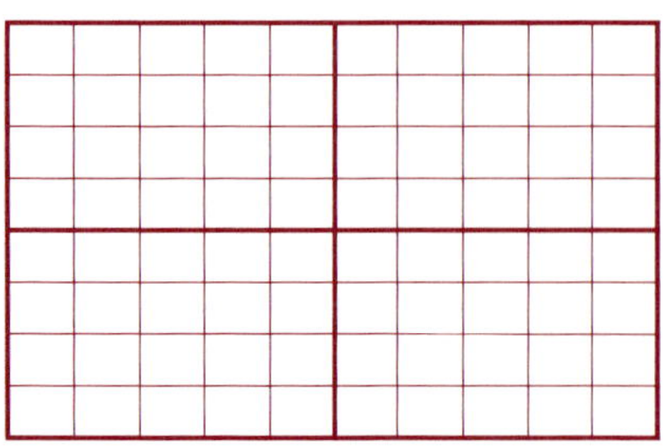

표 3-3 브리지정류 회로

V_{BC} 전압 파형 측정

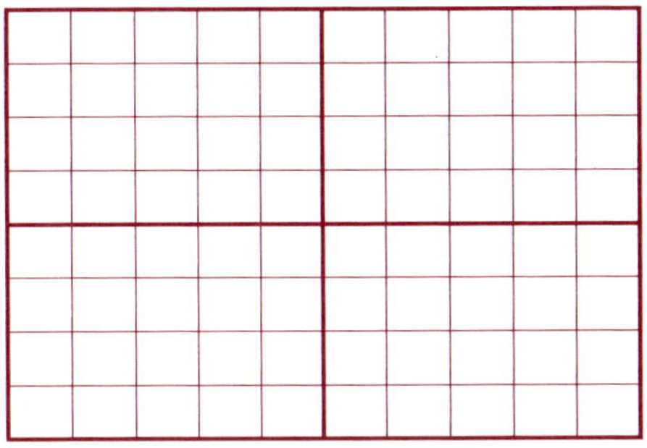

부하 R_L 양단 파형측정

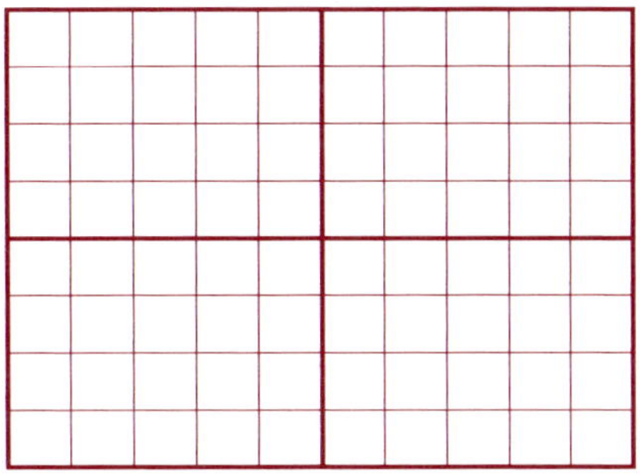

D_1 양단 전압파형측정

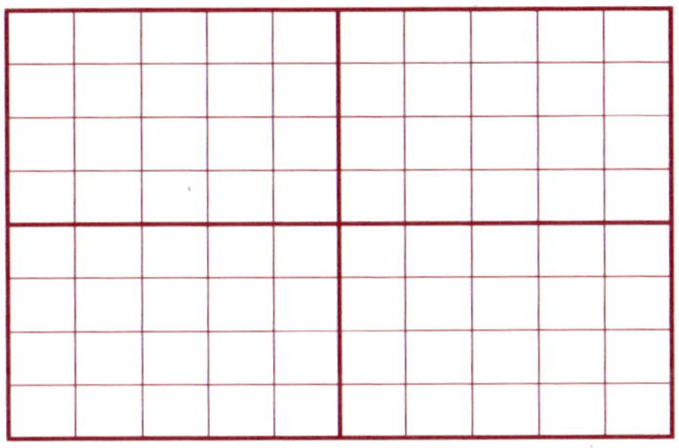

6. 과제 및 검토사항

① 정류란 무엇인가?

② PIV (Peak Inverse Voltage)를 정의하라.

③ 실험에서 다룬 각 정류회로의 장 · 단점을 비교 설명하라.

④ 실험에서 다룬 각 정류회로의 입력주파수와 출력주파수의 관계를 설명하라.

결과보고서

실습일자

담당교수

학　　번

성　　명

실험제목　실험 3. 다이오드의 정류 특성

표 3-1　반파정류회로

트랜스 2차측 전압 파형측정

출력전압 V_o 파형측정

다이오우드 V_D 양단 파형측정

표 3-2 전파정류 회로

$V_{AB}=V_{BC}$전압 파형 측정

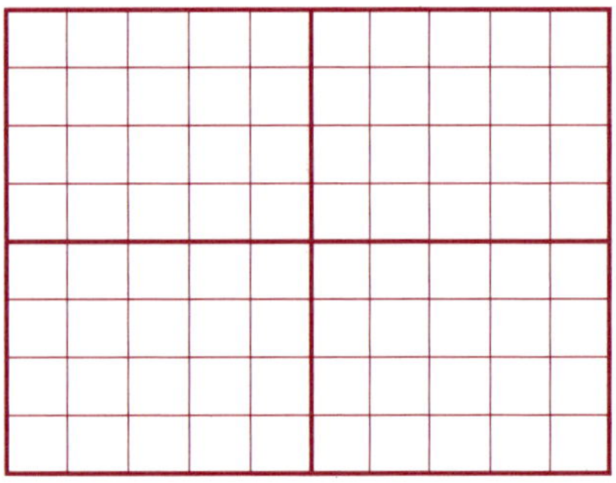

측정부하 R_L 양단 파형측정

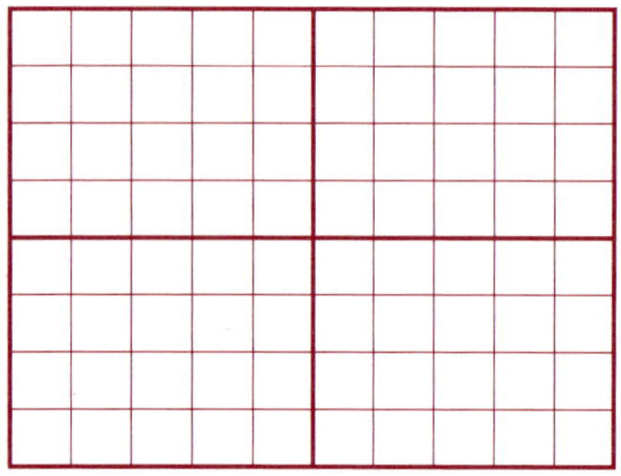

다이오우드 V_D 양단 파형측정

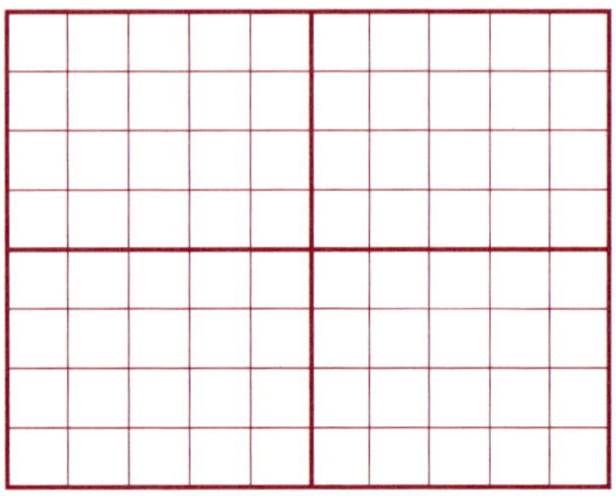

표 3-3 브리지정류 회로

V_{BC} 전압 파형 측정

부하 R_L 양단 파형측정

D_1 양단 전압파형측정

실험

04 배전압 정류회로

1. 실험 목적

① 반파 및 전파 배전압 정류회로의 동작 원리 및 특성을 이해하고 이를 실험을 통해 확인한다.

2. 관련 이론

배전압 정류회로란 입력교류전압에 대하여 출력직류전압이 2배 혹은 3배 이상이 되는 것을 말한다. 캐패시터 필터 회로를 수정하면 정류된 전압의 최대치 (Vm)보다 더 큰 전압을 얻을 수 있다. 이 같은 회로를 사용하여 변압기 정격 전압의 최대치를 유지하는 동시에 출력 전압의 최대치를 정류 전압의 최대치보다 2배, 3배 이상 높일 수 있다. 이러한 전원 공급 장치는 TV 브라운관, 오실로스코프, 컴퓨터, 브라운관 같은 CRT에 고전압, 저전류를 공급하는데 사용한다.

1) 반파 배전압 정류 회로

그림 4－1은 반파 2배전압기이다.

변압기 전압의 양(+)의 반주기 동안 다이오드 D2는 off되고 다이오드 D1이 on되어 캐패시터 C1을 정류전압의 최대치(Vm)까지 충전한다. 다이오드 D1은 이 반주기 동안 단락되고 입력전압은 캐패시터 C1을 정류전압의 최대치(Vm)까지 충전시킨다. 이때의 극성은 그림 4－2(a)와 같다. 다음 2차 전압의 음(－)의 반주기 동안 다이오드 D1은 off되고 D2가 on되어 캐패시터 C2를 충전한다. 음(－)의 반주기 동안 D2는 단락 상태와 같고 다이오드 D1은 개방 상태와 같으므로 바깥쪽 루우프를 따라 그림 4－2와 같이 전압방정식을 세울 수 있다.

$$-V_{C2} + V_{C1} + V_m = 0,\ -V_{C2} + V_m + V_m = 0$$

$$\text{그러므로 } V_{C2} = 2V_m$$

C3에 걸리는 전압은 3Vm이며 C2와 C4에 걸리는 전압은 4Vm이다. 다이오드와 캐패시터를 추가해서 사용하면 추가된 캐패시터는 2Vm씩 충전된다. 변압기 상단을 출력으로 사용하면 출력 전압은 Vm의 홀수배이고, 변압기 하단을 출력으로 사용하면 출력 전압은 Vm의 짝수가 된다.

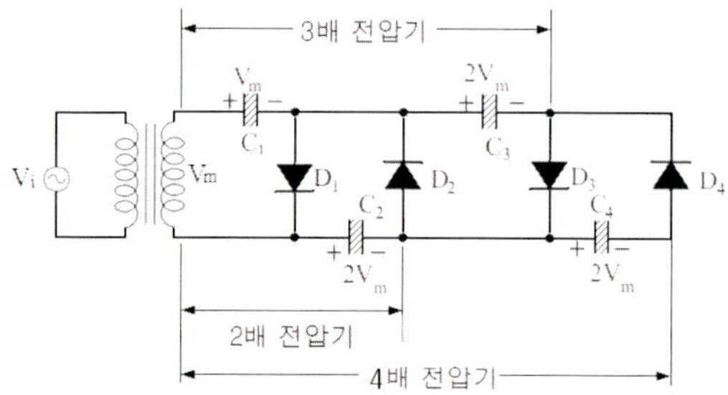

그림 4-5 3배 전압기 및 4배 전압기

변압기의 정격은 최대치가 단지 Vm이면 되고, 회로의 각 다이오드의 PIV 정격은 2Vm이어야 한다. 그러므로 부하가 작고 캐패시터에서의 누설이 거의 없다면, 이러한 여러 단을 갖는 회로를 이용하여 직류 고전압을 얻을 수 있는 것이다. 이 회로는 체배압 정류회로라고 하는데 이런 방법으로 사다리꼴 모양의 다이오드(Diode)를 첨가하면 이론상으로 얼마든지 높은 직류전압을 얻을 수 있다.

3) 필터회로

반파 혹은 전파정류기로부터의 정류출력은 맥류이기 때문에 적당한 방법으로 평활화하지 않으면 직류 전원으로 쓸 수가 없다. 이 목적으로 사용하는 회로를 평활회로 또는 필터라고 한다. 맥류는 dc 성분과 기본파 그리고 많은 고조파 성분으로 구성되어 있다. 이 중에서 ac 성분을 제거하고 dc 성분만을 선택하는 것이 곧 평활회로의 역할이다. 필터에는 캐패시터 필터, RC필터, 초크필터, LC 필터, π형 필터 등이 있다. 각 필터출력은 dc값과 소량의 ac 변동 또는 리플을 포함하고 있다. 그러므로 필터회로의 출력전압에서 리플계수를 정의하면,

$$\%\text{리플} = \%\gamma = \frac{V_{\gamma(\gamma ms)}}{V_{dc}} \times 100$$

와 같이 정의한다.

전압원에서 또 하나의 중요한 계수는 회로동작 범위 내에서 출력 dc 전압의 변화량이다. 이 전압변화는 전압 변동률이라 부르는 계수에 의해서 기술되는데 다음과 같이 정의한다.

$$전압\ 변동률 = \frac{무부하에서의\ 전압\ -\ 전부하에서의\ 전압}{전부하에서의\ 전압}$$

$$V.R. = \frac{V_{NL} - V_{FL}}{V_{FL}}$$

또한, 전압변동률의 백분율은

$$\%\ V.R. = \%\ 전압변동률 = \frac{V_{NL} - V_{FL}}{V_{FL}} \times 100$$

와 같이 정의한다.

일반적인 필터회로는 그림 4-7(a)에서와 같이 간단한 캐패시터 필터회로이다. 콘덴서는 정류기출력 양단에 접속되어 있고, DC 출력전압은 콘덴서 양단에서 나타난다. 그림 4-7(a)는 전파정류기의 캐패시터 필터회로이며, (b)는 필터된 전압이 DC 레벨 위에 작은 리플 전압을 가지고 있음을 볼 수 있다. 만약, 부하저항 RL이 필터에 접속되지 않으면, 출력파형은 정류기의 출력 peak전압 Vm과 같은 일정한 DC 레벨이 된다. 그러나 DC 전압을 얻는 목적은 다른 전자회로에 전원으로 사용하기 위한 것이므로 필터에는 항상 부하가 있게 된다.

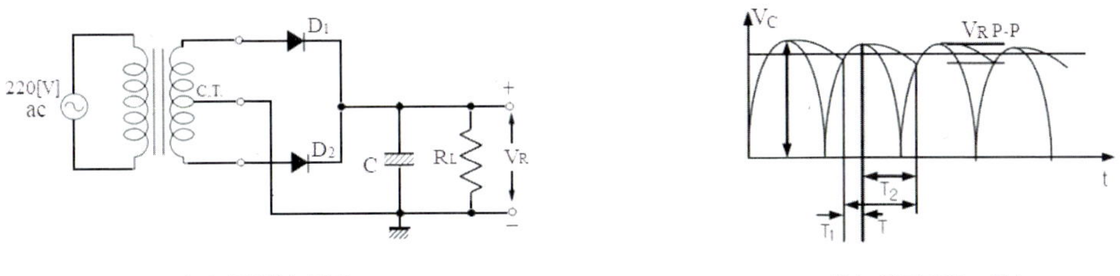

(a) 콘덴서 필터 (b) 출력전압 파형

그림 4-7 콘덴서 필터와 출력전압

전파정류신호에 대해서 그림 4-7(b)에서와 같은 두 개의 시간 구간을 표시하였다. T1은 전파정류기의 diode가 도통되어 콘덴서가 peak 정류기 출력전압에 충전되는 시간이고, T2는 정류기 전압이 peak 전압 이하로 떨어지면서 콘덴서가 부하를 통하여 방전하는 시간이다. 만약, 콘덴서가 단지 조금만 방전된다면, 이 때 평균전압은 최적치 Vm에 매우 가깝게 될 것이다. 리플전압의 양은 작은 부하에 대해서는 또한 적어질 것이다. 이것은 캐패시터 필터회로는 작은 부하에 대해서는 더 큰 dc전압과 작은 리플전압을 나타내고, 큰 부하에 대해서는 더 작은 DC 전압과 더 큰 리플전압을 가지고 있음을 보여준다.

그림 4-8은 전파정류기 필터회로를 나타내고 있다. 콘덴서 C_1 양단의 전압은 저항-캐피시터(R, C_2) 부분에 의해서 더욱 더 필터링되며, C_1의 양단에서 보다 더 적은 양의 리플을 가지는 출력전압을 나타나게 된다.

부하저항 RL로 표시되는 부하는 저항 R을 통하여 DC전류를 유출하므로, R 양단의 전압 강하로 인하여 부하 양단의 출력 DC전압은 C_1 양단의 DC전압보다 다소 낮아진다. 콘덴서 C_1 양단에서 얻은 전압으로부터 이 필터의 출력에서 AC 및 DC 전압 해석을 중첩의 원리를 이용하여 얻을 수 있다.

3. 사용 기기 및 부품

① 저항(0.5w) : 5.6kΩ, 2.7k, 100Ω(1w), 250Ω(2w), 500Ω(5w)
② 콘덴서 : 100μF/50V 3개
③ 다이오우드 : IN 4003 × 2
④ 전원용트랜스 (1차 220V; 2차, 0V, 3V, 6V, 9V, 12V)

4. 실험 순서

1) 전파 배전압 정류회로

① 그림 4-7의 회로를 구성하여라. RB는 5600Ω 블리더 저항이다 D1과 D2는 정류용 다이오드이다.

> **※ 블리더 저항(Bleeder Resistor)**
> a. π형 평활회로 옆에 병렬로 접속시키는 저항을 말한다.
> b. 역할
> ① 급격한 전압의 상승을 방지한다.
> ② 커패시터 C1과 C2 및 C3의 방전 통로를 마련해준다. 캐패시터 내의 잔류전하는 수리 과정에서 감전사고를 유발할 수 있다. 즉, 회로의 안전성을 위해서 필요하다

② 전원을 끄고 모든 콘덴서는 방전시켜라. 점 B와 G점 사이의 저항을 측정하여라. 이 때 저항계 리이드의 극성은 전해콘덴서의 극성과 일치되어야 한다. 만약, 저항치가 5600Ω 보다 더 작으면, 회로를 검사하여 그 원인을 확인하라.

③ 전원을 넣고, 점 A와 G점, B점과 G점 사이의 무부하 dc전압을 각각 측정하여 표 4－1에 기록하라.

④ 오실로스코프를 사용하여 파형을 관찰하고, 점 A와 G점, 점 B와 G점 사이의 무부하 리플전압을 각각 측정하여 표 4－1에 기록하라.

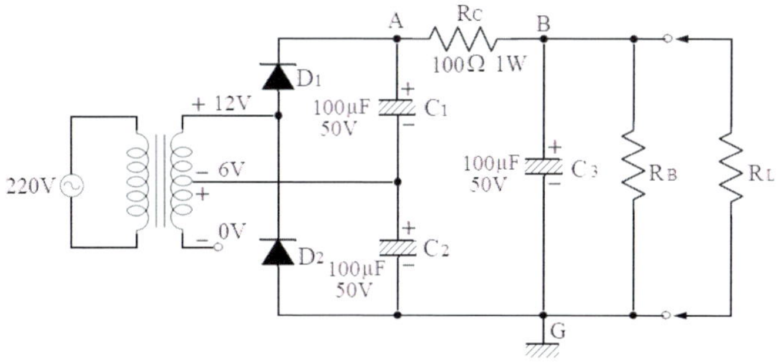

그림 4-7 전파 배전압 측정회로

⑤ 전원을 끄고, 500Ω 5W의 부하저항RL을 RB와 병렬로 연결하여라.

⑥ 부하가 있는 상태에서 실험순서 ③, ④를 반복하고, 그 측정치를 표4－1에 기록하여라.

표 4-1　전파배전압회로

측정점	무부하			부하(500Ω/5W)		
	dc[V]	리플		dc[V]	리플	
		파형	V_{P-P}		파형	V_{P-P}
A−G						
B−G						

2) 반파 배전압회로

① 전원을 끄고, 모든 콘덴서를 방전시킨 다음에 그림 4−8의 회로를 연결하여라.

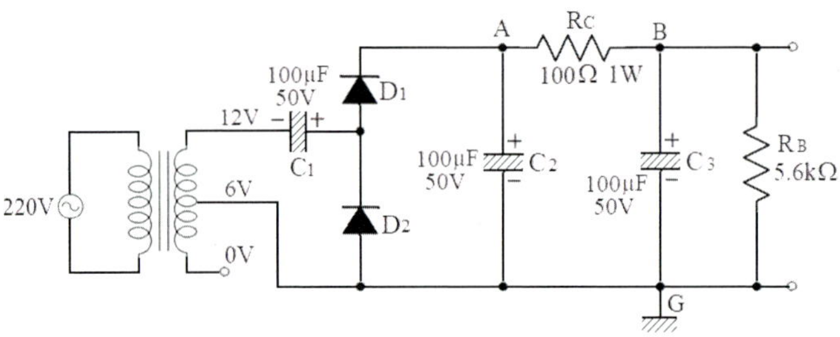

그림 4−8　반파 배전압 측정회로

② 실험순서 앞 실험의 ②에서 ⑥까지를 반복하고, 그 결과를 표 4-2에 기입하여라.

표 4-2 반파배전압회로

측정점	무부하			부하(500Ω/5W)		
	dc[V]	리플		dc[V]	리플	
		파형	V_{P-P}		파형	V_{P-P}
A-G						
B-G						

③ 실험에서 C_1, C_2, C_3의 콘덴서를 각각 제거했을 때 그 결과를 표 4-3에 기입하여라.

표 4-3 반파 배전압회로(C제거 경우)

개방되는 콘덴서	점 A-G			점 B-G		
	dc[V]	파 형	V_{P-P}	dc[V]	파 형	V_{P-P}
C_1						
C_2						
C_3						

④ 그림 4-9의 회로를 구성하여라. C1은 100μF, 50V인 콘덴서이며, RB은 0.5W, 2.7kΩ 블리더(bleeder)저항이다.

⑤ 전원을 넣고, RB 양단의 dc 출력전압 Vo를 측정하여 표 4-4에 기입하여라. RB 양단에 오실로스코프를 연결하여 리플 전압파형을 관찰하고, 리플전압의 p-p진폭을 측정하여 표 4-4에 기입하라.

⑥ 전원을 끄고, 콘덴서 C1을 방전시킨 후에 블리더 저항과 병렬로 2W 250Ω의 부하저항RL을 연결하여라. 전압계와 오실로스코프는 RL양단에 계속 접속해 두어라.

⑦ 전원을 넣고, Vo와 리플파형을 측정하여 표 4-4에 기입하라. 2W 250Ω 저항에 흐르는 부하전류 IL을 계산하여 표4-4에 기입하라.

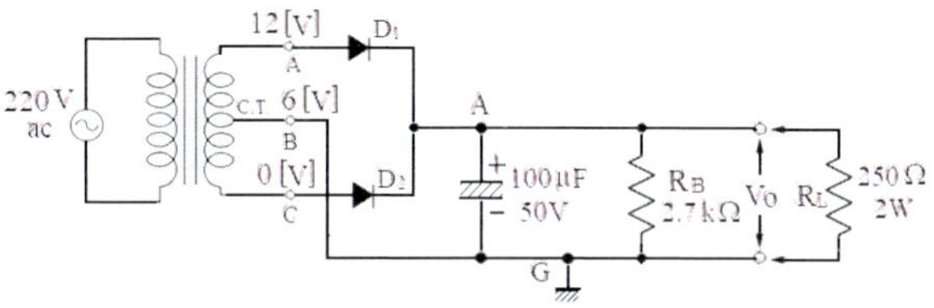

그림 4-9 전파 정류 측정회로

표 4-4 전파정류회로

실험순서	부 하[Ω]	Vo[V]	리 플		IL(계산치)[mA]
			파 형	V_{P-P}	
(4)	무부하				
(6)	250Ω 2W				

5. 과제 및 검토사항

① 배전압 회로를 그리고 그 동작을 설명하여라.

② 출력 리플에 가장 크게 영향을 미치는 것은 어느 것인가?

결과보고서

실습일자

담당교수

학　번

성　명

실험제목 실험 4. 배전압 정류회로

표 4-1 전파배전압회로

측정점	무부하			부하(500Ω/5W)		
	dc[V]	리플		dc[V]	리플	
		파형	V_{P-P}		파형	V_{P-P}
A−G						
B−G						

표 4-2 반파배전압회로

측정점	무부하			부하(500Ω/5W)		
	dc[V]	리플		dc[V]	리플	
		파형	V_{P-P}		파형	V_{P-P}
A-G						
B-G						

표 4-3 반파 배전압회로(C제거 경우)

개방되는 콘덴서	점 A-G			점 B-G		
	dc[V]	파 형	V_{P-P}	dc[V]	파 형	V_{P-P}
C_1						
C_2						
C_3						

표 4-4 전파정류회로

실험순서	부 하[Ω]	Vo[V]	리 플		IL(계산치)[mA]
			파 형	V_{P-P}	
(4)	무부하				
(6)	250Ω 2W				

실험

05 다이오드 파형정형회로

1. 실험 목적

① 다이오드를 이용한 직 · 병렬 클리퍼의 회로 및 동작 원리를 이해한다.

② 클리퍼 회로의 입 · 출력 파형을 측정하여 입 · 출력 사이의 관계를 관찰한다.

③ 다이오드 클램프회로의 입력 파형과 출력 파형을 관찰한다.

2. 관련 이론

1) 클리퍼 회로

클리퍼(clipper)는 다이오드 파형 정형 회로를 말하는데, 클리핑(clipping)회로의 출력은 입력 신호의 한 부분을 잘라 버린 파형을 나타낸다. 신호를 전송할 때 기준 값보다 높은 부분 또는 낮은 부분 등의 원하는 부분만을 전송하기 위해서 사용된다. 클리핑 회로는 리미터(limitter), 진폭 선택회로(amplitude selector) 또는 슬라이서(slicer)라고도 부른다.

클리핑 회로는 적어도 두 개의 기본적인 요소, 즉 다이오드와 저항을 필요로 하고 있다.

출력 파형은 각종 요소들의 위치를 상호 교환하거나, 직류 전원의 전압을 변화시킴으로써 다른 레벨에서 클리핑할 수 있다. 따라서 다이오드가 신호전송 회로와 직렬로 연결되어 있으면, 직렬 클리퍼(series clipper)라 부르고, 다이오드가 신호 전송 회로와 병렬로 연결되어 있으면 병렬 클리퍼(parallel clipper)라 부른다.

(1) 직렬 클리핑 회로

그림 5-1은 일반적인 직렬 클리핑 회로를 보이고 있다.

그림 5-1(a)에서 V_{in}의 정(+)의 반주기 동안 다이오드는 역방향 바이어스로 출력 전압 V_{out}은 0이 된다. 반대로 V_{in}의 부(−)의 반주기 동안 다이오드는 순방향 바이어스가 된 상태로

V_{out}은 입력 전압과 같은 파형이 된다. 이 회로는 정(+)의 반주기 동안의 파형이 제거되는 직렬 클리퍼이다.

그림 5-1(b)는 다이오드를 반대로 연결하여 입력 전압 파형의 정의 반주기 동안의 파형만이 나타나게 된다. 이를 부(-)제거 직렬 클리퍼(negative series clipper)라고 부른다.

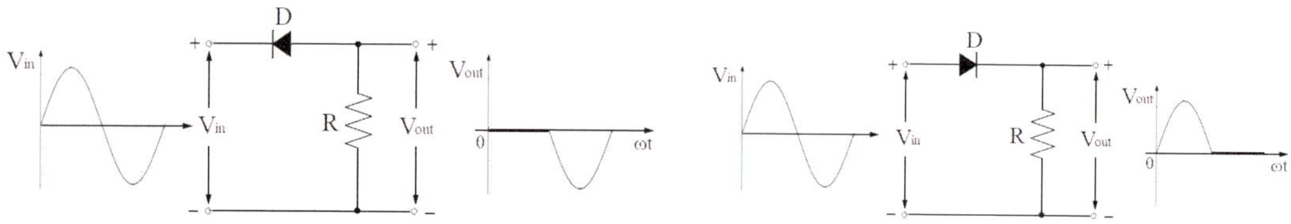

(a) 정(+)의 클리핑 회로　　(b) 부(-)의 클리핑 회로

그림 5-1 직렬 클리핑 회로

실제로 다이오드는 작은 값의 순방향 저항과 적은 역방향 전류가 흐르므로 출력 전압은 입력 전압의 반주기 동안의 전압 보다는 약간 작은 값을 나타낸다.

(2) 병렬 클리핑 회로

그림 5-2는 다이오드가 신호 전송 회로와 병렬로 접속된 병력 클리퍼 회로를 보이고 있다.

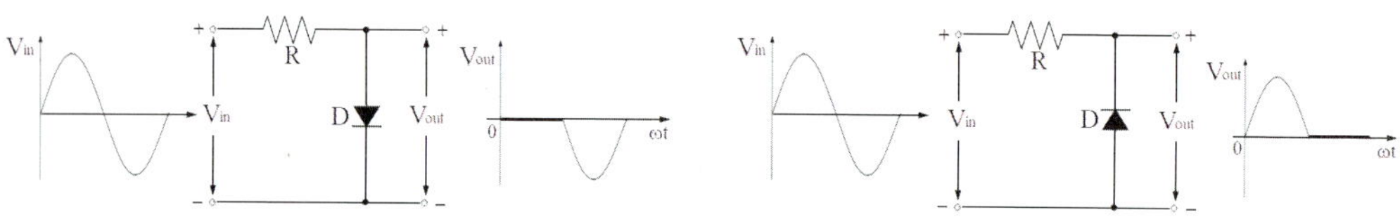

(a) 정(+)의 클리핑 회로　　(b) 부(-)의 클리핑 회로

그림 5-2 병렬 클리핑 회로

그림 5-2(a)의 경우 정(+)의 반주기 동안 다이오드는 순방향 바이어스 상태로 V_{out}은 0이 되어 부(-)의 반주기 동안만 입력 전압과 같은 파형이 나타난다. 그러나 그림 5-2(b)의 경우와 같이 다이오드를 반대로 연결할 경우, 정(+)의 반주기 동안 입력 파형과 같이 파형이 나타난다.

그림 5-3은 바이어스 된 병렬 클리퍼의 회로를 나타낸 것이다. 그림 (a)에서 입력 전압 Vin이 기준 전압 V보다 작을 때 다이오드는 차단 상태에 있으며, 이는 개방회로와 같다. 한편, Vin이 V보다 클 때 다이오드는 도통 상태가 되어 단락 회로로서 동작하게 되어 출력 전압 V_{out}은 다음과 같다.

그림 5-3(b)는 (a)와 반대로 해석을 하면 된다.

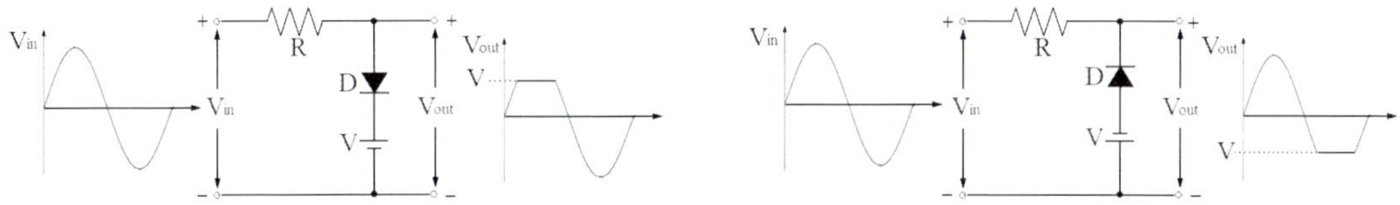

(a) 정(+)의 클리퍼 회로　　(b) 부(−)의 클리퍼 회로

그림 5-3 바이어스 된 병렬 클리퍼 회로

그림 5-4는 바이어스 된 다이오드 2개를 병렬로 접속한 이중 다이오드 클리핑 회로를 보이고 있다.

그림에서 다이오드 D1은 입력 전압 Vin이 기준 전압 V1보다 더 큰 전압 파형을 제거하며, 다이오드 D2는 기준 전압 V2보다 더 작은 전압 파형을 제거하므로 그림과 같은 출력을 얻는다.

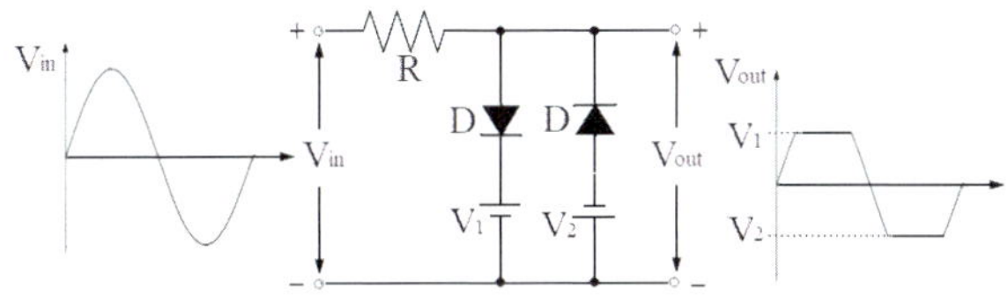

그림 5-4 바이어스 된 이중 다이오드 클리핑 회로

즉 출력 파형에서 보는 바와 같이 슬라이서는 두개의 기준전압 사이의 파형만 출력으로 내보내기 때문에 정현파 신호로부터 구형파 신호를 얻기 위하여 사용된다. 대칭인 구형파를 얻기 위해서는 V1과 V2의 절대값은 같고, 부호는 반대이어야 한다.

이러한 조건에서의 전달 특성 곡선은 원점을 지나고 입력 파형은 윗부분과 아래 부분이 대칭으로 잘리게 된다. 입력 신호의 진폭이 기준 전압 V1과 V2의 차이보다 훨씬 크면 출력 신호는 완전한 구형파에 가깝게 된다.

2) 클램퍼 회로

클램퍼 회로는 출력을 입력신호의 어느 레벨에 묶어 두는 회로를 클램퍼라 한다. 예를 들어, 신호가 캐패시터나 변압기를 통과하면 DC성분이 제거되므로 그것을 다시 회복하고자 할 때 클램퍼를 사용한다.

그림 5-5는 C-R 다이오드 클램퍼 회로이다. 이 회로에서 CR시정수가 인가전압의 1주기 T보다 매우 커야한다.

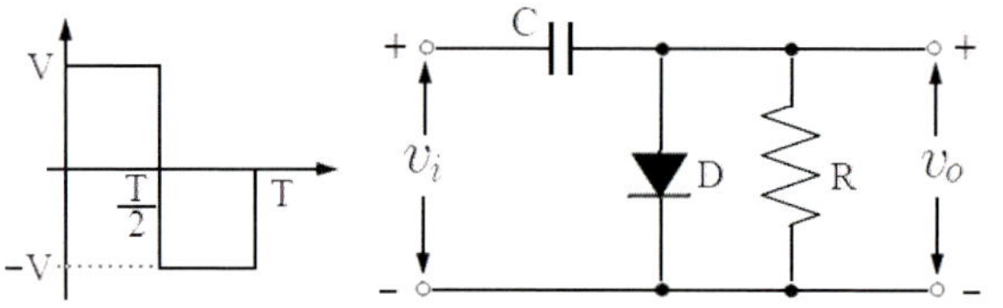

그림 5-5 클램프 회로

vo는 다이오드와 저항이 병렬로 연결되어 있기 때문에 그림 5-6과 그림 5-7에 표시된 것처럼 서로 다른 위치에서 그려 볼 수 있다.

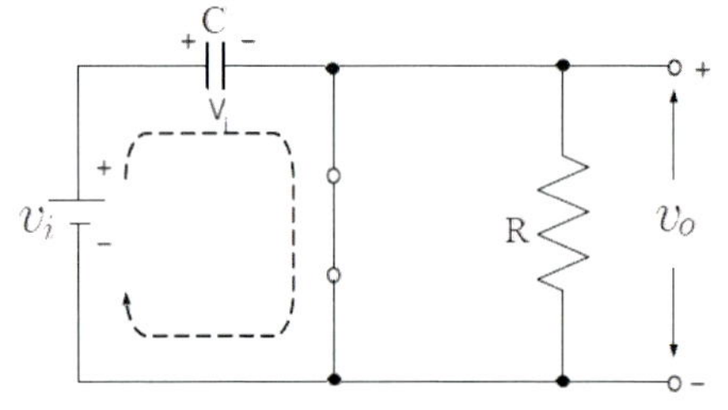

그림 5-6 diode short

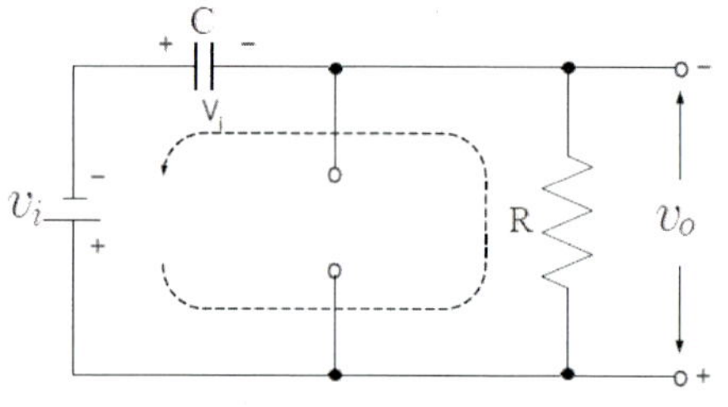

그림 5-7 diode open

그림 5-7은 입력 신호 부의 반주기에서 키르히호프의 전압 법칙을 적용시키면

$$-V - V - v_o = 0$$

그러므로, $v_o = -2V$가 된다.

위에서 vo의 부호가 마이너스(-)가 된 것은 2V의 극성이 vo의 극성과 반대인 사실로부터 비롯된다. 얻어지는 출력파형은 입력신호와 함께 그림 5-8에 나타난다. 출력신호는 0→T/2구간에서는 0V로 클램핑 된다. 그러나 최대 스윙 전압(2V)이 입력으로 유지된다.

클램핑 회로망에 대하여 출력의 최대 스윙은 입력신호의 최대 스윙과 같다. 일반적으로 다음의 사항들이 클램핑 회로망을 해석하는 데 도움이 된다.

① 항상 다이오드를 순방향 바이어스(forward bias)시키는 입력 신호 부분을 고찰함으로써 클램핑 회로망의 해석을 시작하라.

② 다이오드가 단락(short)회로 상태에 있는 주기 동안, 캐패시터는 순간적으로 다이오드의 등가 개방 회로 상태에서 캐패시터에 걸리는 전압에 의하여 결정된 레벨로 충전될 것이라는 것을 가정한다.

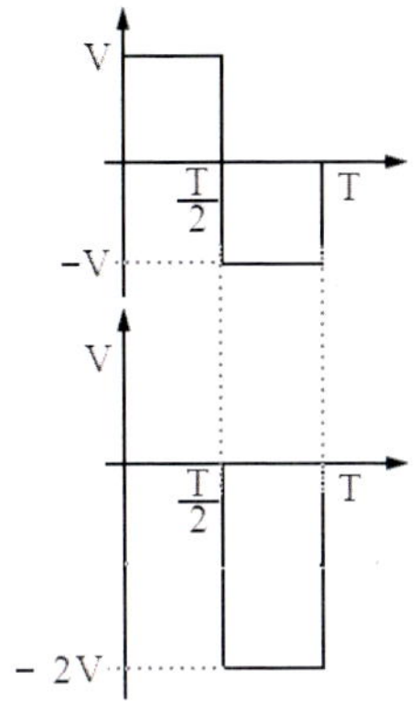

그림 5-8 입출력 파형

③ 다이오드가 개방회로 상태에 있는 주기 동안 캐패시터는 항상 충전이 지속되므로 전압이 유지된다.

④ 해석하는 동안 vo의 적정 수준을 확실히 구할 수 있도록 정의되어진 vo를 계속해서 주시하라.

⑤ 출력의 스윙은 입력신호의 스윙과 일치되어야 한다는 일반적인 규칙을 염두에 두어라.

3. 사용기기 및 부품

① 직류 전원 장치 : 1대

② 신호 발생기 : 1 대

③ 오실로스코프 : 1 대

④ 다이오드 : 1N4001(Si) × 2개, IN 4003

⑤ 저항 : 120[kΩ] × 1개, (1/2W)100Ω, 1kΩ, 100k

⑥ 콘덴서 : 1μF/10V

⑦ 리드선 : 약간

⑧ 기타 Accessory : 1식

4. 실험 순서

1) 클리퍼 회로

(1) 직렬 클리퍼

① 그림 5-9(a)와 같이 회로를 구성하라. 이때 다이오드는 전원 정류용이 아닌 신호용 다이오드로 공급된 다이오드를 사용하여야 한다.

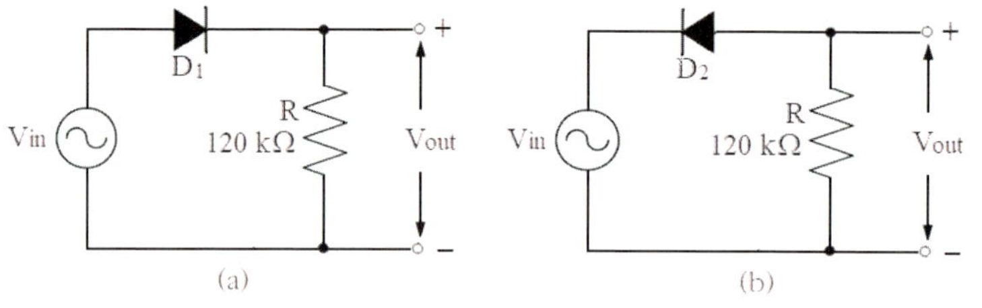

그림 5-9 직렬 클리핑회로

② 오실로스코프와 신호 조절기를 다음과 같이 맞추어라

- 오실로스코프 : 수직 이득 조절기 : 1[V/cm], dc
- 신호 발생기 : f = 1[㎑], Vin = 8[Vp-p]

③ 입력을 회로에 연결하여 출력 전압 V_{out}를 관찰하여 입력파형에 맞추어 출력파형을 표 5-1에 기록하라.

④ 그림 5-9(b)와 같이 다이오드의 방향을 바꾸어 연결하여 같은 실험을 반복하여 입력 파형과 출력 파형을 표 5-1에 기록하라.

(2) 병렬 클리퍼

① 그림 5-10(a)와 같이 회로를 구성하라.

② 직렬 클리퍼 실험 순서 과정과 같이 반복 실험 후 결과를 표 5-2에 기록하라.

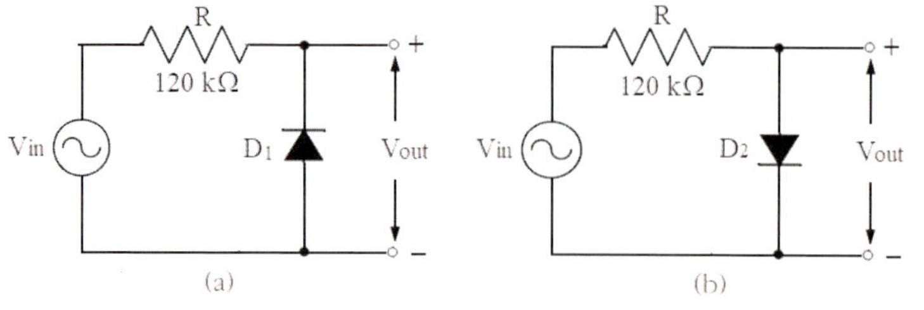

그림 5-10 병렬 클리핑회로

2) 클램프 회로

① 그림 5−11의 회로망을 구성하고 4[Vp−p] 구형파 f = 1㎑를 입력으로 연결하라.

② 출력전압을 측정하여 표 5−3에 나타내어라.

③ R을 1kΩ으로 바꾸고 스코프로 V_{out}를 관측하여 그 파형을 표 5−3에 기록하여라. V_{out}에 미치는 효과를 주목하여라.

④ R을 100Ω으로 바꾸고 V_{out}에 미치는 효과를 주목하여라. 그 파형을 표 5−3에 기록하여라.

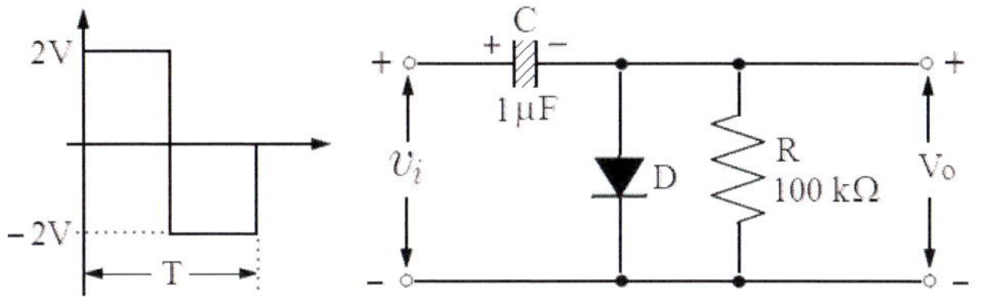

그림 5−11 클램프 회로

⑤ 그림 5−12의 회로를 구성하고 입력으로 f = 1㎑, 4[Vp−p] 구형파를 인가하여라. 그리고 R과 Vo의 측정치를 표 5−4에 기록하여라.

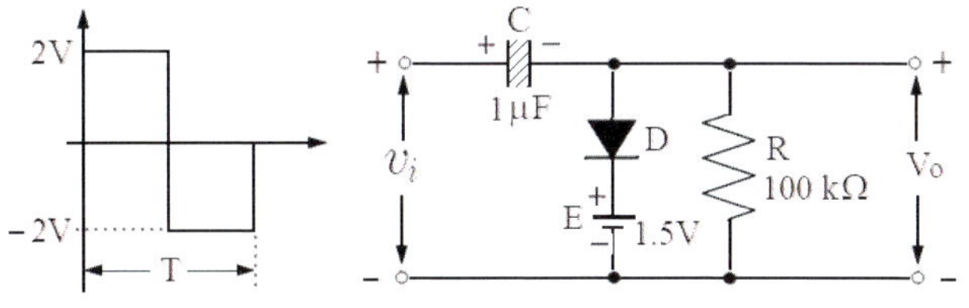

그림 5−12 클램프 회로

⑥ 그림 5−12의 측정치를 이용하여 Vo의 파형을 예측하여 표 5−4에 스케치 하여라.

⑦ R을 1㏀으로 바꾸고 오실로스코프로 Vo를 측정하여 그 파형을 표 5−4에 기록 하여라.

⑧ R을 100Ω, 100㏀으로 바꾸고 오실로스코프로 Vo를 측정하여 그 파형을 표 5−4에 기록하여라.

5. 결과 및 고찰

표 5-1 직렬 클리핑

	실 험 파 형	V_{p-p}
Vin	t	
{a}의 V_{out}	t	
{b}의 V_{out}	t	

표 5-2 병렬 클리핑

실 험 파 형		V_{p-p}
V_{in}	t	
{a}의 V_{out}	t	
{b}의 V_{out}	t	

표 5-3

순서	파 형	순서	파 형
입력파형		R=100㏀일 때 출력파형	
R=1㏀일 때 출력파형		R=100Ω일 때 출력파형	

표 5-4

순서	파 형	순서	파 형
입력파형		R=100㏀일 때 출력파형	
R=1㏀일 때 출력파형		R=100Ω일 때 출력파형	

6. 과제 및 검토사항

① (+)의 클리퍼와 (−)의 클리퍼 차이점은 무엇인가?

② 직렬과 병렬 클리핑 회로의 차이점은 무엇인가?

③ 클리핑 회로에서 바이어스 전압의 역할은 무엇인가?

④ 클램프에 입력신호의 주파수가 1kHz일 때와 100kHz일 때의 출력파형은 어떤 차이점이 있는지 설명하여라.

⑤ 클램프회로에 R = 100Ω일 때와 100kΩ일 때의 차이점을 설명하여라.

결과보고서

실습일자 | 담당교수

학 번 | 성 명

실험제목 실험 5. 다이오드 파형정형회로

표 5-1 직렬 클리핑

	실 험 파 형	V_{p-p}
V_{in}	t	
{a}의 V_{out}	t	
{b}의 V_{out}	t	

표 5-2 병렬 클리핑

실 험 파 형		V_{p-p}
V_{in}	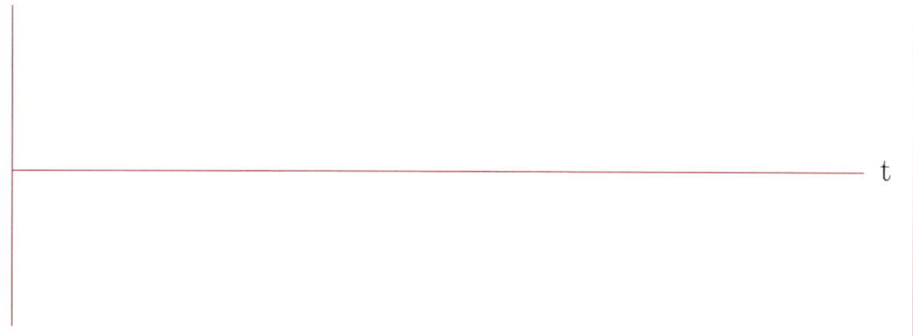	
{a}의 V_{out}	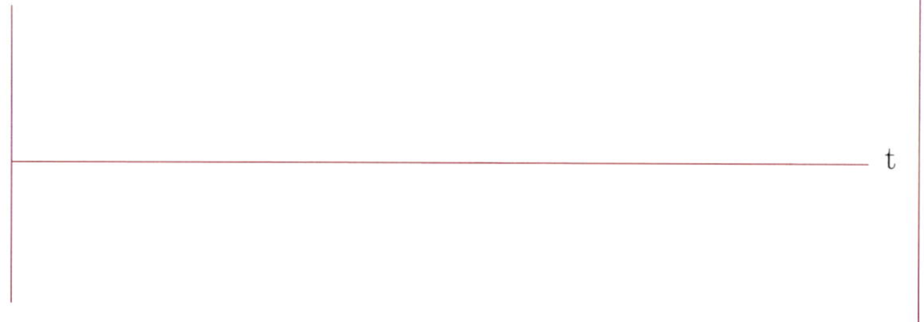	
{b}의 V_{out}		

표 5-3

순서	파 형	순서	파 형
입력파형		R=100㏀일 때 출력파형	
R=1㏀일 때 출력파형		R=100Ω일 때 출력파형	

표 5-4

순서	파 형	순서	파 형
입력파형		R=100㏀일 때 출력파형	
R=1㏀일 때 출력파형		R=100Ω일 때 출력파형	

표 5-1 직렬 클리핑

	실 험 파 형	V_{p-p}
V_{in}	t	
{a}의 V_{out}	t	
{b}의 V_{out}	t	

표 5-2 병렬 클리핑

실 험 파 형		V_{p-p}
V_{in}	t	
{a}의 V_{out}	t	
{b}의 V_{out}	t	

표 5-3

순서	파 형	순서	파 형
입력파형		R=100kΩ일 때 출력파형	
R=1kΩ일 때 출력파형		R=100Ω일 때 출력파형	

표 5-4

순서	파 형	순서	파 형
입력파형		R=100kΩ일 때 출력파형	
R=1kΩ일 때 출력파형		R=100Ω일 때 출력파형	

실험 06 발광소자의 특성과 응용

1. 실험 목적

① 발광소자인 LED(Light－Emitting Diode)의 전기적 특성을 이해한다.
② LED를 이용한 숫자표시기 7세그먼트(seven segment)의 사용법을 익힌다.

2. 관련 이론

1) 빛의 특성

양자 이론으로부터 빛은 광자(Photon)라고 부르는 에너지의 불연속적인 다발로 알려졌다. 광자가 갖는 에너지는 빛의 주파수에 따라 다르며 다음 식으로 표현된다.

$$\varepsilon = h \cdot f$$

여기서 ε는 에너지, f는 주파수, 그리고 h는 플랑크 상수이며 그 값은 6.624 × 10－34 [j · s]이다.
위 식으로부터 빛에너지는 주파수에 직접적으로 관련되어 있음을 알 수 있다. 주파수가 증가하면 에너지도 증가하며, 또한 그 역도 성립한다. 빛은 보통 주파수보다는 파장으로 나타내며, 파장 λ는 다음과 같이 표현된다.

$$\lambda = \frac{c}{f}$$ 여기서 c는 광속 (3 × 108m/s)이다.

c가 m/s이고 f가 Hz일 때 λ는 m가 된다. 그러나 옹스트롱(Å)이 파장의 단위로서 더 보편적으로 사용된다. 1Å은 1 × 10－10m 이다.

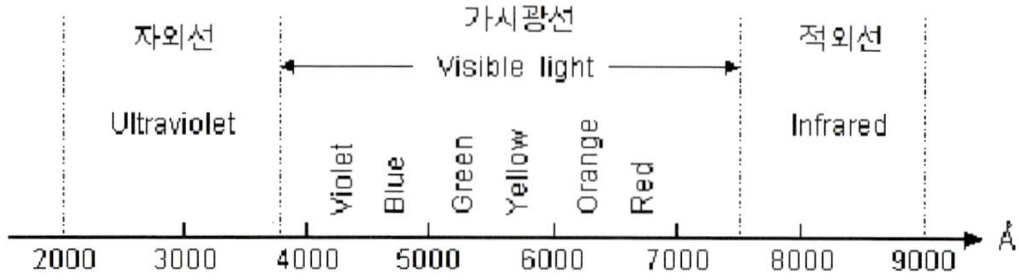

그림 6-1 빛 에너지의 파장스펙트럼

빛의 파장은 그림 6-1과 같이 가시영역 내에서는 빛의 색깔을 결정하고 가시영역 밖에서는 빛이 적외선인지 또는 자외선인지를 결정한다. 즉, 백색광은 무수한 파장대의 주파수가 합성되어 있음을 알 수 있다.

광전자 소자를 포함한 어떤 광원도 파장의 한계 범위를 초과하는 빛을 방출한다. 파장 (혹은 주파수)에 대한 에너지양을 그래프 상에 그릴 때 그것을 방출 스펙트럼(Emission Spectrum)이라 한다.

발광이 아닌 빛에 의해 활성 된 어떠한 광전자 소자도 파장의 일정한 영역에서만 반응한다. 이 특성을 스펙트럼 응답(Spectrum Response)이라고 한다.

광원으로부터 방출되는 빛의 양은 보통 루멘(Lumen)으로 측정된다. 빛의 세기는 단위 면적에 떨어지는 루멘의 양이고 보통 평방미터당 루멘 (lm/m2), 푸트-캔들(Foot-Candle, fc) 또는, 평방 미터당 와트(W/m2)로 표현한다. 1fc는 평방미터당 1캔들(Candle)이고 다음과 같이 다른 공통 단위로 표현될 수 있다.

$$1fc = 10.764 \ [lm/m2] = 1.609 \times 10-12 \ [W/m2]$$

2) 발광 소자

(1) 발광 Diode

발광다이오드 (LED)는 전기적 에너지가 충분히 주어지면 가시광선을 외부로 발산하는 다이오드이다. 이 다이오드의 PN집합이 순방향 바이어스 되면, 접합부 근처에서 정공(hole)과 자유전자(electron)의 재결합이 일어난다. 이 재결합은 자유전자가 가지고 있는 에너지를 발산하며 다른 에너지 상태로 천이되는 것을 의미한다. 순수 Si 과 Ge에서 이 에너지의 대부분은 열로 방출되며 빛의 방출은 무시할 정도로 적다. 그러나 GaAsP 나 GaP 와 같은 LED 재료에서는 빛에너지 포톤(photon)이 가시광선을 만들기에 충분한 수로 방출된다. 전기적인 에너지를 가함으로써 빛을 발하는 과정을 전계발광(Electro luminesce)이라 한다. 모든 LED에는 발광하는 색이 적색, 황색 또는 녹색으로 밝게 빛나게 하는 순방향 전압 및 전류가 있다. 그러므로 LED는 적절한 레벨의 전압 및 전류가 되기 전까지는 빛이 눈에 보이지 않는다.

LED의 일반적인 구조가 그림 6-2에 표시되어 있다.

플라스틱 렌즈는 LED 칩에 의해서 발광되는 작은 크기의 빛을 직접 투과시키기 때문에 아주 중요하다. LED의 캐소드는 그림 6-2의 패키지에서 플라스틱의 평평한 면으로 구분된다. 다이오드가 순방향으로 바이어스 되면 LED로부터 빛이 발광된다.

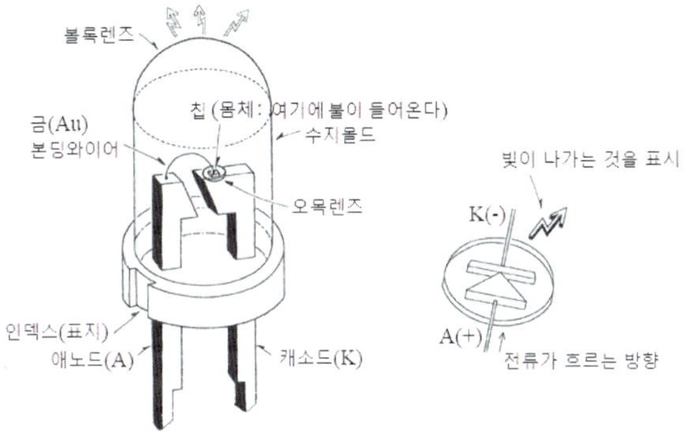

그림 6-2 LED의 구조

보통의 LED는 20 mA의 순방향 전류를 발생시키기 위해서 약 1.6V의 전압이 필요하며 LED의 적색, 황색, 흰색 등을 낼 수 있으며 LED의 색깔은 LED에 사용되는 물질에 따라서 달라진다. 예를 들면 GaAsP가 붉은 색 LED를 만드는데 사용된다.

(2) 디스플레이 (display)

디스플레이는 어떤 정보를 표시하기 위해서 출력에 빛을 발생시킨다. 디스플레이는 두 가지로 분리되는데 문자 디스플레이는 숫자 와 문자만을 표시하고 그래픽 디스플레이는 좀 더 복잡하여 알파벳 정보와 같은 도형을 표시하게 된다. 문자 디스플레이의 두 가지 형태는 7 세그먼트와 dot matrix 디스플레이로 구성된다. 7 세그먼트와 dot matrix 디스플레이는 그림 6-3에 표시된 것과 같은 폰트이다. 7 세그먼트 디스플레이는 그림 6-3(a)에 표시된 것과 같고 숫자와 필요한 기타 기호의 제한된 양을 표시하고 그림 6-3(b)의 5 × 7 dot matrix 디스플레이는 알파벳을 표시할 수있다. 이것을 5개 칼럼에 seven dot 로 표시되어진다. 문자표시기의 패키지가 그림 6-4에 표시 되어 있다. 그림 6-4(a)에서의 7세그먼트는 14pin dip 소켓에 고정되어진다.

그림 6-4(b)에 표시된 5 × 7 dot matrix 디스플레이도 14pin dip소켓에 삽입되어진다. 다중 숫자 표시기는 그림 6-4(c)에 표시된 것과 같으며 전자 장비와 디지털시계에 사용되어 진다.

(a) 7세그먼트 디스플레이

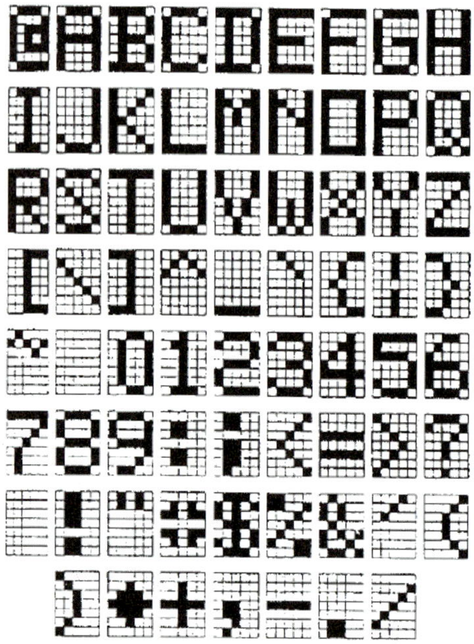

(b) 5 × 7 dot matrix

그림 6-3 7segment display와 5 × 7 dot matrix

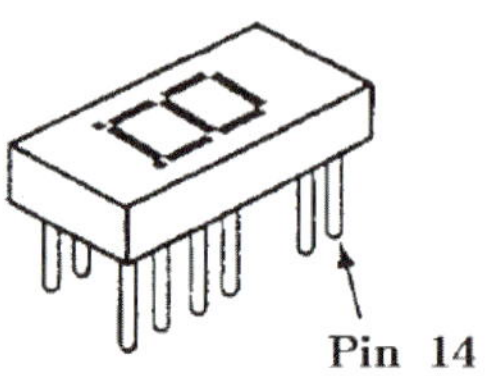

(a) dip소켓에 고정되는 7세그먼트 디스플레이

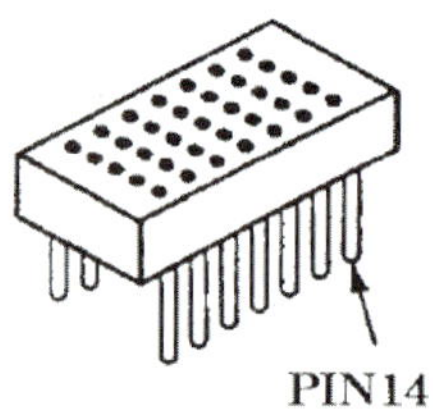

(b) 14pin dip 소켓에 고정되는 5 × 7 dot matrix 디스플레이

(c)

(c) 다중 7세그먼트 디스플레이

그림 6-4 숫자표시기 패키지

디스플레이는 여러 가지 방법에 의해서 구성된다. 백열 디스플레이는 각 세그먼트에 정규 전구와 같은 얇은 필라멘트를 사용한다. 디스플레이의 또 다른 형태는 가스 방전관을 사용하는 것인데 이것은 옛날 형태의 것으로 고전압에서 동작되며 오렌지색 광을 낸다. 형광디스플레이는 저전압에서 동작되며 녹색 광을 발사한다. 과거에는 형광 디스플레이가 계산기에 널리 사용되었다. 일반적인 LED 는 붉은색 빛을 내는데 LCD는 은색 후광에 검정색 문자를 발생시킨다.

그림 6－5(a)는 LED의 각 세그먼트를 표시하고 있다. LED의 모든 애노드가 연결되기 때문에 공통 애노드 7 세그먼트라고 부른다. 그림 6－5(a)는 a에서 g까지의 표준 세그먼트가 표시되어있다. 공통 애노드의 검사방법은 그림 6－5(b)에 표시되어 있다. ＋5V의 전압을 디스플레이의 애노드에 연결하고 a에서 g까지 접지 시키면 각 입력은 150 Ω의 제한 저항을 갖게 되고 이것이 약 20 mA의 전류를 흐르게 한다. 이때 선택되어지는 세그먼트에 따라서 문자나 숫자를 표시하게 된다.

만약 그림 6－5(b)에서 7을 표시한다면, a, b, c 세그먼트만 도통시키면 되며, 이때 a, b, c 스위치가 닫히게 된다. LED는 단일 패키지로 사용하는 경우도 있고 그림 6－4에 표시한 것처럼 여러 개를 연결해서 사용하는 경우도 있으며 공통 애노드 형과 공통 캐소드 형이 있다.

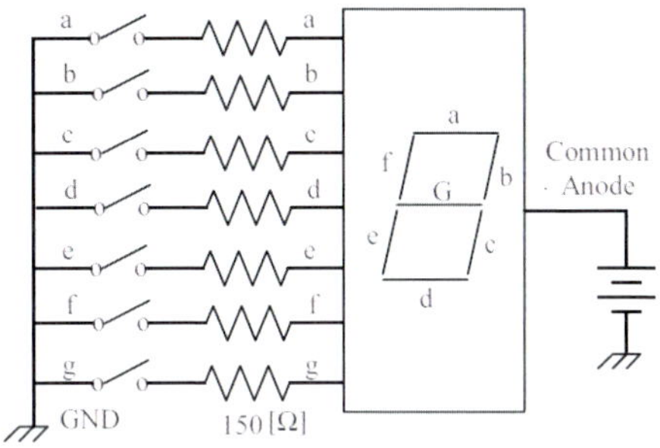

그림 6－5 7세그먼트 LED디스플레이

3. 사용 기기 및 부품

1) 발광소자

① 저항(0.5W) : 330Ω 2개
② 반도체 : 1N4003
③ 발광다이오드(LED) : 적색, 황색, 녹색
④ Common Anode타입 7－segment

4. 실험 순서

1) 적색 LED V-I특성

① 적색 LED를 점검하라. 대부분의 LED에서 캐소드 (K) 리드는 애노드(A)리이드 보다 약간 더 짧게 되어 있다.

② 적색 LED를 사용하여 그림 6-5의 회로를 구성하여라. 회로 시험기는 LED에 흐르는 전류를 측정하기 위한 전류계로 접속된다. 전압계는 LED 양단의 전압을 측정하고 역방향 다이오드는 사고로 역전압을 가했을 경우 LED를 보호한다.

③ LED를 통하여 흐르는 전류가 2 mA가 되도록 전원전압 Vi를 조절하여라. 이에 따른 LED 양단 전압을 측정하여 표 6-1에 기록하여라.

④ 표 6-1에 열거된 전류가 되도록 전원전압을 조절하고 이에 따른 LED 전압을 측정하여 기입하여라.

2) 녹색 LED V-I특성

① 그림 6-9회로에서 적색 LED를 녹색 LED로 대치하여라.

② 녹색 LED 에 대해서 실험 ③, ④를 반복하여라.

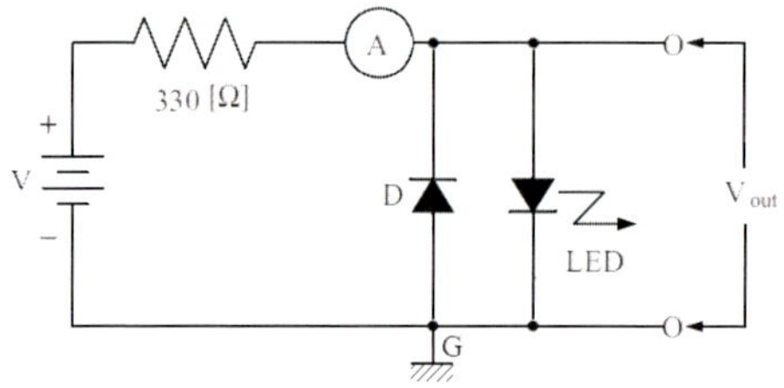

그림 6-5 LED회로 V-I특성실험

3) 황색 LED V-I특성

① 그림 6-5회로에서 녹색 LED를 황색 LED로 대치하여라.

② 황색 LED에 대해서 실험 ③, ④를 반복하여라.

4) 7 세그먼트 사용법

① 그림 6-6(a)는 이 실험에 사용되는 7-세그먼트 표시소자에 대한 핀 표현을 보여주고 있다. 이 표시소자는 우측 소수점을 포함하고 있다. 그림 6-6(b)의 회로를 구성하여라.

② 그림 6-6(c)는 Common Anode타입 7-세그먼트에 대한 내부회로도를 보여주고 있다. 4번, 7번, 6번 핀을 접지하여라. 만일 이 회로가 바르게 동작한다면 7이란 숫자가 표시될 것이다.

③ 4번, 6번, 7번 핀을 접지에서 떼어라.

④ 그림 6-6(a), (c)를 참조하여 표시기가 숫자 0을 나타내기 위해서는 어느 핀이 접지 되어야 하는가?

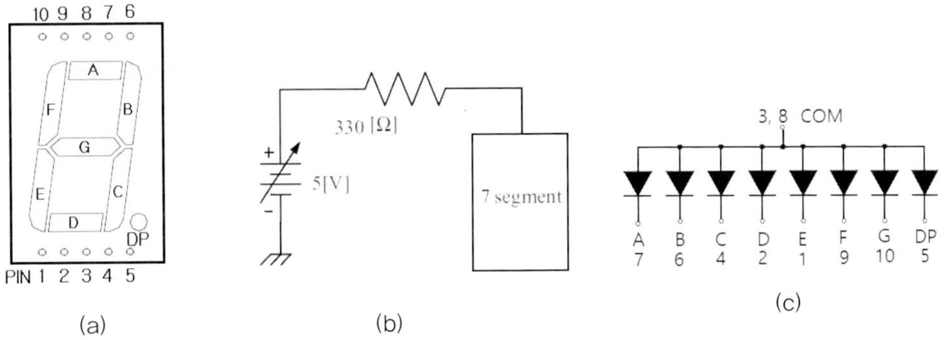

그림 6-6 Common Anode Type 7-segment

5. 결과 및 고찰

실험 순서에 따라 다음 표에 결과를 기록하라.

표 6-1 LED 데이터

I (mA)	V_{red}(V)	V_{green}(V)	V_{yellow}(V)
0.1			
0.2			
0.5			
1			
2			
5			
8			
12			

① LED전류를 증가시키면 LED램프의 빛의 밝기는 어떻게 변화 하는가?

② 7-세그먼트 표시기가 숫자 8일 때보다 숫자 1일 때가 더 밝게 보이는 이유를 설명하여라.

6. 과제 및 검토사항

① 발광 소자의 종류를 열거하여라.

② 가시광선의 파장은 어느 범위인가?

③ LED의 동작 원리를 설명하여라.

결과보고서

실습일자		담당교수	
학 번		성 명	
실험제목	실험 6. 발광소자의 특성과 응용		

표 6-1 LED 데이터

I (mA)	V_{red}(V)	V_{green}(V)	V_{yellow}(V)
0.1			
0.2			
0.5			
1			
2			
5			
8			
12			

① LED전류를 증가시키면 LED램프의 빛의 밝기는 어떻게 변화 하는가?

② 7-세그먼트 표시기가 숫자 8일 때보다 숫자 1일 때가 더 밝게 보이는 이유를 설명하여라.

실험 07 수광소자의 특성과 응용

1. 실험 목적

각종 수광소자의 특성과 사용법을 익힌다.

2. 관련 이론

1) 포토트랜지스터 (photo transistor)

빛에 의하여 트랜지스터의 collector 전류가 제어되는 광 트랜지스터로서 그림 6-7과 같은 구조의 NPN형 또는 PNP 형 접합으로 구성되어 있으며 상단에 빛을 투과시키는 창이 있다. 소자에 따라서는 바이어스를 공급하는 base 핀이 나와 있는 것도 있으며 소자자체의 구성이 다이오드로 된 포토다이오드도 있으나 감도가 낮다.

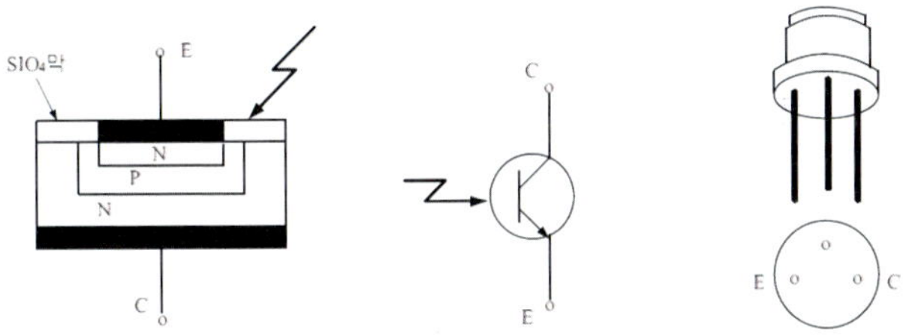

(a) 구조 (b) 심벌 (c) 외형

그림 7-1 포토 Tr의 구조와 외형

그림 7-2는 포토트랜지스터의 종류와 기호를 보이고 있다.

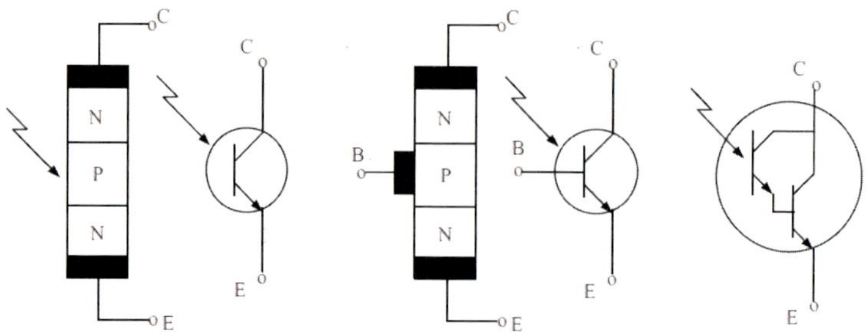

(a) 포토 듀오다이오드　　(b) 포토트랜지스터　　(c) 포토달링턴

그림 7-2　포토트랜지스터의 종류와 기호

(a)는 트랜지스터이지만 2단자이기 때문에 포토 듀오 다이오드라고 불리며 시판 되는 것 중에는 이러한 형이 많다.

(b)는 일반적인 트랜지스터와 마찬가지로 베이스의 리드가 나와 있고 온도 보상하기가 쉬우며, 전기 신호와 광학적 신호의 혼합이 가능해서 응용 범위가 넓다.

(c)는 포토달링턴 이라 부르는데 포토트랜지스터의 광전류 1 ~ 2단 트랜지스터로 증폭한 것이다.

2) CdS 광도전 소자

CdS 셀은 광도전 소자의 분류에 속하며, 조사된 빛에너지에 따라 내부 저항이 변화하는 일종의 광 가변 저항기로 생각하면 된다.

CdS 셀은 황화카드뮴을 주성분으로 한 광도전 소자이다. CdS 셀외에 CdSe, CdS · Se 등이 있다. 어느 것이든 광도전 효과를 적극적으로 응용한 것으로서 그 용도는 대단히 넓고 광범위하게 사용되고 있다. 또 CdS 셀은 그 제조법에 따라 단결정형, 소결형(다결정형), 증착형 등으로 분류된다.

다결정의 경우는 세라믹 등의 기판 위에 미세한 결정 층을 형성시키기 때문에 임의의 형상으로 만들 수 있고, 단결성의 소자에 비해 수광 면적을 크게 할 수 있으며, 높은 감도를 얻을 수 있다.

특히 CdS는 분광감도 특성이 인간의 시감도 특성과 유사하기 때문에 가로등의 자동점멸장치용 센서, 카메라의 자동노출장치(AE), 도로 표지등, 일조도계의 센서로 널리 사용되고 있다.

(1) CdS의 특징

그림 7-3에 CdS 셀의 형상과 단면구조를 나타내었다. 크기는 외경으로 5 ~ 31.5mm까지 각종의 타입이 있다. 또 CdS 셀은 습기에 약하기 때문에 기밀 봉함되어 있는데, 그 방법으로는

글라스 봉입형과 메탈 케이스형이 있으며, 저가격화를 꾀한 것으로 플라스틱 케이스형과 수지 코팅형이 있으나 코팅 재료의 개량으로 내후성의 신뢰성이 향상되고, 저가격, 형상의 자유도로 현재에는 수지 코팅형이 많이 보급되어 있다.

CdS 셀의 특징은 다음과 같다.

① 가시광 영역에 분광 감도를 가지고 있다.
② 비교적 큰 전류가 출력으로 잡힌다.
③ 교류 동작이 가능하다.
④ 노이즈에 강하다.
⑤ 다른 포토센서에 비해 응답속도가 늦다.
⑥ 저조도 특성이 전력(煎瀝)에 의존하다.
⑦ 가시광 영역에 분광 감도를 가지고 있으므로 주위 광이 외란 광으로 되기 쉽다.

(2) CdS 셀의 동작 원리

그림 7-4에 CdS 셀의 저항값 측정회로를 나타내었다.

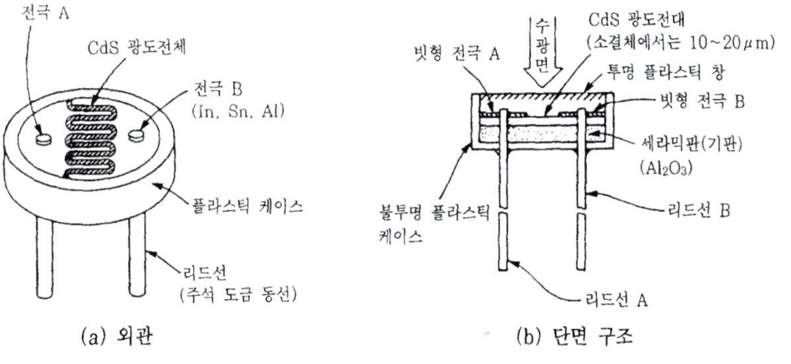

그림 7-3 CdS 셀의 외관과 단면구조

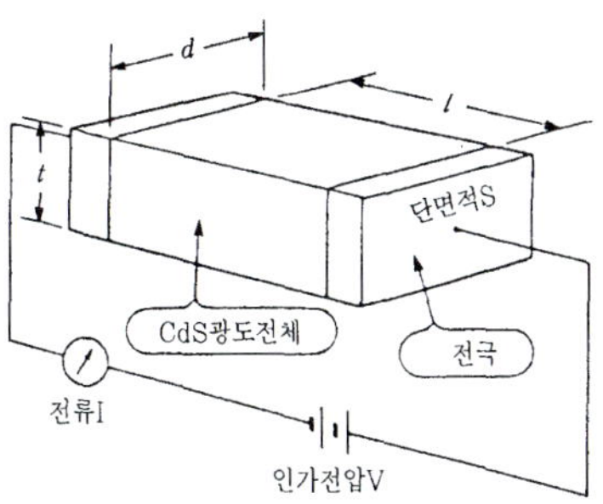

그림 7-4 CdS 셀의 구조

광도전체의 양단에 전극을 설치하고 암흑 속에 방치하여 전압 V를 인가하면 전류계에 미소한 전류(암전류)가 흐른다. 이 전류는 미소하기 때문에 소자는 높은 저항을 나타낸다. 이 CdS의 광도전체에 빛을 조사하면 전류(명전류)가 흐른다. 명전류는 보통 신호 성분을 나타내며, 암전류는 노이즈 성분을 나타낸다.

CdS셀의 저항값은 조사광이 강해지면 낮아지고, 조사광이 약해지면 높아진다. 이와 같이 CdS 셀의 저항값은 빛의 강약에 의해 변화한다. 이 성질을 이용하는 것이 CdS 셀의 기본 동작 원리이다.

3) 광도전 셀의 응용

광전 변환 소자는 현재 여러 가지 모양으로 발전하여 그 용도는 이루 말할 수 없을 정도이다. 광전 변환 소자는 크게 나누어 광기전력 소자, 광전자 방출 소자 그리고 광도전 소자로 볼 수 있다. 광기전력 타입 으로서 셀렌광전지, 실리콘 태양전지, 포토다이오드 (photo diode), 포토트랜지스터가 있다. 광전자 방출 타입에는 광전관, 광전자 증배관, 각종 촬상관, 이미지관 등이 있다.

오늘날의 광도전체를 빛의 파장별로 분류해 보면 다음과 같이 된다.

① 자외선용 (0.3μ ~ 0.4μ) ……………… ZnO, ZnS, Sn2O
② 가시광선용 (0.4μ ~ 0.8μ) ………… CdS, CdSe
③ 적외선용 (0.8μ ~ 6μ) ……………… PbS, PbSe, InSb, Ge

(1) 광 결합기(Photo Coupler)

광 결합기는 LED와 광 검출기가 단일 포장에서 결합된 것이다. 그림 7-5는 LED 광다이오드 결합기이다. 왼쪽이 LED이고 오른쪽이 광다이오드이다. LED전원은 LED에 전류를 흐르게 하고 LED로부터 나온 빛은 광다이오드를 비추고 저항 R2를 통하여 역방향 전류가 흐르게 한다. 광다이오드 양단의 전압은 아래와 같이 주어진다.

$$V_{out} = V_{ss} - IR_2$$

이 출력전압은 역방향 전류가 얼마나 커지는가에 달려 있다. 만약 LED 전원을 변화하면 빛의 양이 변화하여 광다이오드 전류를 변화시킨다. 결과적으로 V_{out}이 변화한다. 만약 LED전류가 ac변화를 가지면 V_{out}도 ac변화를 가질 것이다.

광 결합기의 주요 장점은 LED 회로와 광다이오드 회로사이의 전기적 분리이다. 일반적으로 입출력회로 사이의 저항은 1010Ω 이상이다. 이 때문에 광 결합기는 광 분리기로 알려지기도 한다. 입출력회로 사이의 접촉은 빛의 흐름밖에 없다.

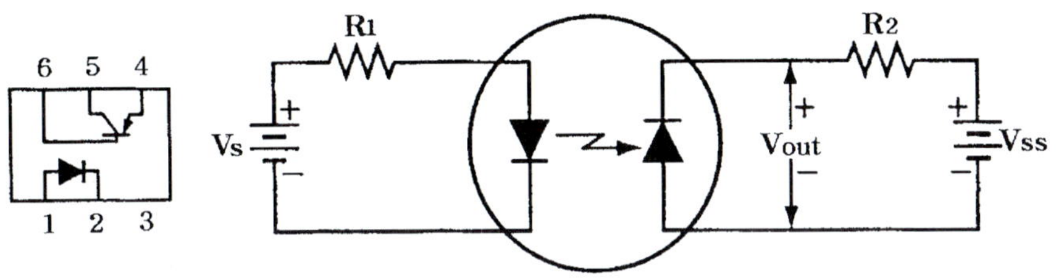

그림 7-5 광 결합기 회로

(2) 포토 인터럽트(Photo interruptor)

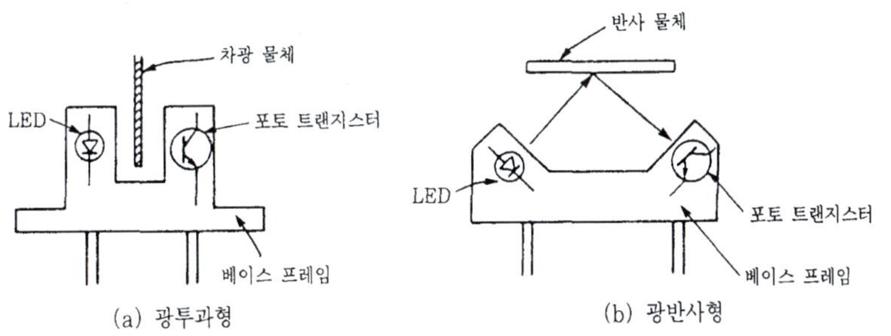

그림 7-6 포토인터럽트의 구조

포토인터럽트는 적외 LED와 포토트랜지스터를 조합하여 일체화한 것으로, 물체의 검출을 목적으로 한 센서이다. 그림 7-6의 구조에서 알 수 있듯이 발광부와 수광부가 대향 배치되어 있어 이 사이에 물체가 들어가면 빛이 차단되고 수광부의 광전류가 차단되는 것이 기본적인 구조이다.

광원은 적외광이 일반적이지만 가시광도 이용된다. 이 경우에는 빛이 눈에 보이므로 센서의 동작 상태를 쉽게 체크할 수 있는 이점이 있다. 이 센서는 빛을 ON/OFF에 의해 비접촉으로 물체의 유무를 검출하는 것이 큰 특징이다. 포토인터럽트의 응용 분야는 날로 확대되고 있으며 전기부와 기계부의 결합, 회전 속도의 제어, 계수, 경보 장치 등이 주된 응용 분야이다.

3. 사용 기기 및 부품

① Relay 1
② Photo Transistor 1
③ CdS 1
④ 소형 Lamp 1
⑤ 저항 (1/2W) : 100Ω, 220Ω, 270Ω
⑥ 가변저항기 : 100KΩ
⑦ 트랜지스터 : C1815
⑧ 다이오우드 : IN4001, IN914
⑨ 포토 커플러 : 4N26

4. 실험 순서

① 그림 7-7의 회로를 구성하여라.
② 빛의 유무의 변화에 따라 릴레이가 개폐되는 회로를 실험 해본다.

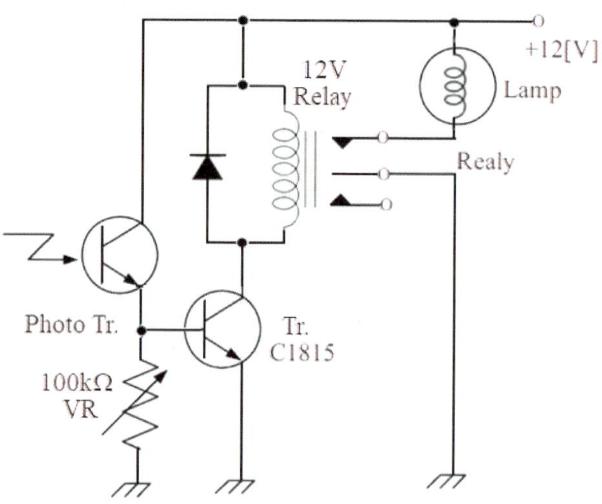

그림 7-7 Photo Tr. 릴레이 구동 회로

③ 가변저항 100 kΩ을 적당한 값으로 조정한 후 포토트랜지스터에 빛을 변화시키면서 릴레이 동작을 관찰하여라.

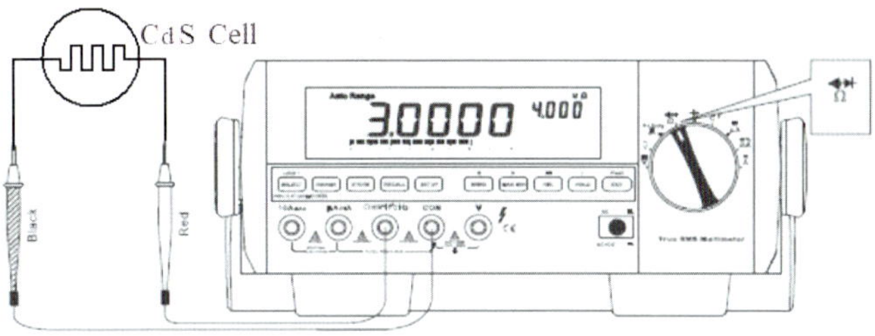

그림 7-8 CdS 저항특성

④ 그림 7-8과 같이 회로를 구성하여 CdS셀을 자연광에 있는 상태에서 양단자 사이의 저항을 회로시험기로 저항값을 측정하여 표 7-1에 기록한다.

⑤ CdS셀의 투명창을 종이로 덮어 차단한 상태에서 저항값을 측정하여 표 7-1에 기록한다.

⑥ CdS셀을 완전히 손등으로 감싸서 빛이 전혀 들어가지 않도록 차단하여 저항값을 측정하여 표 7-1에 기록한다.

⑦ CdS셀의 투명창에 플래쉬로 빛을 비춘 상태에서 저항을 측정하여 표 7-1에 기록한다.

표 7-1

실험과정	결 과
④	[Ω]
⑤	[Ω]
⑥	[Ω]
⑦	[Ω]

⑧ 그림 7-9의 회로를 구성하여라.

⑨ 빛의 유무의 변화에 따라서 릴레이 및 램프가 개폐 되는 회로를 실험 해 본다.

⑩ 가변 저항 100 kΩ을 적당한 값으로 조정한 후 CdS에 빛을 변화 시키면서 릴레이 동작을 관찰하여라.

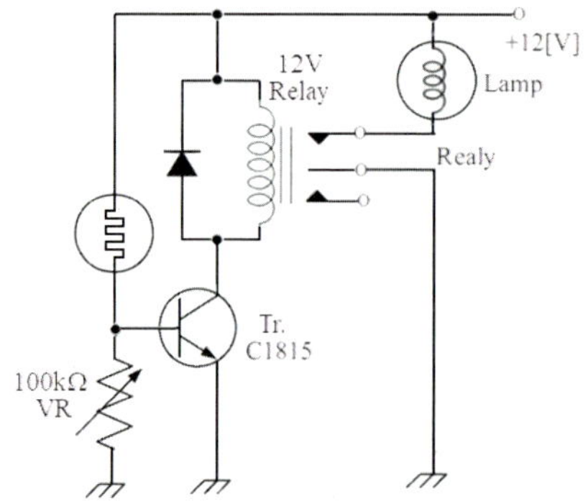

그림 7-9 CdS 릴레이 구동 회로

⑪ 그림 7-10의 회로를 구성하여라. 전원전압 VS를 2V로 조절하여라. 이에 따른 출력 전압을 측정하여 표 7-2에 기입하여라.

⑫ 표 7-2에 열거된 전원전압에 대해서 실험 ⑪을 반복하여라.

⑬ 표 7-2의 실험데이터로부터 포토커플러의 Vs 대 V_{out} 전달 그래프를 나타내어라.

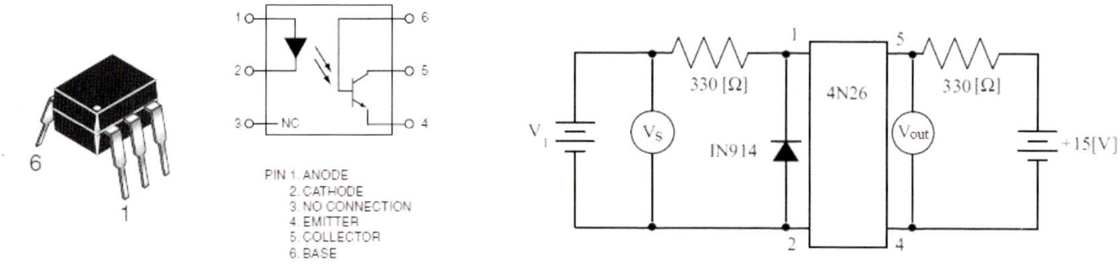

그림 7-10 포토커플러 회로

표 7-2 포토커플러

VS(V)	V_{out}(V)
2	
4	
6	
8	
10	
12	
14	

⑭ 그림 7－11과 같이 회로를 구성하고, 회로시험기로 V_{out}를 측정하여 표 7－3에 기록한다. 이때 전원 인가 시 R1의 값을 확인하여, 포토 인터럽터의 최대순방향 전류 I_{Fmax}값을 넘지 않도록 해주어야 한다. 이 최대값을 넘는 경우 포토 인터럽터의 포토다이오드가 파괴되므로 주의해야 한다.

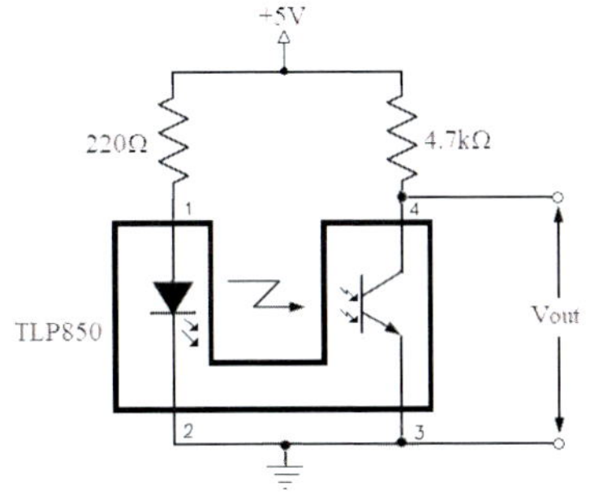

그림 7－11 포토인터럽터 Collector출력회로

⑮ 슬릿사이에 종이 등을 이용하여 차단 한 후에 V_{out}를 측정하여 표 7－3에 기록한다.

표 7－3

실험과정	결 과
⑭	V_{out} = [V]
⑮	V_{out} = [V]

⑯ 그림 7－12와 같이 트랜지스터를 사용하여 연결하고, 전원 인가 후 출력 V_{out}을 측정하여 표 7－4에 기록한다.

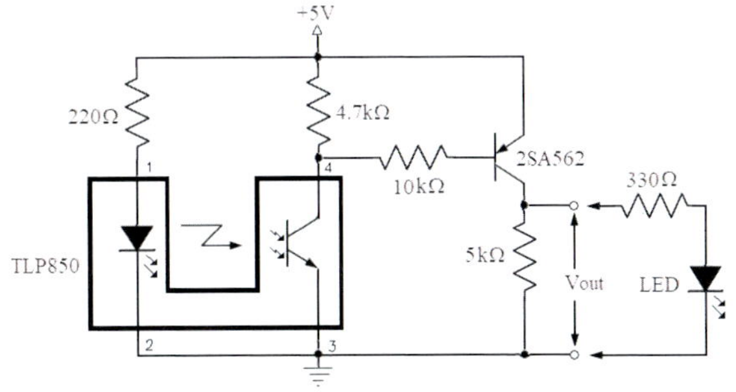

그림 7－12 출력이 큰 포토인터럽터 회로

⑰ 포토인터럽터의 슬릿사이에 종이를 넣어 차단 시 출력 V_{out}을 측정하여 표 7-4에 기록한다.

⑱ A점을 분리하여 전류계를 연결한 후 슬릿을 차단 시와 차단하지 않을 경우의 전류를 측정하여 7-4에 기록한다.

⑲ 저항 R4와 병렬로 연결한 상태에서 LED를 연결한 후 슬릿을 차단해 가면서 LED의 동작을 표 7-4에 기록한다.

표 7-4

실험과정	결 과
(16)	V_{out} = [V]
(17)	V_{out} = [V]
(18)	슬릿을 차단 시 I = [mA] 슬릿을 개방 시 I = [mA]
(19) on, off	슬릿을 차단 시 LED : 슬릿을 개방 시 LED :

5. 과제 및 검토사항

① 발광 소자와 수광 소자의 종류를 열거하시오.

② 반도체와 반도체 LASER의 차이점을 설명하시오.

③ 가시광선의 파장은 어느 범위인가?

④ LED의 동작 원리를 설명하시오.

⑤ Photo TR이나 Photo diode의 동작 원리를 설명하시오.

⑥ Photo coupler의 응용분야를 열거하시오.

결과보고서

실습일자		담당교수	
학　번		성　명	
실험제목	실험 7. 수광소자의 특성과 응용		

표 7-1

실험과정	결　과
④	[Ω]
⑤	[Ω]
⑥	[Ω]
⑦	[Ω]

표 7-2 포토커플러

V_S[V]	V_{out}[V]
2	
4	
6	
8	
10	
12	
14	

표 7-3

실험과정	결　과
⑭	V_{out} =　　　[V]
⑮	V_{out} =　　　[V]

표 7-4

실험과정	결　과
(16)	V_{out} =　　　　　[V]
(17)	V_{out} =　　　　　[V]
(18)	슬릿을 차단 시　I =　　　[mA] 슬릿을 개방 시　I =　　　[mA]
(19) on, off	슬릿을 차단 시　LED : 슬릿을 개방 시　LED :

실험

08 트랜지스터의 바이어스 특성

1. 실험 목적

① 트랜지스터의 구조와 동작 원리를 이해한다.
② 트랜지스터의 바이어스 방법을 익힌다.
③ 트랜지스터의 단자 구별 방법을 익힌다.
④ 에미터－베이스 회로에서 순방향과 역방향 바이어스가 에미터 전류에 미치는 영향을 관찰한다.
⑤ 에미터－베이스 회로에서 순방향과 역방향 바이어스가 콜렉터 전류에 미치는 영향을 관찰한다.
⑥ 최대 전력 손실 곡선을 그리는 방법을 익힌다.
⑦ 에미터 접지 증폭기의 부하선과 동작 전류로부터 동작 점을 구한다.
⑧ 동작 점에 따른 증폭기의 선형 동작 범위를 조사한다.

2. 관련 이론

1) 트랜지스터의 특성

(1) 트랜지스터의 구조

트랜지스터는 그림 7－1과 같이 3층 구조를 갖는 반도체이다.

PNP형 트랜지스터는 N형 반도체를 P형 반도체 사이에 접합한 것이고 NPN형 트랜지스터는 P형 반도체를 N형 반도체 사이에 접합한 것이다.

이러한 구조에서 가운데 반도체의 두께는 다른 두 개의 반도체에 비해서 매우 얇으며, 이 세 부분의 반도체는 배열 순서에 따라 에미터(emitter), 베이스(base), 콜렉터(collector)라 하고, 알파벳의 첫 글자를 따서 E, B, C로 표시한다. 여기서 에미터란 이름은 전하를 공급한다는 뜻이고, 콜렉터는 전하를 모은다는 뜻이다.

① **에미터** : 에미터－베이스 접합은 순방향 전압이 인가된다. 일반적으로 Ge은 0.3[V], Si은 0.7[V]이다.

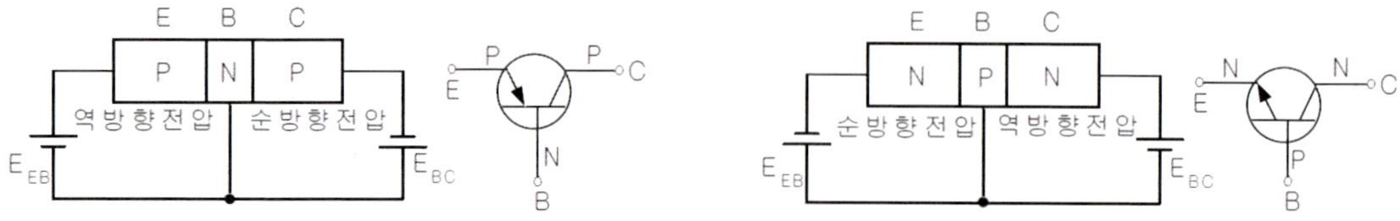

그림 8－1 트랜지스터의 구조와 기호

그림 8－1(a)에서 나타낸 것처럼 PNP형 트랜지스터에서 P형 에미터는 베이스의 접합에 정공 전하를 공급하고 이 방향으로 화살표를 표시한다.

따라서 PN 접합 다이오드와 같다.

그림 8－1(b)에 표시한 NPN 트랜지스터에서 에미터는 베이스에 전자를 공급하기 때문에 N형 에미터의 화살표가 에미터에서 베이스로 향하고 있으면 PNP형이고, 화살표가 베이스에서 에미터로 향하고 있으면 NPN형이다.

② **콜렉터** : 콜렉터는 베이스와 접합으로부터 전하를 제거시키는 기능을 갖는다.

그림 8－1(a)의 PNP형 트랜지스터는 정공을 받아들이는 P형 콜렉터를 갖는다. 그림 8－1(b)의 NPN 트랜지스터는 전자를 받아들이는 N형 콜렉터를 갖는다.

콜렉터 베이스 접합은 역방향 전압이 인가되고 일반적으로 4[V] ~ 100[V]의 크기를 갖는다. 이러한 극성은 다수 캐리어가 콜렉터에서 베이스로 흐르지 못하게 하지만 베이스와 콜렉터 사이의 역전압은 에미터에 의해서 공급된 전하를 끌어당기게 된다.

③ **베이스** : 에미터와 콜렉터를 분리시키는 역할을 하며 베이스와 에미터 접합은 순방향으로 바이어스 되어 있으므로 에미터 회로의 저항은 아주 적은데 비해서 베이스와 콜렉터 전압은 역방향으로 바이어스가 걸리므로 콜렉터 회로의 저항은 매우 높다.

(2) 트랜지스터의 바이어스

트랜지스터가 동작하기 위해서는 트랜지스터에 바이어스를 걸어 주어야 한다. 그림 7－2는 베이스를 기준으로 한 것으로 그림7－2(a)는 PNP형 트랜지스터에 외부로부터 에미터 E와 베이스 B사이에 전압 VEB은 순방향으로 바이어스 되어 있고, 콜렉터 C와 베이스 B사이에는 전압 ECB가 역방향으로 바이어스 되어 있다.

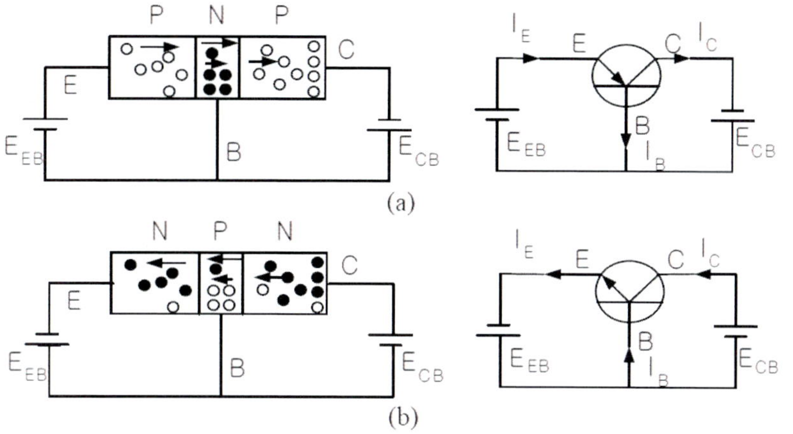

그림 8-2 트랜지스터의 바이어스 회로

이와 같이 에미터-베이스 다이오드에 있어서는 정공이 다수 캐리어가 되며 P형인 에미터에서 N형인 베이스 쪽으로 이동하게 된다.

즉, 에미터에서 방출된 정공 중에서 일부만이 베이스 내의 자유 전자와 결합하고 나머지 대부분에 정공은 매우 얇은 베이스를 통과하여 P형인 콜렉터로 흘러 외부 전원의 (-)극으로 들어간다. 에미터-콜렉터간은 직렬로 된 EEB와 ECB에 의하여 연결 된다.

따라서 에미터는 전류 캐리어의 원천이며 에미터-베이스간은 매우 적은 전류가 흐르고 에미터-콜렉터간은 많은 전류가 흐른다. 또한 에미터-베이스간의 바이어스를 변화시키면 에미터 전류가 변한다.

즉, 순방향의 바이어스를 증가시키면 에미터 전류가 증가하게 되고 따라서 콜렉터 전류도 증가하게 된다. 에미터 전류가 증가하거나 감소할 때에 베이스 전류가 증가하거나 감소하는 양은 매우 적기 때문에 에미터-베이스 사이의 바이어스를 변화시키면 콜렉터 전류를 쉽게 조절할 수 있음을 알 수 있다.

그림 7-2(b)와 같이 NPN의 구조로도 만들 수 있다.

이때에도 PNP형과 마찬가지로 에미터-베이스 사이에는 순방향의 바이어스를 걸어 주고 콜렉터-베이스 사이에는 역방향 바이어스를 걸어 준다.

그러나 NPN형에서는 전원 전지의 극성은 PNP형과 반대로 연결된다.

NPN 트랜지스터에서는 전자가 PNP형에서는 정공이 각각 에미터에서의 다수캐리어가 된다.

직렬로 연결된 캐패시터 C_1과 C_2의 실효 용량 값은 C_1과 C_2의 각각의 용량 값보다 더 작아지므로 단일 캐패시터 필터 회로 보다 나쁜 필터 작용을 나타낸다.

(3) 트랜지스터 식별 방법

트랜지스터의 극성은 회로 시험기의 저항계로 쉽게 식별할 수 있다.

우선, 회로 시험기의 저항계를 R × 100 범위에 놓고 트랜지스터의 임의의 두단자에 회로 시험기의 적색 봉과 흑색 봉을 교대로 접속하여 본다. 이때에 저항이 ∞이면 다른 한 단자가 베이스(Base)이며, 또한, 베이스에 흑색 봉을, 에미터에 적색 봉을 접속하여 저항이 0[Ω] 부근의 작은 저항 값을 지시할 때 NPN 트랜지스터이고, 그 반대가 PNP 트랜지스터이다.

2)트랜지스터 증폭기의 부하선 해석

트랜지스터 증폭기에서 일그러짐이 없는 출력 파형을 얻기 위해서는 특성 곡선의 선형적인 범위에서 동작시키기 위하여 적당한 동작 점을 선택할 필요가 있다. 트랜지스터는 동작점이 콜렉터, 에미터, 베이스에 인가된 직류 전압에 의해 정해지므로 증폭기를 설계할 때는 트랜지스터 특성 곡선과 규격을 참조하여야 한다.

(1) 직류 부하선

트랜지스터 증폭기의 성능은 부하선을 사용해서 그래프 적으로 예측할 수 있고, 특정 동작 조건하에서 입력 신호가 출력 신호에 미치는 영향은 부하선으로 부터 결정된다.

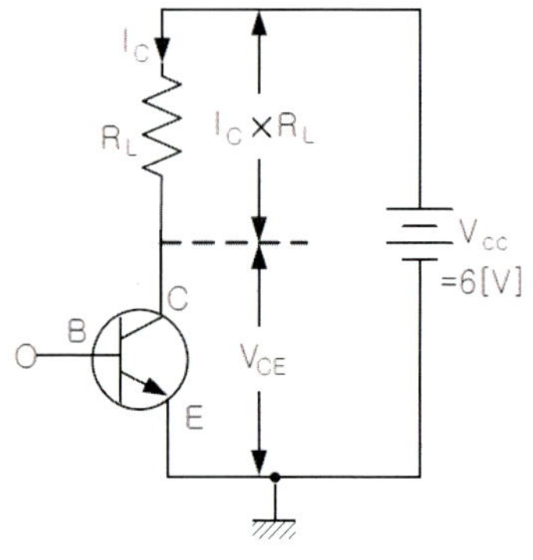

그림 8-3 에미터 접지 증폭기의 출력 회로

그림 8-3은 에미터 접지 증폭기의 출력 회로를 나타내며, 출력 회로에 Kirchhoff의 전압법칙으로부터 $V_{CC} = I_C R_l + V_{CE}$가 되고, 여기서 V_{CC}와 R_L이 정해지면 부하 선은 최대 포화점과 절대 차단점을 연결하여 얻을 수 있으며, 최대 포화 점과 절대 차단 점의 조건은 다음과 같다.

$$\text{최대 포화 점}: V_{CE} = 0, \quad I_C = \frac{V_{CC}}{R_L}$$

$$\text{절대 차단 점}: V_{CE} = V_{CC}, \ I_C = 0$$

두 극한 점의 좌표를 찾아내는 방법을 예를 들어 설명하면 다음과 같다.
그림 8-4에서 V_{CC}=6[V], R_L=300[Ω]이고, V_{CE}=0일 때 I_C=20[mA]이다. 또한 I_C=0이면, V_{CE}=6[V]이다. 이들 두 점을 통과하는 직선이 그림 7-4에 부하선(#1)으로 그려져 있다. 다른 모든 조건들이 일정하게 유지된 상태에서 R_L값의 증감이 부하선에 미치는 영향은 무엇인가?
먼저 R_L이 100[Ω]으로 감소되었다면, 부하선(#2)의 좌표는 다음과 같이 계산된다.

$$V_{CE} = 0, \ I_C = \frac{6}{100} = 60[\mathrm{mA}]$$

$$I_C = 0, \quad V_{CE} = 6\,[\mathrm{V}]$$

이 부하선(#2)은 부하선(#1)과 공통점 $V_{CC} = 6\,[V]$, $I_C = 0$을 가지나, 부하 선(#1) 아래에 위치한다. 만약 R_L의 값 1.2[KΩ]으로 증가하면 부하선(#3)의 좌표는 다음과 같다.

$$V_{CE} = 0, \ I_C = \frac{6}{1200} = 5[\mathrm{mA}]$$

$$I_C = 0, \quad V_{CE} = 6\,[\mathrm{V}]$$

따라서 부하선(#3)은 부하선(#1) 및 부하선(#2)와 공통점을 가지나 부하선(#1) 아래에 위치한다. 지금까지의 예로부터 3가지 경우에 있어서, 부하선은 모두 최대 손실 곡선(100[mA])의 좌측에 위치함을 알 수 있다.
부하선을 그리는 일반적인 방법은 R_L과 V_{CC}의 값을 알면 쉽게 그릴 수 있다.

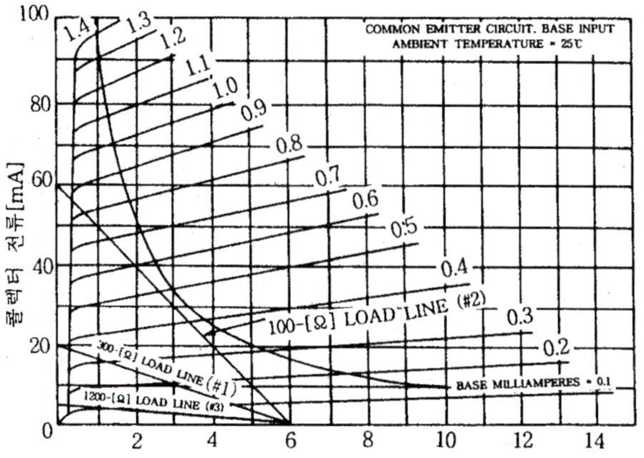

그림 8-4 R_L과 V_{CC} 값에 따른 부하선

R_L값은 모르지만, 트랜지스터 증폭기의 동작점이 알려진 경우를 가정해 보자. 그림 8-5에서 동작 점 Q와 전원 전압 V_{CC}를 알면 부하 선을 그릴 수 있다.

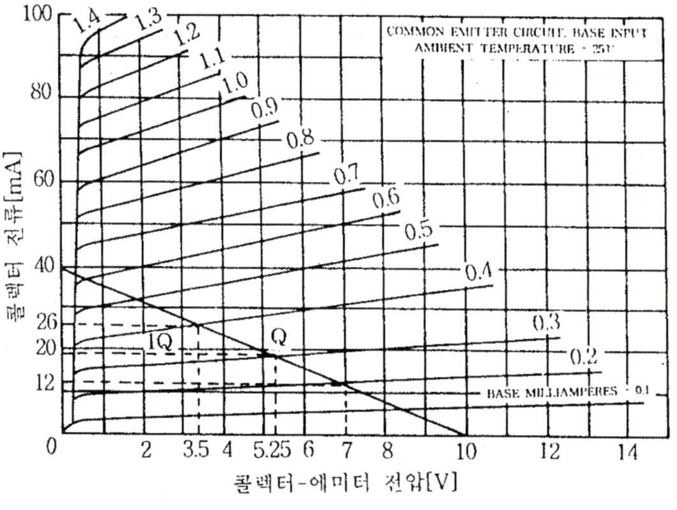

그림 8-5

만약 동작점 Q가 $V_{CE} = 5.25\,[V]$, $I_C = 19\,[mA]$이고 전원 전압 V_{CC}가 10[V]라면, 부하 선은 그림 8-5와 같이 점 $I_C = 0$, $V_{CE} =$ 10으로부터 Q를 통과하는 직선으로 된다. 여기서 부하선은 콜렉터 전류축과 점 $V_{CE} = 0$, $I_C = 40\,[mA]$에서 교차하고, R_L의 값은 $V_{CE} = 0$일 때 $\dfrac{I_C = V_{CC}}{R_L}$의 관계로부터 쉽게 얻어진다. 즉,

$$\frac{R_L = V_{CC}}{I_C}$$

위의 식에서 $V_{CC} = 10\,[V]$, $I_C = 40\,[mA]$ 대입하면 부하 저항 R_L은

$$R_L = \frac{10}{40 \times 10^{-3}} = 250\,[\Omega]$$

이 된다.

(2) 부하 선으로부터 증폭기 동작의 예측

부하 선으로부터 베이스 전류의 변화에 따라 콜렉터 전류가 어떻게 변화할 것인가를 예측할 수 있다. 부하 선과 콜렉터 곡선 중 하나의 교차점은 하나의 동작점으로 된다. 최적의 동작점은 회로의 요구 조건에 의해서 결정된다.

트랜지스터가 그림 8-3과 같이 에미터 접지 방식으로 접속되어 있고 부하저항 250[Ω]과 10[V] 전원으로부터 동작한다면 이 회로에서 베이스 전류의 증가는 콜렉터 전류에 어떤 영향을 미치는가?

이것에 대한 해답은 부하 선이 0.4[mA] 특성 곡선과 교차하는 점으로부터 얻어진다.

이 경우 $I_C = 26\,[mA]$로 되어, 콜렉터 전류는 7[mA]만큼 증가하므로 $V_{CE} = 3.5\,[V]$이다. 만약 $I_B = 0.2\,[mA]$로 감소하면, 콜렉터 전류는 12[mA]로 되어 7[mA]의 감소를 가져오고, $V_{CE} = 7.0\,[V]$로 된다.

선택된 회로와 동작 점에 대해서 콜렉터 전류의 변화는 베이스 전류의 변화 (0.1 ~ 0.3[mA])와 선형적인 관계가 있음을 알 수 있다.

3. 사용 기기 및 부품

① 전원공급장치 : 1대
② 회로 시험기 : 1 대
③ 오실로스코프 : 1 대
④ 직류 전류계 : 50[μA] × 1개, 10[mA] × 1개
⑤ 전원 변압기 : 1차 110[V] , 2차 0[V], 6[V], 12[V] × 1개

⑥ 콘덴서 : 100[μF] × 3개

⑦ 다이오드 : 1N4001(Si) × 1개

⑧ 저항 : 5[w] 500[Ω] × 1개, 2[w] 250[Ω] × 1개, 1[w] 100[Ω] × 1개, 1/2[w] 5.6[KΩ] × 1개, 2.7[KΩ] × 1개 470[Ω] × 1개, 1[kΩ] × 1개, 68[kΩ] × 1개

⑨ 가변 저항 : 5[kΩ] × 1개, 10[kΩ] × 1개

⑩ 트랜지스터 : 2SC1815 × 1개

⑪ 리드선 : 약간

⑫ 기타 Accessory : 1식

4. 실험 순서

1) 트랜지스터 특성실험

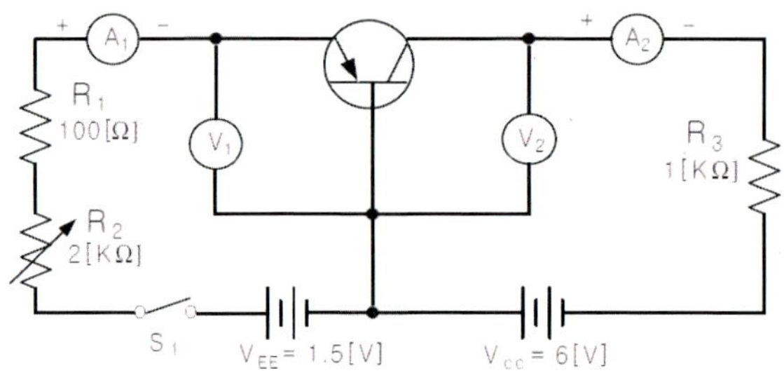

그림 8-6 PNP트랜지스터의 전류 · 전압 측정

① 주어진 트랜지스터의 PNP형과 NPN형을 각각 확인하고 각 트랜지스터의 에미터, 베이스, 콜렉터 단자를 확인하라.

② PNP형 트랜지스터를 이용하여 그림 8-6과 같이 회로를 구성하라.

③ 가변저항 R2를 최대로 유지한 상태에서 에미터와 콜렉터 전류 및 에미터-베이스, 콜렉터-베이스간의 전압을 측정 표 8-1에 기록하라.

④ 가변저항 R2를 최소로 하고 실험 순서(3)를 반복하여 그 결과를 표 8-1에 기록하라.

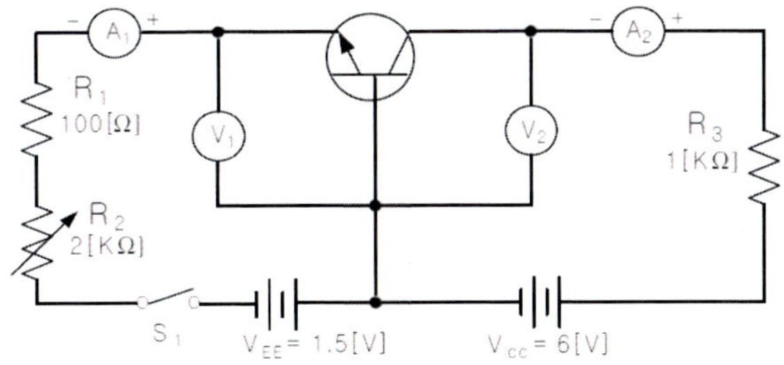

그림 8-7 NPN트랜지스터의 전류 전압 · 측정

⑤ NPN형 트랜지스터를 이용하여 그림 8-7과 같이 회로를 구성하라.

⑥ 앞의 PNP형 트랜지스터 실험 순서 ②~④를 반복하여 그 결과를 표 8-1에 기록하라.

5. 결과 및 고찰

표 8-1 트랜지스트 전압전류 특성 측정

PNP형 트랜지스터					NPN형 트랜지스터				
트랜지스터의 형명 :					트랜지스터의 형명 :				
실험 순서	에미터-베이스		콜렉터-베이스		실험 순서	에미터-베이스		콜렉터-베이스	
	전류	전압	전류	전압		전류	전압	전류	전압
(3)					(3)				
(4)					(4)				

6. 과제 및 검토사항

① 직류 부하선의 의미는 무엇인가?

② 직류 부하선을 그리기 위한 자료는 무엇인가?

결과보고서

실습일자

담당교수

학　번

성　명

실험제목 실험 8. 트랜지스터의 바이어스 특성

표 8-1 트랜지스트 전압전류 특성 측정

PNP형 트랜지스터					NPN형 트랜지스터				
트랜지스터의 형명 :					트랜지스터의 형명 :				
실험 순서	에미터-베이스		콜렉터-베이스		실험 순서	에미터-베이스		콜렉터-베이스	
	전류	전압	전류	전압		전류	전압	전류	전압
(3)					(3)				
(4)					(4)				

실험

09 공통 에미터 증폭기 특성

1. 실험 목적

① 에미터 접지 증폭기의 바이어스 방법을 고찰하고 입 · 출력 임피던스를 측정한다.
② 증폭기의 전압, 전력 이득을 측정하고 증폭기의 입 · 출력 신호의 위상 관계를 고찰한다.

2. 관련 이론

에미터 접지 증폭기(common emitter amplifier)는 트랜지스터 증폭기 중에서 가장 많이 사용되고 있으며 베이스 접지 증폭기에 비하여 높은 임피던스와 낮은 출력 임피던스 값을 가지고 있다. 그림 9-1은 바이어스 안정화된 에미터 접지 증폭기 회로를 보이고 있으며, 이 회로는 온도에 대한 트랜지스터의 특성 변화는 동작점의 변화를 일으키게 되고 그 변화는 증폭 이득과 안정성에 영향을 미쳐 결과적으로 트랜지스터가 파손되기도 하므로 외부 온도의 변화와 트랜지스터 특성 변화에 따른 콜렉터 전류의 증가를 저항R_2를 두어 저항R_2에 의한 전압 강하로 인하여 베이스 전류를 감소 시켜 콜렉터 전류도 감소되어 트랜지스터 동작의 안정성을 유지하여 준다.

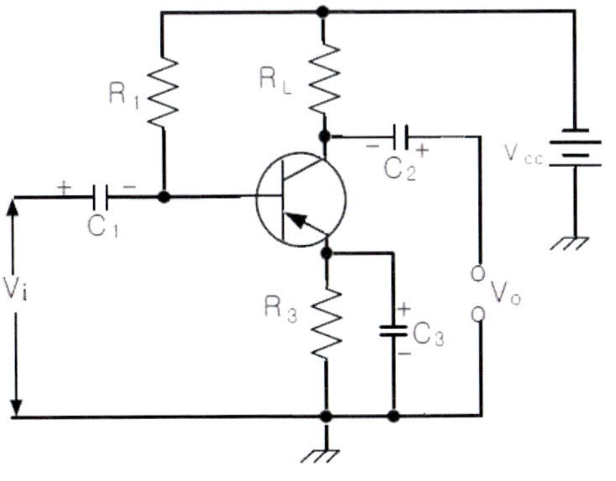

그림 9-1 에미터 접지 증폭기

또한 캐패시터 C_3는 교류 신호에 대한 바이패스를 만들어 주므로 교류 신호의 감소를 방지한다.

1) 입 · 출력 임피던스의 측정

그림 9-2의 회로에서 입력 임피던스는 $R_i = \frac{v_i}{i_i}$ 이므로, 먼저 v_{AB}와 v_i를 측정 한 다음 $i_i = \frac{v_{AB}}{R_x}$를 계산하면 i_i와 R_i를 구할 수 있다.

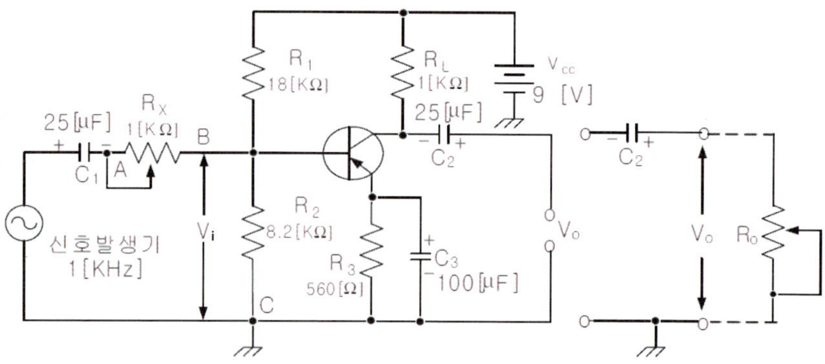

그림 9-2 입 · 출력 임피던스 측정 회로

다른 방법으로서는 A-B 사이에 고정 저항 대신 가변 저항기를 연결하여 이 단자 사이의 전압이 v_i와 같은 값이 되도록 조정한 다음 이 저항기를 분리하면 이 때 측정된 저항 값이 R_i가 된다.

출력 임피던스는 그림 9-2(b)에서와 같이 가변 저항 Ro를 달 때 측정되는 v_o의 값이 R_o가 없을 때 측정된 v_o의 1/2이 되도록 R_o의 저항 값을 정하면 출력 임피던스를 구할 수 있다. 이때 주의하여야 할 것은 출력 파형에 찌그러짐이 없어야 한다.

2) 전압 · 전력 이득

전압 이득(voltage gain) A_v와 전력 이득(power gain) A_P는 다음과 같이 주어지며 v_o와 v_i를 측정하여 실험적으로 구할 수 있다.

$$A_v = \frac{v_o}{v_i}$$

$$A_P = \frac{P_o}{P_i} = \left(\frac{v_o}{v_i}\right)^2 \left(\frac{R_i}{R_o}\right) = 10\log\frac{P_o}{P_i}\ [dB]$$

3) 위상 관계

에미터 접지 회로에서의 입력과 출력 파형의 위상차는 180°이며 반파 정류 회로에서 얻은 반파 신호를 입력하여 오실로스코프를 통하여 위상차를 확인할 수 있다

3. 사용 기기 및 부품

① 전원 공급 장치 : 1대
② 회로 시험기 : 1대
③ 오실로스코프 : 1대
④ 신호 발생기 : 1대
⑤ 저항 : 220[Ω], 390[Ω], 470[Ω], 560[Ω], 1[kΩ], 4.7[kΩ], 8.2[kΩ], 10[kΩ], 18[kΩ], 47[kΩ] × 각1개
⑥ 가변 저항 : 1[kΩ] × 1개, 5[kΩ] × 1개
⑦ 콘덴서 : 25[μF] × 2개, 50[μF] × 1개, 100[μF] × 1개
⑧ 트랜지스터 : KTA1015 × 1개
⑨ 다이오드 : IN4001 × 1개
⑩ 리드선 : 약간
⑪ 기타 Accessory : 1식

4. 실험 순서

1) 에미터 접지 증폭기

① 그림 8－3과 같이 회로를 구성하고, 베이스－에미터간의 전압 V_{BE}와 콜렉터－에미터간 전압 V_{CE}를 측정 표 8－1에 기록하라.

② 신호발생기의 주파수를 1[khz]로 하여 입력 단자에 연결하고, 출력 파형의 일그러짐이 없는 최대 크기가 되도록 신호 발생기의 출력을 조절한다. 콜렉터 전류 I_C, 입력과 출력 파형의 peak－peak 전압치, V_{BE}, V_{CE}를 측정하여 표 8－1에 측정값과 파형을 기록하라.

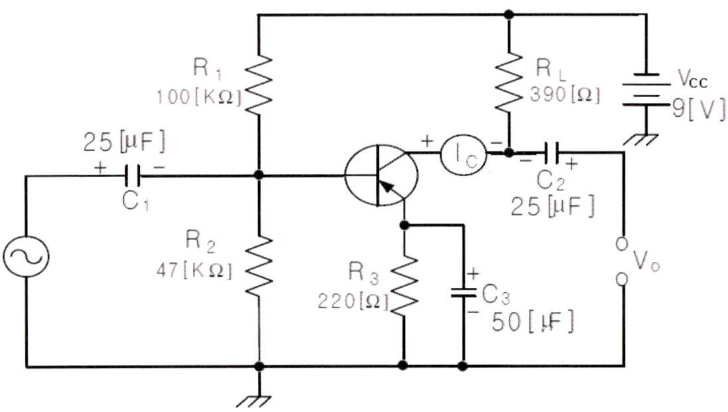

그림 9－3 에미터 접지 증폭기

③ 증폭기 출력이 ②의 실험 과정에서의 최대 출력의 70[%]값이 되도록 신호발생기의 출력을 조정한 다음 콜렉터 전류 I_C, V_{BE}, V_{CE} 그리고 입력 및 출력 파형과 peak－peak 전압을 표 8－1에 기록하라.

④ 60[W] 전구로서 트랜지스터를 1분간(출력 파형이 변할 때까지)가열한다. 이때의 파형과 peak to peak 전압 및 콜렉터 전류 I_C, V_{BE}, V_{CE}를 표 9－1에 기록하라.

2) 입 · 출력 임피던스 측정

① 그림 9－2 같이 회로를 구성하여, 오실로스코프를 이용하여 찌그러짐이 없는 최대 출력 전압의 70[%]가 증폭기 출력이 되도록 신호 발생기의 출력을 조절한다.

② 신호 발생기의 출력 전압 v_{ac}, AB와 BC간의 전압 v_x와 v_i, 출력 전압 v_o을 측정하여 표 8−2에 측정값을 기록하라.

③ 측정된 값을 이용하여 i_i와 R_i를 계산하여 표 8−2에 기록하라.

④ 입력값을 고정시키고 그림 9−3(b)에서와 같이 5[KΩ]의 가변 저항 R_o를 연결하고 v_o값이 실험 과정 ②에서 얻은v_o의 반이 되도록 R_o를 조절하라.

⑤ 이때의 저항 값R_o가 출력 임피던스가 되므로 R_o를 회로에서 분리하여 그 값을 측정하여 표 9−2에 기록하라.

⑥ R_o를 연결한 상태에서의 전압 이득, 전력 이득을 계산하여 표 9−2에 기록하라.

⑦ 입력을 고정시키고 측로 콘덴서 C_3를 회로에서 분리하고 실험 ①에서 ②까지를 되풀이하여 표 9−2에 기록하라.

3) 위상 실험

① 그림 8−2에서 가변 저항 R_x를 제거한 다음 그림 8−4와 같은 반파 정 류 회로의 출력을 입력에 연결하여 찌그러짐이 없는 최대 출력 전압의 70[%]가 증폭기 출력이 되도록 신호 발생기의 출력을 조절한다.

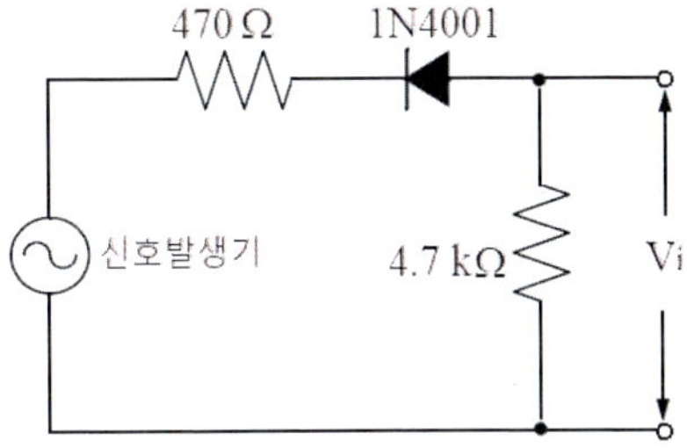

그림 9−4 반파 정류 회로

② 입력 전압과 출력 전압을 오실로스코프로 측정, 관찰하여 표 9−3에 기록하라.

5. 결과 및 고찰

표 9-1 에미터 접지 증폭기

실험 순서	전류 I_C[mA]	전 압		파 형			
		V_{BE}[V]	V_{CE}[V]	입 력	$V_{i(p-p)}$	출 력	$V_{o(p-p)}$
①							
②							
③							
④							

표 9-2 입 · 출력 임피던스를 측정

실험 순서	전 압 (Vp−p)				ii[mA]	Ri[Ω]	Ro[Ω]	이 득	
	vac	vx	vi	vo				전 압	전 력
①～⑥									
⑦									

표 9-3 위상 실험

	파 형
입 력	
출 력	

6. 과제 및 검토사항

① 증폭기의 전압 이득은 무엇을 의미하는가?

② 에미터 접지 증폭기 실험에서 캐패시터 C_3의 역할은 무엇인가?

③ 주위 온도의 변화에 따른 트랜지스터의 동적 변화를 설명하라.

④ 증폭기의 출력이 찌그러지는 경우를 설명하라.

결과보고서

실습일자

담당교수

학 번

성 명

실험제목 실험 9. 공통 에미터 증폭기 특성

표 9-1 에미터 접지 증폭기

실험 순서	전류 I_C[mA]	전 압		파 형			
		V_{BE}[V]	V_{CE}[V]	입 력	$V_{i(p-p)}$	출 력	$V_{o(p-p)}$
①							
②				t		t	
③				t		t	
④				t		t	

표 9-2 입 · 출력 임피던스를 측정

실험 순서	전 압 (V_{p-p})				i_i[mA]	R_i[Ω]	R_o[Ω]	이 득	
	V_{ac}	V_x	V_i	V_o				전 압	전 력
①～⑥									
⑦									

표 9-3 위상 실험

	파 형
입 력	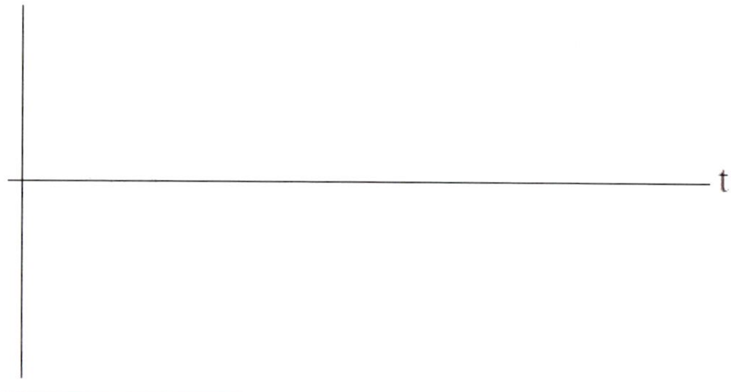
출 력	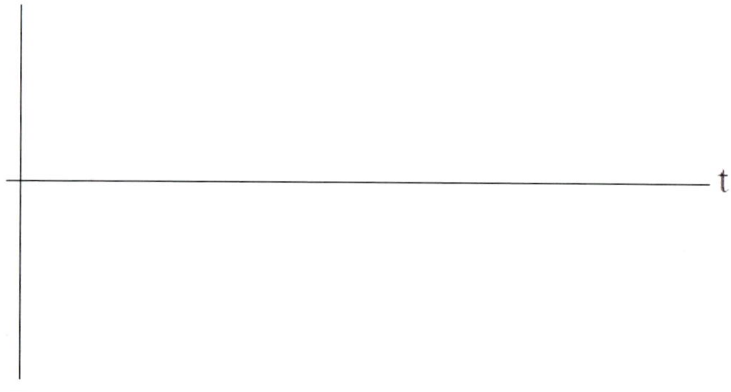

실험

10 J-FET의 전기적 특성

1. 실험 목적

① 드레인-소스 전압 V_{DS}가 드레인 전류 I_D에 미치는 영향을 실험적으로 이해한다.

② 게이트-소스 역바이어스 전압 V_{GS}가 드레인 전류 I_D에 미치는 영향을 실험적으로 이해한다.

③ 특정한 V_{DS}에 대한 I_D대 V_{GS}의 J-FET 전달 곡선을 측정하여 그린다.

2. 관련 이론

NPN이나 PNP로 만들어진 쌍극성 접합 트랜지스터(BJT)는 전자와 정공에 의한 전류 제어 소자인 반면에 전계 효과 트랜지스터는 n채널 FET는 전자에 의한 전류, p채널 FET는 정공에 의한 전류에 의해 동작되는 전압 제어형 단극성소자이다.

FET는 구조상 접합형 FET(Junction FET: MOS FET)와 절연 게이트형 FET (Insulated Gate : IGFET) 또는 Metal-Oxide-Semi Conductor FET (MOS FET)의 두 종류로 나뉜다.

BJT나 FET 소자는 한개의 증폭기 회로나 또는 다른 비슷한 전자 회로에서 서로 다른 특성으로 사용될 수 있다.

FET나 BJT 소자의 몇 가지 특성을 비교하면 아래와 같다.

① FET는 약 100MΩ정도의 아주 높은 입력 저항을 갖는데 비하여 BJT의 입력저항은 2kΩ정도이다.

② FET는 스위치(또는 쵸퍼)로 사용될 때 오프셋 전압이 발생하지 않는다.

③ FET는 방사능에 비교적 영향을 받지 않지만 BJT는 대단히 민감한데 특히 β가 영향을 받는다.

④ FET는 BJT보다 “잡음”이 작으므로 Hi-Fi FM 수신기 등 저전력 증폭기의 입력단에 매우 적합하다.

⑤ FET는 BJT보다 훨씬 높은 열적 안정도를 갖는다.

⑥ FET는 BJT보다 작으므로 IC화로 훨씬 유리하다. 그러나 FET의 단점은 BJT에 비해 이득-대역폭이 비교적 적다.

1) J-FET의 동작

JFET의 물리적 구조는 그림 10-1과 같다. 그림 10-1(a)의 n채널 JFET는 한 개의 n형 반도체 막대에 한 쌍의 p형 영역을 확산시켜서 만든다. p채널 JFET는 그림 10-1(b)와 같이 p형 반도체 막대에 n형 영역을 확산시켜서 만든다.
여기에는 게이트, 드레인, 소오스의 세 단자가 있다. 이들 단자는 각각 BJT의 베이스, 콜렉터, 에미터에 해당한다.

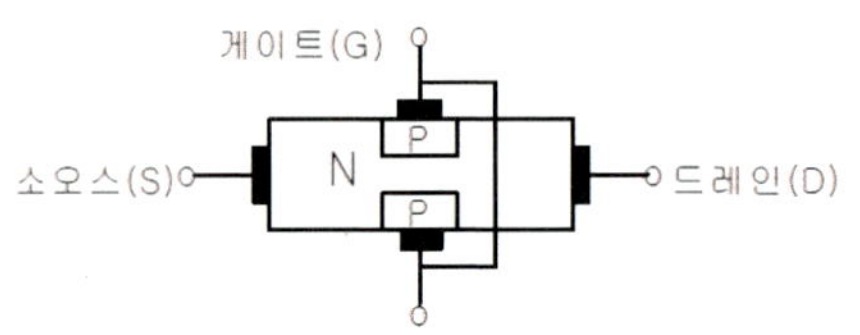

(a) n-채널

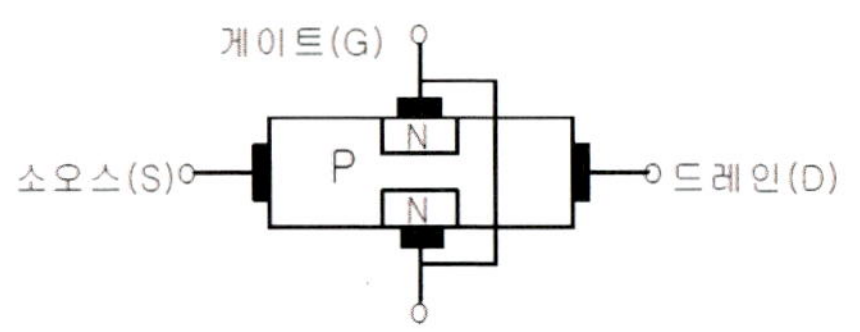

(b) p-채널

그림 10-1 JFET의 물리적 구조와 소자기호

그림 10-2는 N채널 J-FET에 가해진 바이어스 전압을 보여주고 있다.
공급 전원 VDD는 드레인-소스 사이에 전압을 공급하여 드레인에서 소스로 전류를 흘려준다.
드레인 전류 Id는 p형 게이트로 둘러싸인 채널을 통하여 흐르게 된다.
이때 게이트전류는 게이트-소스 접합이 전압은 게이트-소스 접합을 역방향 바이어스를 시키므로 게이트 전류가 흐르지 않는다. N채널 내의 공핍영역의 폭은 게이트전압 VGS에 의해 영향을 받는다.
공핍영역의 폭의 증가는 채널폭의 감소를 가져오고, 채널폭의 감소는 드레인-소스간의 저항의 증가를 나타내며 결국 드레인 전류 ID는 감소하게된다. 즉, 게이트전압 VGS에 의해 드레인 전류 ID가 제어된다.

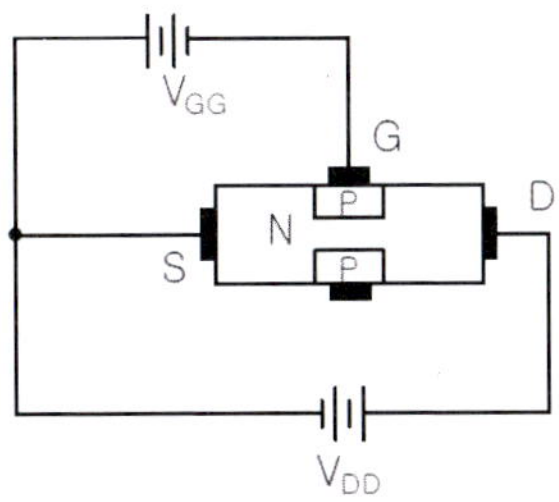

그림 10-2 JFET의 기본동작

우선 VGS=0[V]일 때의 소자의 동작을 고찰 해 보면 드레인-소스의 N형 반도체를 통하여 흐르는 전류에 의한 채널의 전압강하는 소스-게이트 접합에서 보다 드레인-게이트 접합에서 더 양(+)의 전압이 걸린다.

P · N접합 양단의 이 역바이어스 전압은 공핍 영역을 형성하고 VDD가 증가하면 공핍영역은 드레인-소스간의 채널을 완전히 가로질러 형성이 되어 채널이 핀치 오프(Pinch Off)된다. 이 점에서 전압 VDD의 증가는 단지 공핍영역 양단 전압의 증가로 나타나며, 공핍 점에서 접지까지의 전압강하는 일정하게 남아 있어 드레인 전류 ID는 일정하게 머문다.

2) 드레인 소오스 특성

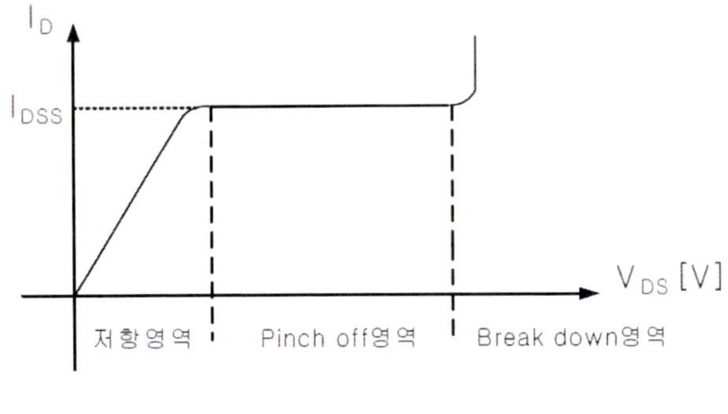

그림 10-3 VGS=0[V]에 대한 드레인 특성곡선

그림 10-3은 VDS-ID 특성곡선을 보이고 있다.

게이트전압 VGS가 (-)쪽으로 증가되면, 더 적은 드레인 전류에서 채널이 차단 되도록 그림 10-4에서 채널이 핀치오프(Pinch Off) 되어 드레인 전류 ID가 포화상태로 되는 전류값이 VGS=0[V]인 경우보다 VGS가 음의 값이 증가 할수록 낮아진다. 즉, 드레인 전류 ID는 VGS에 의해서 제어된다.

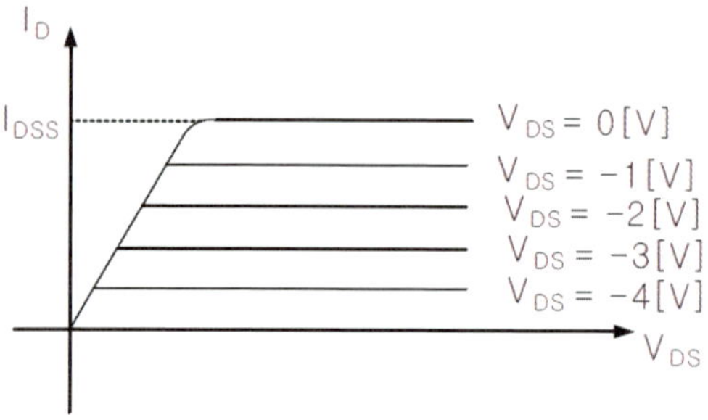

그림 10−4 드레인 특성곡선

3) 전달특성

그림 10−5는 VGS와 ID의 관계를 그래프로 보여주는 전형적인 전달 특성곡선이다.
그래프에서 VGS=0일 때 ID=IDSS, ID=0일 때 VGS=VP임을 알 수 있으며 다음 식과 같이 표현 할 수 있다.

$$I_D = I_{DSS}\left(1 - \frac{V_{GS}}{V_P}\right)^2$$

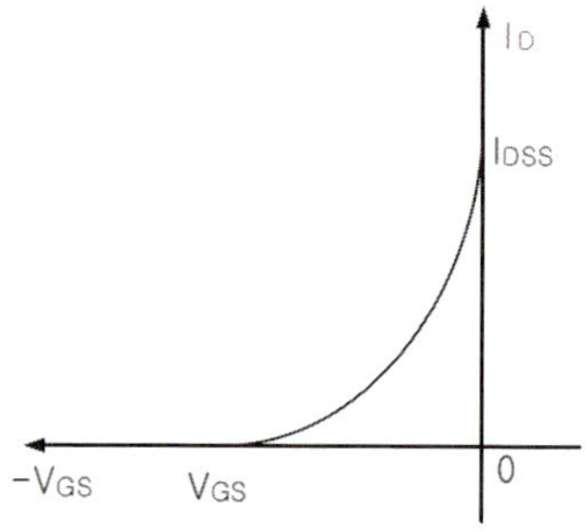

그림 10−5 VGS−ID 특성곡선

3. 사용 기기 및 부품

① 저항(1/4W) : 22㏀, 33㏀, 2.2㏁ × 2
② 가변저항(2W) : 1㏁
③ 콘덴서 : 5㎌/15V × 3
④ FET : 2SK30A

4. 실험 순서

① 그림 10－9의 회로를 구성하여라.

② VDD와 VGG를 0V로 맞춘다.

③ V_{DS}=－0.25V가 되도록 V_{GS}를 조정한다. 실험순서 ④와 ⑤에서도 이 전압차를 유지하여라.

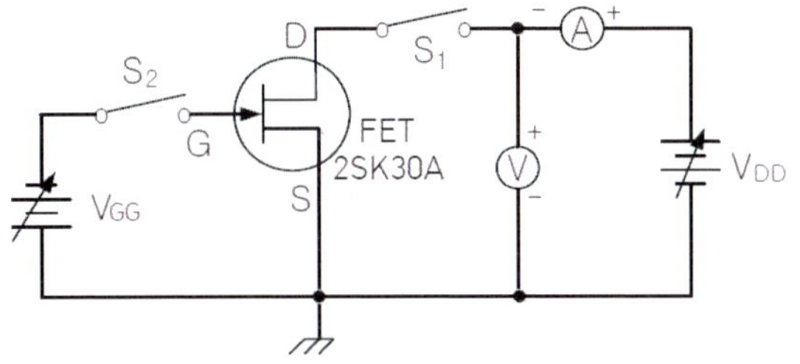

그림 10－9 Vss 전류, 전압 측정회로

④ V_{DS}=0V일 때 ID를 측정하여 표 10－1에 기록하여라.

⑤ 표 10－1에 열거한 V_{DS}값이 되도록 차례로 VDD를 조정하고, V_{DS}의 각 값에 대한 ID를 측정하여 표 10－1에 기록하여라.

⑥ VDD를 0V로 낮추고, VGG를 －0.5V로 증가시키며, 실험순서 7)에서도 이 전압차를 유지하여라.

⑦ 표 10－1에 열거한 V_{DS}의 각 값에 대하여 실험순서 ④와 실험순서 ⑤를 반복하여라.

⑧ 표 10－1에 열거한 V_{GS}와 V_{DS}의 각 값에 대하여 실험순서 ⑥과 ⑦을 드레인 전류가 차단될 때까지 반복 하여라.

⑨ VDD=15V, VGG=－2.5V로 맞추어라.

⑩ V_{DS}는 15V로 유지하면서, 표 10－2에 열거된 V_{GS}의 각 값에 대한 ID를 측정하여 표 10－2에 기록하여라.

⑪ 그림 10－10의 회로를 구성하라.

⑫ R1를 조정하여 V_{DS}가 +6[V]가 되게 하라.

⑬ 신호발생기의 출력을 5[㎑], 50[mVP－P]로 하여 입력에 연결하고 증폭기의 전압 이득을 측정하라.

A0=

⑭ 출력단자에 2.2[㏁]의 저항을 달고 신호발생기의 주파수를 0 [Hz]에서부터 증가시켜가면서 여러 주파수에 대한 전압이득을 측정하라. 이때 주파수의 변화에 따라 신호발생기의 출력이 일정한가를 확인하라.

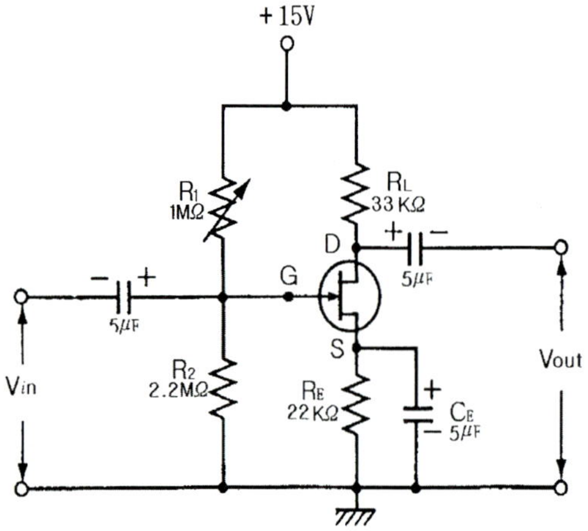

그림 10-10 FET 증폭기 회로

5. 결과 및 고찰

표 10-1

	I_D(mA)									
	V_{GS}(V)									
V_{DS}[V]	0	−0.25	−0.5	−0.75	−1.0	−1.25	−1.5	−1.75	−2.0	−2.5
0										
0.5										
1.0										
1.5										
2.0										
2.5										
3.0										
3.5										
4.0										
4.5										
5.0										
7.0										
9.0										
11.0										
13.0										
15.0										

표 10-2

V_{GS}[V]	−2.5	−2.0	−1.75	−1.50	−1.25	−1.0	−0.75	−0.50	−0.25	0
I_D[mA]										

6. 과제 및 검토사항

① 트랜지스터와 전계효과 트랜지스터의 특성을 비교하여라.

② 실험을 통하여 트레인전류 ID를 제어하는데 V_{DS}와 V_{GS}중 어느 것이 더 효과적 인가?

결과보고서

실습일자

담당교수

학　번

성　명

실험제목 실험 10. J-FET의 전기적 특성

표 10-1

	I_D[mA]									
	V_{GS}[V]									
V_{DS}[V]	0	−0.25	−0.5	−0.75	−1.0	−1.25	−1.5	−1.75	−2.0	−2.5
0										
0.5										
1.0										
1.5										
2.0										
2.5										
3.0										
3.5										
4.0										
4.5										
5.0										
7.0										
9.0										
11.0										
13.0										
15.0										

표 10-2

V_{GS}[V]	−2.5	−2.0	−1.75	−1.50	−1.25	−1.0	−0.75	−0.50	−0.25	0
I_D[mA]										

실험

11 멀티 바이브레이터

1. 실험 목적

① 멀티 바이브레이터의 종류와 동작 원리를 이해한다.

② 멀티 바이브레이터의 파형을 측정하여 동작 상태를 이해한다.

2. 관련 이론

멀티 바이브레이터 회로는 외부 신호에 의해 도전(on-off) 상태가 변하는 회로이다. 이런 종류의 회로에는 도전 상태의 변화에 따라 무안정(Astable), 단안정(Monostable), 쌍안정 멀티 바이브레이터(Bistable multivibrator)가 있다.

무안정 멀티 바이브레이터는 외부 신호에 의해 트리거 되거나 동기될 수도 있지만 일반적으로 무안정 발진을 한다. 그러나 쌍안정과 단안정 멀티 바이브레이터는 외부 신호에 의해 트리거 되지 않는 한 동작을 하지 않는다.

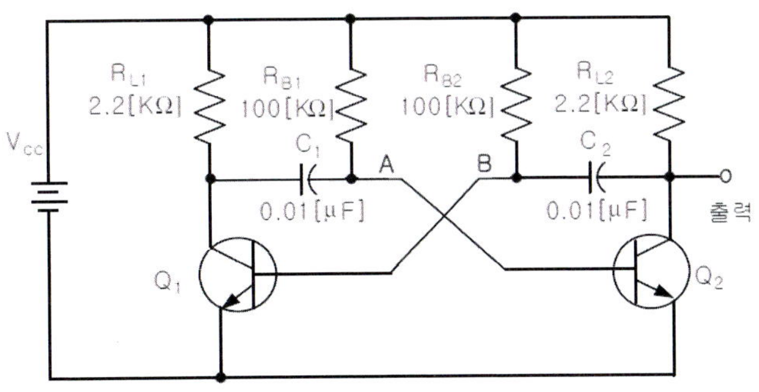

그림 11-1 무안정 멀티 바이브레이터

1) 무안정 멀티 바이브레이터

무안정 멀티 바이브레이터는 그림 11－1과 같이 똑같은 특성을 갖는 에미터 접지 트랜지스터를 2개 사용하여, 각각 하나의 출력이 다음 트랜지스터의 입력이 되도록 만든다. 이때 출력의 주파수는 증폭기의 R, C 소자들의 값에 의해 정해진다. 또한 2개의 트랜지스터 회로는 서로 대칭이므로, 대응하고 있는 각 소자들이 같으면, 출력은Q_1에서 나오든 Q_2에서 나오든 같은 모양이 된다.

무안정 멀티 바이브레이터(astable multivibrator)의 동작은 트랜지스터 Q_1, Q_2의 스위칭 작용에 의한다. 처음에 V_{CC}가 인가되면 어느 소자이든 상태는 약간은 다르게 될 것이고, 둘중의 하나에는 더 많은 전류가 흐르게 될 것이다. 우선 처음에 Q_1이 ON 상태로 되었다면, 콜렉터 전류는 증가하고, 콜렉터 전압은 R_{L1}의 전압 강하에 의해 감소한다.

Q_1이 ON 상태로 되어 콜렉터 전압이 갑자기 줄어들면, 이와 같이 감소하는 전압은 C_2를 지나 Q_1의 베이스로 들어가고 Q_2의 베이스 전압은 순간적으로 － 전압이, Q_2는 OFF 상태로 Q_2의 콜렉터 전압은 V_{CC}로 된다. 그런데, Q2의 베이스에 걸린 －전압은 오래 지속되지는 않는다.

그 이유는 V_{CC} － R_{B2} － C_2 － Q_1의 콜렉터 전압으로 이어지는 선을 따라가 보면 시간이 지남에 따라 C_2에는 V_{CC}의 전압이 걸리게 되고 이와 같이 ＋의 전압이 Q_2의 베이스로 되는 순간, Q_2는 ON 상태로 갑자기 변하게 된다.

따라서, 이번에는 Q_2의 콜렉터 전압은 강하고, 이 영향은 Q_1의 베이스에 － 전압을, Q_1을 OFF 상태로 만든다.

2) 단안정 멀티 바이브레이터

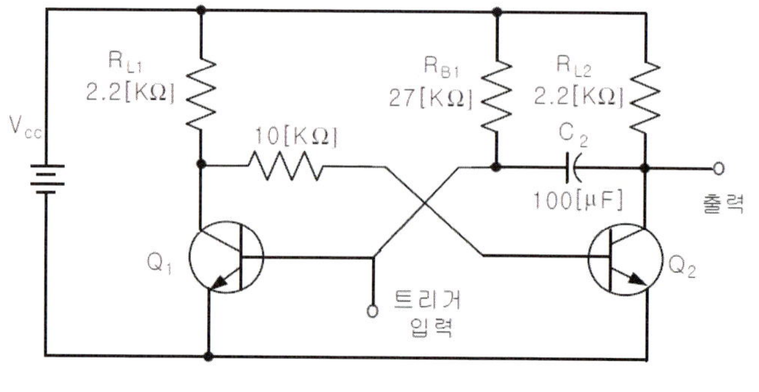

그림 11－2 단안정 멀티 바이브레이터

V_{CC}가 인가되면 Q_1의 게이트에는 R_{B1}을 통하여 순방향 바이어스가 걸리므로 Q_1은 ON 상태로 된다.

Q_1이 ON 상태로 되면 R_{L1}을 통하여 흐르는 전류는 증가하고, 따라서 R_{L1}의 전압 강하는 커지고, Q_1의 콜렉터에는 약간의 전압만이 걸리게 된다.

Q_1의 약한 콜렉터 전압이 R_1을 거쳐 Q_2의 베이스에 걸리게 되므로 Q_2는 OFF 상태로 된다. Q_2가 OFF 상태로 되면, Q_2의 콜렉터 전압은 거의 V_{CC}에 가까워지도록 커지고 Q_2의 콜렉터는 Q_1의 베이스에 연결되어 있으므로 Q_1은 완전히 포화 상태로 있게 된다. 이 상태는 V_{CC}가 걸려 있는 한 계속될 것이다.

만일 음(−)의 트리거 펄스가 Q_1의 베이스가 인가되면, Q_1은 즉시 OFF 상태로 되고, Q_1의 커진 콜렉터 전압은 Q_2의 베이스로 인가된다.

Q_2가 도전되면, Q_2의 콜렉터 전류는 커지고, 따라서 R_{L2}에 의한 전압강하가 크게 되어 Q_2의 콜렉터 전압은 아주 낮게 된다. Q_2의 콜렉터 전압이 이와 같이 낮아지면 V_{CC} − R_{B1} − C_1 − Q_1로 이어지는 회로망에서 시간이 지남에 따라 C_1에는 다시 양(+) 전압의 충전이 이루어진다.

C_1의 양(+) 전압이 Q_1의 베이스에 인가되므로 Q_1은 다시 ON 상태로 되고, 트리거가 끝난 다음, 다시 본래의 상태로 되돌아오는 시간은 R_{B1}과 C_1의 시정수에 따라 달라진다.

3) 쌍안정 멀티바이브레이터

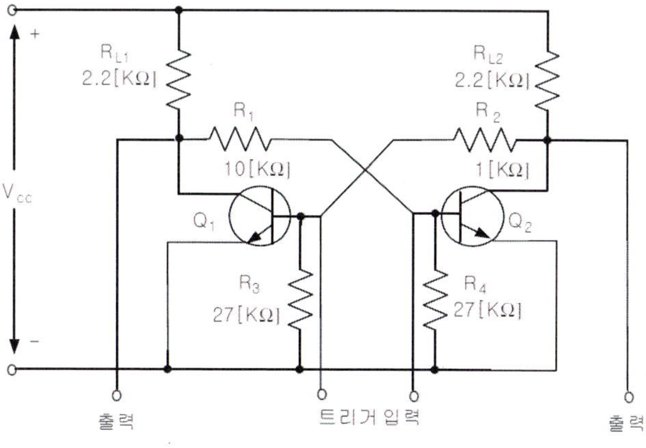

그림 11-3 쌍안정 멀티 바이브레이터

쌍안정 멀티 바이브레이터는 안정 상태가 2가지이고, 때로는 플립－플롭(flip－flop)이라고도 한다. 그림 11－3의 쌍안정 멀티 바이브레이터에서는 상태를 변화시키기 위해 양의 펄스를 상용하게 되어 있다. 쌍안정 멀티 바이브레이터의 동작은 다음과 같다.

전압이 쌍안정 멀티 바이브레이터에 인가되면, 어느 쪽이든지 한 트랜지스터는 곧 ON 상태로 된다. 실제 회로 상에서는 대칭이나 양쪽 다 ON 상태로는 될 수 없다. 우선 Q_1이 ON 상태로 되었다 하자. Q_1에 전류가 흐르면, Q_1의 콜렉터 전압은 매우 낮아진다.

이 전압이 R_1을 통하여 Q_2의 베이스에 인가되므로 Q_2는 차단 상태로 있게 되고, Q_2의 콜렉터 전압은 커진다. Q_2의 콜렉터 전압이 Q_1의 베이스로 오고, 따라서 Q_1은 포화 상태로 되어 이 상태에서 Q_1은 ON, Q_2는 OFF로 안정된다. V_{CC}가 인가되고, 외부 신호가 없는 한 이 회로는 이 상태로 안정된다.

상태를 변화시키기 위해서는 차단 상태로 있게 되고, Q_2의 베이스에 양(+)의 펄스를 넣어야 한다. Q_2의 베이스에 양의 전압이 인가되면 Q_2의 콜렉터 전류는 증가 － Q_2의 콜렉터 전압 강하 － Q_1의 베이스 전압 강하 － Q_1의 콜렉터 전압 증가 － Q_2의 베이스 전압 증가 － Q_2의 콜렉터 전압 강하……, 등으로 Q_2는 ON, Q_1은 OFF로 유지된다. 이 상태는 차단 상태에 있는 트랜지스터의 베이스에 양(+)의 신호를 넣을 때까지 계속된다.

3. 사용 기기 및 부품

① 전원 공급 장치 : 1대
② 회로시험기 : 1대
③ 오실로스코프 : 1대
④ 트랜지스터 : 2SC1815 × 2개
⑤ 저항 : 1[KΩ] × 1개, 2.2[KΩ] × 2개, 10[KΩ] × 1개, 27[KΩ] × 2개, 100[KΩ] × 2개
⑥ 콘덴서 : 0.01[μF] × 2개, 100[μF] × 1개
⑦ 리드선 : 약간
⑧ 기타 Accessory : 1식

4. 실험 순서

1) 무안정 멀티 바이브레이터

① 그림 11-1과 같이 회로를 구성하라.

② 직류 전원 V_{CC}를 6[V]를 인가한 후, 오실로스코프를 이용하여 출력 파형을 관찰하여 그 파형과 주파수를 표 11-1에 기록하라.

표 11-1 출력 파형

종 류	파 형	주파수
무안정 출력파형	t	
신호발생기 입력파형	t	
단안정 출력파형	t	

2) 단안정 멀티 바이브레이터

① 그림 11－2와 같이 회로를 구성하라.

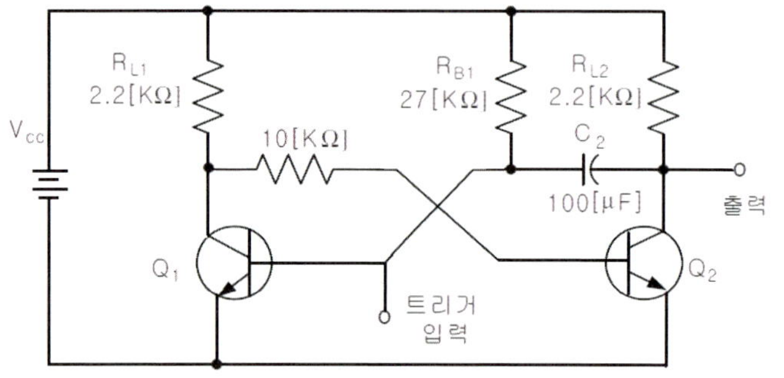

그림 11－2 단안정 멀티 바이브레이터

② 직류 전원 V_{CC}를 6[V]를 인가한 후, 트리거 입력 단자에 신호발생기를 이용하여 적당한 주파수의 구형파를 인가하고 오실로스코프를 이용하여 출력 파형을 관찰하여 그 파형과 주파수를 표 11－1에 기록하라.

5. 과제 및 검토사항

① 멀티 바이브레이터의 종류와 사용 용도에 관하여 설명하라.

② 각 멀티 바이브레이터의 주파수는 어떻게 되겠는가?

③ 각각의 멀티 바이브레이터의 출력을 관찰하여 출력 주파수를 구하여 이론적인 주파수와 비교하라.

결과보고서

실습일자

담당교수

학 번

성 명

실험제목 실험 11. 멀티 바이브레이터

표 11-1 출력 파형

종 류	파 형	주파수
무안정 출력파형	t	
신호발생기 입력파형	t	
단안정 출력파형	t	

실험

12 연산증폭기 회로의 기초

1. 실험목적

① 아날로그 신호처리를 위한 연산증폭기IC의 외형과 구조를 파악하고 연산증폭기의 정수 중 하나인 입력오프셋전압에 대하여 실험으로 학습한다.

② Op-Amp의 입력단자에 유입 또는 유출하는 직류바이어스전류와 입력 단 접지 시 두 단자 사이에서 증폭기 내부로 들여다 본 저항성분인 입력저항을 이해하고 실습을 통하여 Op-Amp의 올바른 사용법을 습득한다.

2. 관련 이론

1) 연산증폭기의 개요

연산증폭기(operational amplifier: op amp)란 수학적인 기능을 수행하는 증폭기를 의미한다. 역사적으로 최초의 연산증폭기는 아날로그 컴퓨터에 사용되었으며 덧셈, 뺄셈, 곱셈 등의 수학적인 기능을 수행했다. 한때는 연산증폭기를 개별회로로 제작하기도 했다. 오늘날 대부분의 연산증폭기는 집적회로(integrated circuit: IC)로 제작되고 있다.

대표적인 연산증폭기는 0에서 1MHz이상의 주파수에 이르기까지 사용할 수 있는 고이득 직류증폭기(high-gain dc amplifier)였다. 이들 외부 핀에 공급전압, 신호발생기 및 부하저항을 접속하여 많은 종류의 회로를 빠르고 쉽게 제작할 수 있다. 그리하여 신호처리, 통신 및 각종 측정장비 등의 거의 모든 분야에 사용되고 있다.

직류증폭기란 어떤 한 증폭 단의 출력이 커패시터를 거치지 않고 바로 다음단의 입력에 접속되는 것을 말한다. 결합 커패시터가 없으므로 단과 단 사이에는 앞단의 직류신호와 교류신호가 동시에 결합된다.

IC설계에 유용한 직접결합증폭기 중에 가장 우수한 것이 차동증폭기(differential amplifier)이며 이 증폭기는 그림 12-1과 같이 연산증폭기의 입력단에 널리 사용된다.

신호는 차동증폭기에 의해 증폭된 후 중간 단으로 들어가 그 곳에서 더욱 큰 전압 이득을 가지게 된다. 연산증폭기의 최 종단은 대체로 B급 푸시풀 에미터팔로워이다.

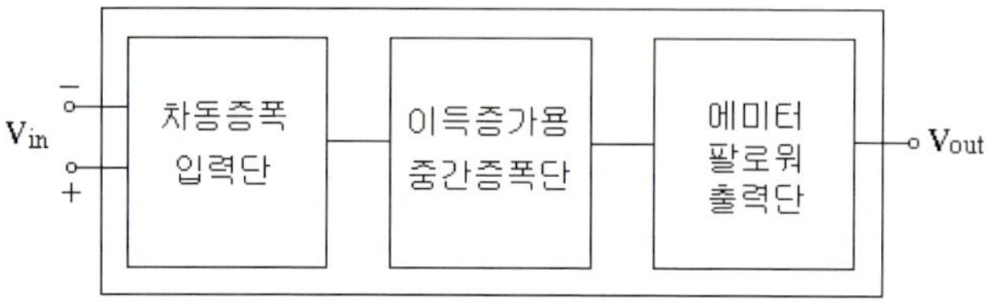

그림 12-1 연산증폭기의 내부 계통도

차동증폭기와 그 특성을 고찰해 봄으로써 대표적인 연산증폭기의 입력특성을 이해할 수 있고, 마찬가지로 B급 푸시풀 에미터팔로워 증폭기를 살펴봄으로써 대표적인 출력특성을 이해할 수 있다.

(1) 입력단으로 쓰이는 차동증폭기

그림 12-2는 보편적으로 많이 쓰이고 있는 Op. Amp 741의 간략화 된 회로 구성도 이다. 여기서는 741의 일반적인 기본개념에 대해 고찰해 보기로 한다.

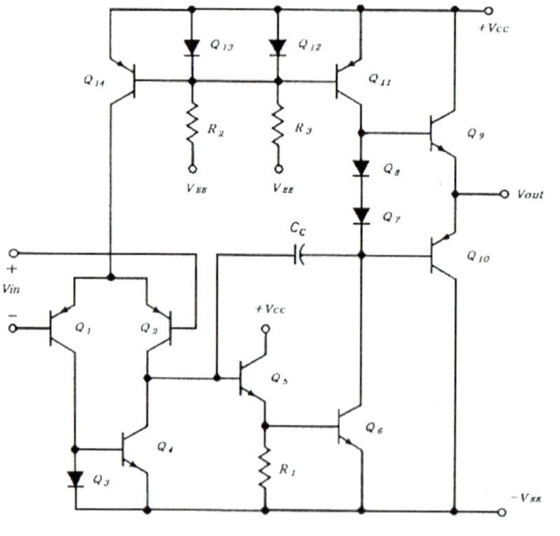

그림 12-2 741타입 OP Amp.의 내부 등가회로

이 회로의 입력단은 pnp트랜지스터(Q1과 Q2)를 사용한 차동증폭기이다. 콜렉터 저항은 전류원과 같이 동작한다고 가정한다. 741에서 Q14는 에미터 저항대신 사용된 전류원이며, R2와 Q13은 Q14의 바이어스를 제어하고 차동증폭기의 정전류를 생성시킨다. 차동증폭기에서는 컬렉터저항으로 일반저항을 사용하나 741에서는 이 대신에 능동부하저항을 사용한다. 이 능동부하 Q4는 극히 큰 임피던스를 갖는 전류원처럼 동작하기 때문에 차동증폭기의 전압이득은 전보다 훨씬 더 커진다.

차동증폭기로부터 증폭된 신호는 에미터팔로워인 Q5의 베이스를 구동하고, 이 단은 차동증폭기의 임피이던스 레벨을 높여 부하저항이 낮아지는 것을 방지한다. Q5로부신호는 Q6로 가고, 다이오드 Q7과 Q8은 최종단의 바이어스를 위한 부분이다. Q11은 Q6의 능동부하저항이므로 Q6과 Q11은 매우 높은 전압이득을 가진 CE증폭단과 같다.

(2) 연산증폭기(OP－Amp)의 구조와 기호 및 접속도

Op－Amp는 매우 큰 직류 전압 이득을 가지는 차동증폭기(Differential Amplifier)로써 최초는 아날로그 계산기 등의 DC전압에 의한 연산용을 주목적으로 개발되었는데, 우수한 특성과 소형, 경량화 그리고 회로의 간소화로 인해 DC앰프만이 아닌 수10 ~ 수100㎑ 정도까지의 AC 증폭기나 직선검파, 또는 발진이나 액티브 필터의 능동소자로써 널리 사용되고 있으며, 기능은 한정된 용도로 개발된 전용 타입과 넓은 용도를 가진 범용 Op－Amp(연산증폭기)로 나누어진다.

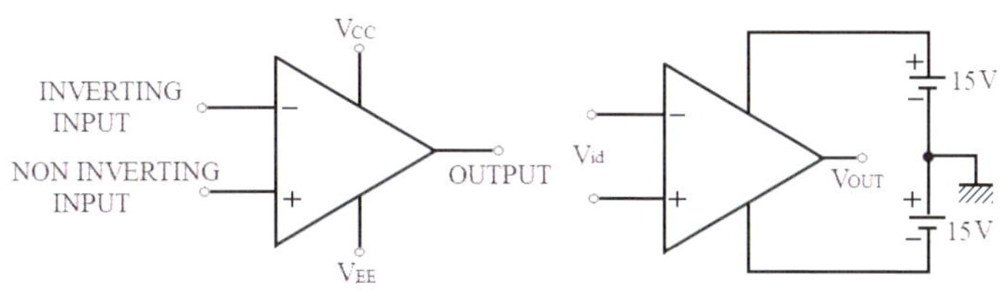

그림 12－3 Op－Amp의 기호

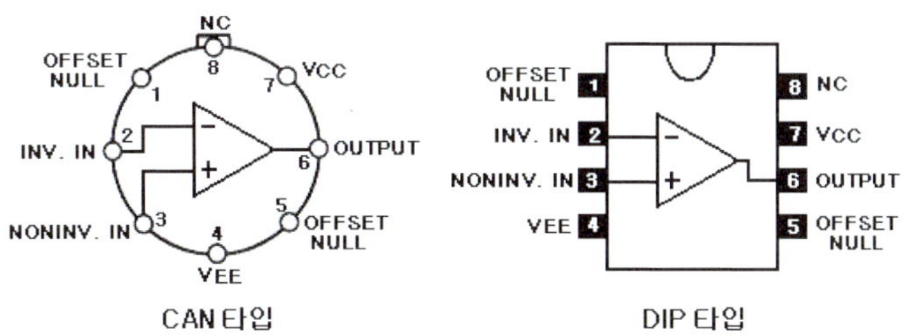

그림 12－4 Op－Amp의 접속도

그림 12－3은 Op－Amp의 기호를 나타내며 그림 12－4는 Metal Can타입의 외부접속도 및 DIP타입의 외부 접속도를 나타낸다.

2) Op-Amp의 입력 오프셋 전압

이상적 Op-Amp에서는 입력단자를 양쪽 모두 그라운드 전위로 하면 출력에는 아무것도 나타나지 않을 것이다. 그러나 실제 Op-Amp에서는 양쪽 입력을 접지해도 출력단자에는 큰 직류전압이 나타난다. 이것은 Op-Amp의 입력부분을 구성하고 있는 두개의 트랜지스터 특성의 언밸런스에 의해 생기는 것이다. 트랜지스터 특성의 언밸런스에 의해 두 개의 입력 단자를 접지하여도 Op-Amp의 내부에서는 입력단자에 등가적으로 전압이 남아 있게 된다.

그러므로 Op-Amp를 오픈 루프의 상태로 두면 이 잔류전압이 출력에 큰 직류전압으로 나타나는 것이다. 이 입력단자 간에 남은 등가적인 직류전압을 입력 오프셋 전압이라 하며 보통 수[mV]이다. 예를 들어 741 Op-Amp의 경우 최대 5mV의 입력 오프셋 전압을 갖는다. 입력신호가 없는 경우 5mV의 전압차를 인가함으로써 출력전압을 정확히 0으로 할 수 있다. Op-Amp에 저항기를 외부에 붙여서 이득 K배의 증폭기를 구성했다고 하면 출력에는 입력 오프셋 전압의 약 K배의 전압이 잔류전압으로 나타나게 된다.

교류 증폭기로 하였다면 직류분을 제거하는 회로를 붙이면 영향은 없게 되지만 직류 증폭기의 경우는 직접 영향을 받는다. 특히 낮은 범위의 직류증폭을 목적으로 하는 회로에서는 수[mV]의 입력 오프셋 전압이 증폭오차를 가지게 된다. 따라서 보상회로를 부가하여 입력 오프셋 전압을 0[V]가 되도록 조정하여야만 한다.

대체로 Op-Amp에는 입력 오프셋 전압 조정단자(balance 단자)가 설치되어 있으며, 그 단자에 가변 저항기를 접속하여 조정하도록 되어 있다. 이 조정을 0조정이라 한다. 여기서 주의하지 않으면 안 되는 것은 입력 오프셋 전압은 온도에 따라 약간씩 변화한다는 것이다.

온도에 따라 어느 정도 변화하는가를 나타낸 파라미터가 입력 오프셋 전압의 평균 온도계수(Average Temperature Coefficient of Input offset Voltage : T.Cave)이다. 온도변화 ΔT[℃]일 때 ΔV[V]의 변동이 있으면 평균 온도계수 T.Cave는 ΔV[V]/ΔT[℃]로 구성된다. 보통 입력 오프셋 전압의 온도계수는 수μ[V/℃]~수10μ[V/℃] 정도이다. Op-Amp의 외부에 입력 오프셋 전압 조정용 회로를 부가하여 0조정을 할 경우에는 Op-Amp자체의 온도계수와 함께 조정용 회로의 온도 안정성도 문제가 된다.

3) OP-Amp의 입력 바이어스전류와 입력 임피던스

(1) 입력 바이어스 전류

Op-Amp의 입력단자에 유입하는(또는 유출하는) 직류전류를 입력 바이어스 전류라 하며 입력단자는 두 가지이므로 규격표에서는 양자에 흐르는 직류전류의 평균값으로 정의하고 있다.

바이폴라 트랜지스터를 입력단에 사용하고 있는 Op-Amp에서는 트랜지스터를 동작시키기 위해 항상 베이스전류가 흐르도록 해야 한다. 따라서 비교적 큰 바이어스 전류가 흐른다. 보통 수[nA] ~ 수[μA]정도이다.

FET(Field Effect Transistor : 전계효과 트랜지스터)를 입력단에 사용하고 있는 FET입력 Op-Amp에서는 입력단자에 흐르는 직류전류는 매우 적어서 수십 pA정도이다. 보통의 바이폴로 입력 Op-Amp에서는 입력단을 NPN트랜지스터로 구성하는 경우가 많다. 그리고 입력 바이어스 전류도 온도에 따라서 변화한다.

차동 증폭기의 입력단자는 트랜지스터의 베이스이므로 증폭기의 입력 전류는 베이스 전류가 된다. 바이어스 전류는 증폭기를 적절한 동작영역에 있게 하기 위한 직류전류이며 입력 바이어스 전류는 두 입력전류의 평균치로서 다음 식으로 정의된다. 입력 바이어스의 개념은 그림 12-5에 나타내었다.

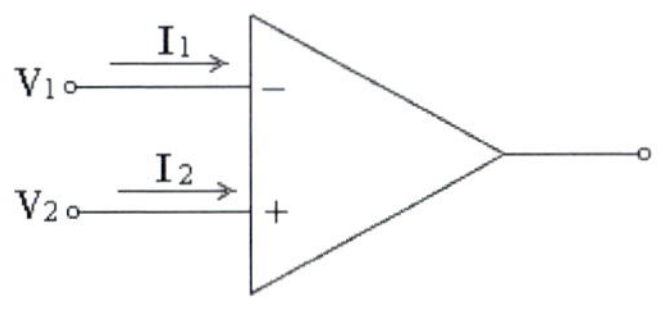

그림 12-5 **입력 바이어스전류의 정의**

그림 12-1에서 입력 바이어스 전류는

$$I_{BIAS} = \frac{I_1 + I_2}{2}$$

로 정의된다.

(2) 입력 임피던스

입력단 접지 시 두 단자 사이에서 증폭기 내부로 들여다 본 저항성분을 입력저항(Input Resistance : R_i)이라 한다.

입력저항은 그림 12-6에서 양 입력단자에 증폭기 쪽으로 본 등가저항이다.

Op-Amp는 높은 입력 저항을 갖고 있는데 일반적인 Op_Amp는 수 10㏀에서 1㏁ 정도의 입력저항을 갖고 있다.

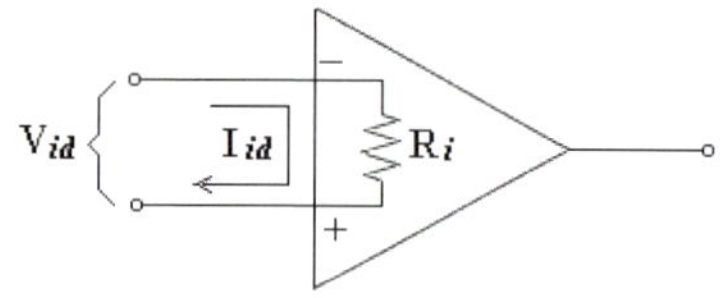

그림 12-6 입력 등가저항

보통의 입력저항 R_i가 규격 명세서에 제시되지 않았을 때는 통상 R_i값을 250㏀정도로 보고 있다. 입력저항 R_i가 매우 높기 때문에 상대적으로 차동 입력단자에 흐르는 전류의 양은 대단히 적다. R_i의 값이 약 250㏀이고 증폭기의 V_{id}전압이 증폭기를 포화시킬 수 있을 정도로 크다면 입력 전류는

$$I_{id} = \frac{V_{id}}{R_i} = \frac{240\mu V}{240k\Omega} = 0.96nA \text{ 가 된다.}$$

여기서 입력단 한쪽에서 다른 한쪽으로 흐르는 전류의 양 I_{id}가 $10^{-9}A$ 정도 보다도 작기 때문에 Op-Amp회로를 이해하기 위해서는 차동입력단에 흐르는 전류의 양을 0으로 가정하여 해석하면 된다.

3. 사용기기 및 부품

① 직류 전원 장치 : 1대
② 신호 발생기 : 1 대
③ 오실로스코프 : 1 대
④ 멀티 테스터 : 1 대
⑤ 브레드보드
⑥ 741 IC2개
⑦ 저항 100㏀ × 2, 1㏁ × 1
⑧ 가변저항 : 5㏀, 250㏀ × 1, 1㏁ × 1

4. 실험 순서 및 결과

1) 입력 오프셋 전압

① 그림 12-7 같이 회로를 구성한다.

② 회로에 전원을 연결한다.

③ 전압계를 사용하여 출력전압을 측정하여 표 12-1에 기록한다.

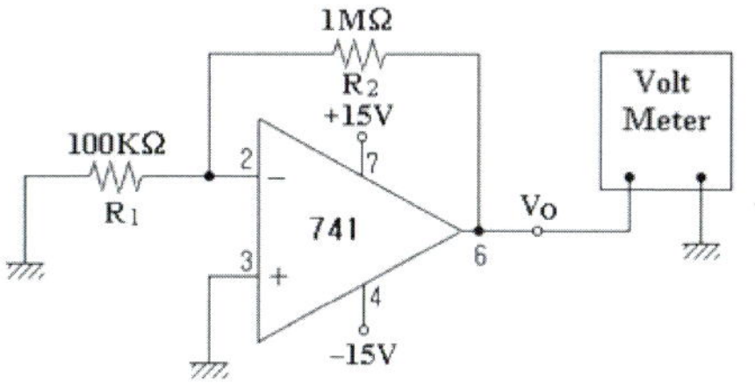

그림 12-7 OP-Amp의 오프셋 전압 측정회로

④ 두번째 Op-Amp를 사용하여 실험방법 ③의 과정을 반복해 실험한 결과를 표 12-1에 기록하라. 그리고 관련식을 이용하여 입력 오프셋 전압 V_{OF}를 계산하여 표 12-1에 기록하라.

관련식 : 페루프이득 $A_{CL} = \frac{R_2}{R_1}$, 입력오프셋 전압 $V_{OF} = \frac{V_O}{A_{CL}}$

표 12-1

	V_O[V]	V_{OF}[V]
첫 번째 741		
두 번째 741		

⑤ 그림 12-8과 같이 회로를 구성한다.

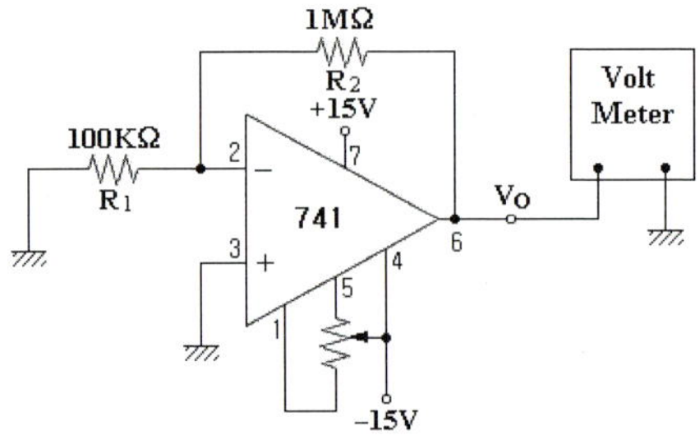

그림 12-8 OP-Amp의 오프셋 조정회로

⑥ 6번 핀의 출력 오프셋 전압이 0V가 되도록 가변저항기를 조정하여 0V가 되었을 때의 저항 값을 표 12-2에 기록한다.

> **참고**
> 실험방법 ⑥의 과정은 출력 오프셋 전압을 없애는 방법이며, 가변저항기의 저항 값은 회로에서 분리하여 측정한다.

⑦ 두번째 다른 Op-Amp를 사용하여 실험방법 ⑥의 과정을 반복해 실험한 결과를 표 12-2에 기록하라.

표 12-2

	1번핀과 4번핀 간의 저항값[Ω]	1번핀과 5번핀 간의 저항값[Ω]
첫 번째 741		
두 번째 741		

2) 입력 바이어스전류와 입력 임피던스

① 그림 12-9와 같이 회로를 구성한다.

② 회로에 전원을 인가한 후에 저항 R_1과 R_3 양단전압 V_A와 V_B를 각각 측정하여 표 12-3에 기록한다.

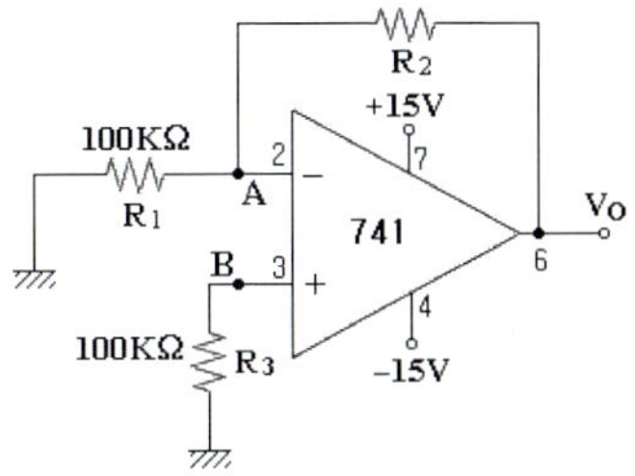

그림 12-9 입력바이어스 전류측정회로

표 12-3

	V_A	V_B
전압[mV]		

③ 기본관련식을 이용해 입력 바이어스 전류 I_{B1}과 I_{B2} 그리고 평균치를 계산하여 표 12-4에 기록한다.

$$\text{관련식 : 바이어스 전류 } I_{B1} = \frac{V_A}{R_1},\ I_{B2} = \frac{V_B}{R_3}$$

표 12-4

	I_{B1}	I_{B2}	평균치[mA]
이론값[nA]			

④ 그림 12-10과 같이 회로를 구성한다.

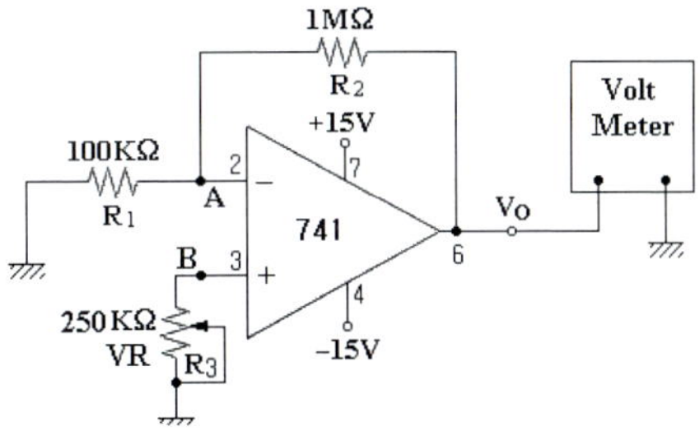

그림 12-10 입력 바이어스 오차 보상회로

⑤ 기본 관련식을 이용해 저항R_3의 값을 구하여 표 12-5에 기록한다.

$$\text{관련식 : } R_3 = \frac{R_1 \cdot R_2}{R_1 + R_2}$$

표 12-5

이론값 R_3[kΩ]	측정값V_O[mV]	V_O =0일 때 R_3[kΩ]

⑥ 가변저항기의 값을 실험방법 ⑤의 과정에서 구한 저항값으로 조정해 회로에 연결하여 출력 전압(핀6)V_O를 측정하여 표 12-5에 기록한다.

⑦ R_3의 가변저항기를 조정하여 V_0의 출력전압을 0V가 되도록 조정하고, 회로에서 분리해 0V가 되었을 때 저항값을 표 12-5에 기록한다.

⑧ 그림 12-11과 같이 회로를 구성하고 1VP-P, 100㎐의 정현파를 인가한다.

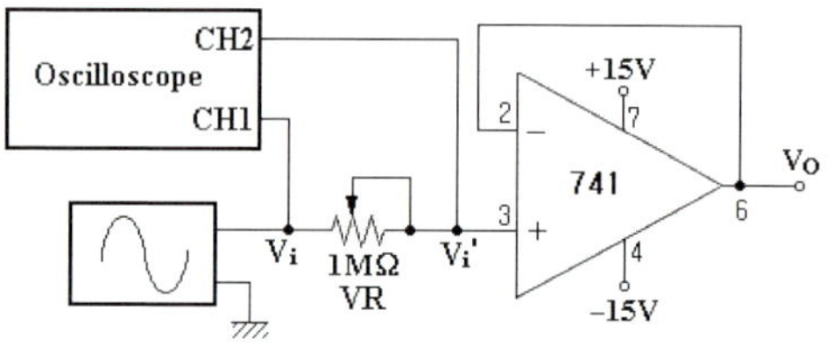

그림 12-11 **입력임피던스 측정회로**

$$\text{관련식 : 내부입력 임피던스 : } Z_i = R \ (\text{이 때 } V_1' = \frac{1}{2}V_i)$$

⑨ CH2에 나타난 Vi ' 가 Vi의 1/2 [0.5VP-P]가 되도록 가변저항기를 조정한다.

⑩ Vi ' 가 Vi의 1/2 [0.5VP-P]가 되었을 때 가변저항기를 회로에서 분리해서 저항값을 측정하여 표 12-6에 기록한다.

표 12-6

	가변저항기의 저항값[kΩ]
측정값	

결과보고서

실습일자		담당교수	
학 번		성 명	
실험제목	실험 12. 연산증폭기 회로의 기초		

표 12-1

	V_O[V]	V_{OF}[V]
첫 번째 741		
두 번째 741		

표 12-2

	1번핀과 4번핀 간의 저항값[Ω]	1번핀과 5번핀 간의 저항값[Ω]
첫 번째 741		
두 번째 741		

표 12-3

	V_A	V_B
전압[mV]		

표 12-4

	I_{B1}	I_{B2}
이론값[nA]		

표 12-5

이론값 R_3[kΩ]	측정값V_O[mV]	V_O=0일 때 R_3[kΩ]

표 12-6

	가변저항기의 저항값[kΩ]
측정값	

실험 13

비반전 증폭기와 반전 증폭기 회로

1. 실험 목적

① 비반전 증폭기(non inverting amplifier)는 입력신호의 극성과 출력신호의 극성이 같게 되는 증폭기이며 Op-Amp를 이용한 정상 증폭기에 대하여 회로구성방법에 따른 증폭도의 결정 등을 실습한다.

② 반전 증폭기(inverting amplifier)는 출력신호의 극성이 입력신호의 극성과 반대로 되는 증폭기로서 OP-Amp를 증폭기로서 사용 할 때 입력과의 위상차가 180°가되는 반전증폭기로서 동작시키는 방법을 실험을 통하여 이해한다.

2. 관련 이론

1) 비반전 증폭기

비반전 증폭기(non inverting amplifier)는 입력신호의 극성과 출력신호의 극성이 같게 되는 증폭기이며 정상 증폭기라고도 한다. 비반전 증폭기의 기본회로는 그림 13-1이다. 비반전 입력단자에 삽입되어 있는R_c는 입력바이어스전류의 영향을 적게 하기 위한 보상용이다.

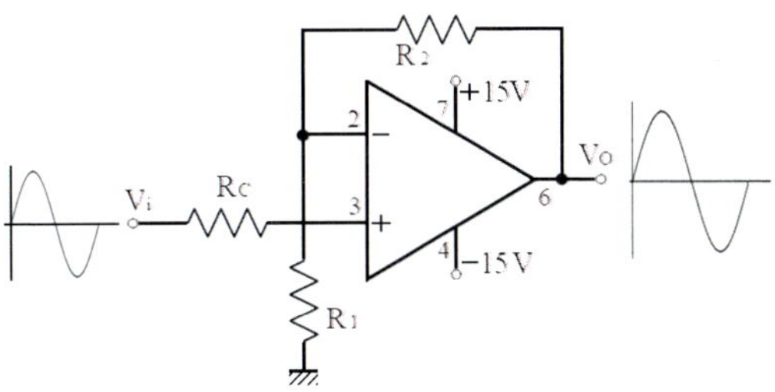

그림 13-1 비반전 증폭기

위의 그림 13－1은 Op－Amp를 비반전 증폭기로 구성할 수 있는 회로다. 이것은 입력신호가 Op－Amp의 비반전(+) 입력단자에 가해지기 때문이다. 저항 R_2는 귀환요소라고 하는데, 귀환요소라는 말은 Op－Amp의 입력중의 하나에 출력전압의 일부를 귀환시키기 때문에 붙인 말이다. 이 경우에 출력의 일부가 반전(－) 입력으로 돌아오게 된다. 비반전 증폭기에 대한 출력전압은 다음과 같이 구하게 된다.

그림 13－2는 단일루프 피드백 시스템을 블록선도로 나타내었으며 입력 X와 출력 Y의 관계식을 구하면 다음과 같다.

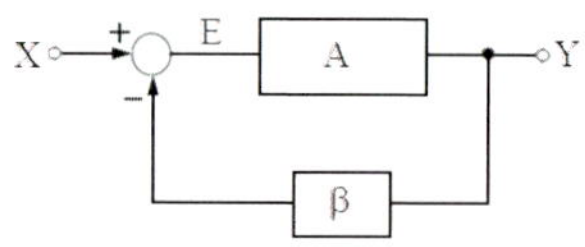

그림 13－2 귀환(feedback)회로

먼저 오차증폭 E는 $E = X - Y\beta$가 되고, 출력 Y는 $Y = AE = A(X - Y\beta)$가 된다.

이것을 정리하면

$$Y = \frac{A}{1 + A\beta}X, \quad \frac{Y}{X} = \frac{A}{1 + A\beta} \text{ 가 된다.}$$

이 식을 그림 13－1에 적용하면

$$\beta = \frac{R_1}{R_1 + R_2}, \ A \fallingdotseq \infty \text{ 이므로}$$

그림 13－1의 출력전압 Vo는 $V_O = [1 + \frac{R_2}{R_1}]V_i$가 되며 전압이득, 혹은 입력전압에 대한 출력전압의 비 Av는

$$A_V = \frac{V_O}{V_i} = 1 + \frac{R_2}{R_1} \text{ 가 된다.}$$

결과적으로, 비반전 증폭기의 전압이득은 R_1의 값을 아무리 크게 하더라도 항상 1.0보다 커진다. 입력신호가 Op－Amp의 비반전 입력단자에 가해지기 때문에 출력전압은 언제나 입력전압

과 동위상이 된다. 더 쉽게 말한다면 입력전압이 정(+)으로 될 때, 출력전압도 정(+)으로 된다는 것이다. 입력과 출력전압의 차이는 단지 출력전압이 입력전압보다 $1+\frac{R_2}{R_1}$배 만큼 커지게 된다.

2) 반전 증폭기

반전 증폭기(inverting amplifier)는 출력신호의 극성이 입력신호의 극성과 반대로 되는 증폭기이다. 증폭기의 기본회로는 그림 13-3이 된다. R_1을 입력저항, R_2를 부귀환 저항이라 한다.

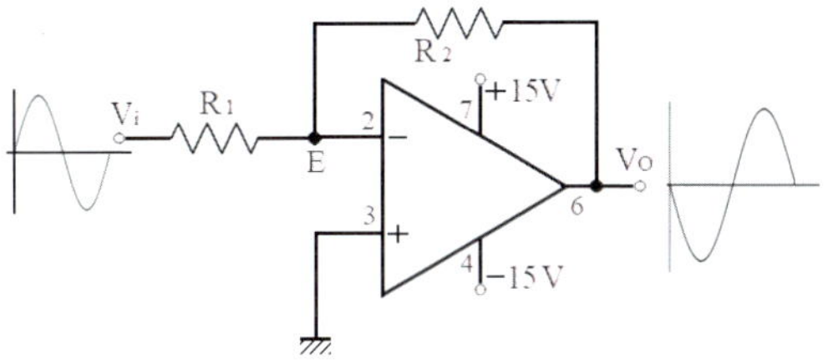

그림 13-3 반전증폭기 회로

이상적 Op-Amp를 생각하면 반전 입력단자는 가상 접지점이 거의 0V가 된다. 그림 13-3은 Op-Amp를 반전 증폭기로 결선한 것이다. 이것은 입력신호 R_1을 통해서 반전입력(-)단자에 가하기 때문이다. R_1을 입력요소라 하고, R_2를 귀환요소라 한다. 반전 증폭기에 대한 출력전압은 다음과 같이 구한다.

그림 13-3에서 E점의 전압은 중첩의 원리에 의하여

$$E = \frac{R_1}{R_1+R_2}Vo + \frac{R_2}{R_1+R_2}V_i \qquad (13-1)$$

가 되므로 출력 전압 Vo는

$$Vo = (\frac{R1}{R_1+R_2}Vo + \frac{R_2}{R_1+R_2}V_i)A \qquad (13-2)$$

식 13-2에 $A \fallingdotseq \infty$ 임을 적용하여 정리하면

$$V_O = -\left[\frac{R_2}{R_1}\right]V_i \qquad (13-3)$$

을 얻을 수 있다.

위의 식에서 (−)는 입력신호전압이 정(+)으로 될 때 출력전압이 입력에 대해서 부(−)의 극성으로 되며, 또 그 반대로 된다. 그것은 출력이 입력에 대해서 위상이 180°차가 난다고 하며 전압이득은 다음 식과 같다.

$$A_v = \frac{V_0}{V_i} = -\frac{R_2}{R_1} \qquad (13-4)$$

결과적으로, 반전 증폭기의 전압이득은 1.0이하, 1.0이상 혹은 1.0과 같게 할 수가 있다. 이득은 저항 R_1과 R_2에 의해서 결정된다.

3. 사용기기 및 부품

① 직류 전원 장치 : 1대
② 신호 발생기 : 1 대
③ 오실로스코프 : 1 대
④ IC : 741
⑤ 저항 : 10kΩ(2), 20kΩ(1), 39kΩ(1), 82kΩ(1), 100kΩ(1)
⑥ 리드선 : 약간
⑦ 기타 Accessory : 1식

4. 실험 순서

1) 비반전 증폭기

① 그림 13−4와 같이 회로를 구성하고 입력 Vi에 1V(p−p), 1㎑의 정현파를 인가하여라.

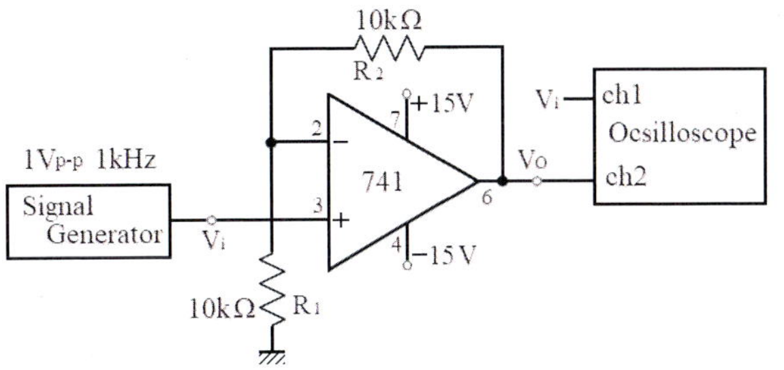

그림 13-4 비반전 증폭기 실험회로

② 출력전압 VO를 측정하여 표 13-1에 기록하라.

③ 기본 관련식 $A_V = \frac{V_O}{V_i} = 1 + \frac{R_2}{R_1}$를 이용하여 전압이득 A_V를 구하여 표 13-1에 기록하라.

표 13-1

R_2[kΩ]	$V_{O(p-p)}$[V]	Av
10		
20		
39		
82		
100		

④ 그림 13-4의 회로에서 저항R_2를 20kΩ, 39kΩ, 82kΩ, 100kΩ으로 교체해 가며 출력전압과전압이득을 측정, 계산하여 표 13-1에 기록하라.

2) 반전 증폭기

① 그림 13-5와같이 회로를 구성하고 1V(p-p), 1㎑의 정현파를 인가하여라.

② 출력전압을 측정하여 표 13-2에 기록하라.

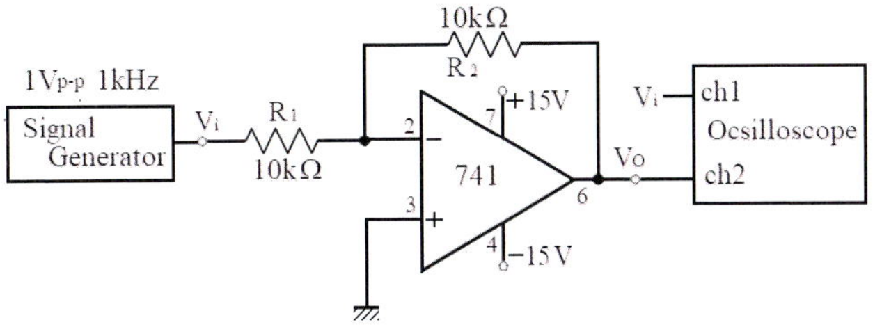

그림 13-5 반전 증폭기 실험회로

③ 기본 관련식 $A_V = \frac{V_O}{V_i} = -\frac{R_2}{R_1}$을 이용하여 전압이득 A_V를 표 13-2에 기록하라.

④ 그림 13-5의 회로에서 저항 R_2를 20kΩ, 40kΩ, 80kΩ, 100kΩ으로 교체해 가며 출력 전압을 측정하고, 기본 관련식을 이용하여 전압이득을 계산해 표 13-2에 기록하라.

표 13-2

R_2[kΩ]	$V_{O(p-p)}$[V]	Av
10		
20		
39		
82		
100		

결과보고서

실습일자

담당교수

학 번

성 명

실험제목 실험 13. 비반전 증폭기와 반전 증폭기회로

표 13-1

$R_2[k\Omega]$	$V_{O(p-p)}[V]$	Av
10		
20		
39		
82		
100		

표 13-2

$R_2[k\Omega]$	$V_{O(p-p)}[V]$	Av
10		
20		
39		
82		
100		

실험 14 차동증폭기 회로

1. 실험 목적

① 연산증폭기의 반전 입력과 비반전 입력단자에 각각 입력된 신호가 동위상이 제거되는 것을 고찰한다.

② 두 입력의 차동 성분을 증폭하여 출력하는 차동증폭기를 동작시키는 방법을 실험을 통하여 이해한다.

2. 관련 이론

차동 증폭기는 2개의 입력단자에 가해진 신호의 차분을 증폭하여 출력하기 때문에 양 입력 단자에 공통으로 입력된 신호성분을 제거하는 기능이 있다.

차동 증폭기의 기본 회로를 그림 14－1에 나타냈다. Op－Amp가 이상적(차동이득과 CMRR모두 무한대)이라고 가정하였을 경우이다. 그림 14－1과 같이, Op－Amp의 반전 입력(－)단자와 비반전 입력(＋)단자에 동시에 입력전압이 가해질 때, 차동 증폭기로 구성된다.

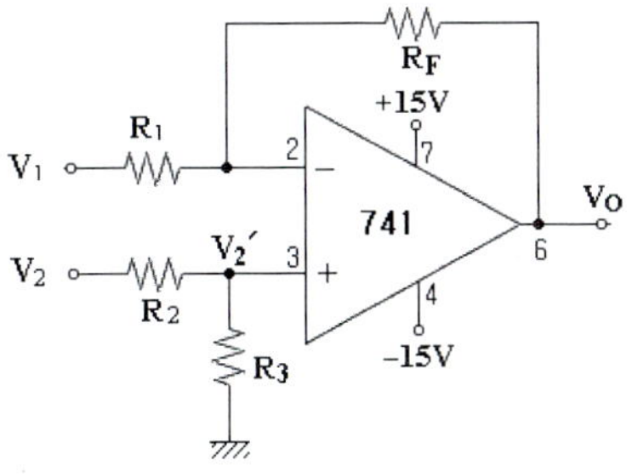

그림 14－1 차동증폭기

비록, 이 회로가 복잡해 보이지만, 해석은 앞에서 이미 다룬 내용을 이용한다면 매우 간단하다. 먼저 V_2'점이 접지 되고, V_2가 0 이라고 가정하면, 그림 13-1과 유사한 모양이 되어, 간단한 반전 증폭기로 된다.
출력전압은 다음과 같다.

$$V_0 = -[\frac{R_F}{R_1}]V_1 \qquad (14-1)$$

다음에 V_2'에서 단락회로를 제거하고, 입력신호 V_1을 접지시키면, 비반전 증폭기로 구성된다. Op-Amp의 실제 입력전압은 V_2'이 되는데, 이것은 입력전압 V_2를 전압분배기에서 분할한 전압이다.

$$V_2' = [\frac{R_3}{R_2 + R_3}]V_2$$

비반전 출력전압은 다음과 같다.

$$V_O = \left[1 + \frac{R_F}{R_1}\right]V_2' = \left[1 + \frac{R_F}{R_1}\right]\left[\frac{R_3}{R_2 + R_3}\right]V_2 \qquad (14-2)$$

식 14-1과 식 14-2를 결합하면, 차동 증폭기에 대한 출력전압이 입력전압 V1과 V2의 함수로 표현된다.

$$V_O = -\left[\frac{R_F}{R_1}\right]V_1 + \left[1 + \frac{R_F}{R_1}\right]\left[\frac{R_3}{R_2 + R_3}\right]V_2 \qquad (14-3)$$

오른쪽의 첫째 항은 반전된 출력인 반면에, 두 번째 항은 비반전 출력이 된다.
그림 14-1의 회로가 차동 증폭기로 사용될 때, 전압이득(G)은 4개의 저항으로 표현될 수 있다.
만약 R1=R2, RF=R3이면 <식 14-3>은

$$\mathrm{Vo} = \frac{\mathrm{R_F}}{\mathrm{R_1}}(\mathrm{V_2} - \mathrm{V_1}) \qquad (14-4)$$

4개의 모든 저항이 같을 때, 식 14－3은 다음과 같이 된다.

$$V_O = V_2 - V_1$$

그래서 출력전압은 V_2와 V_1의 차가 된다. 이러한 회로는 단위이득(이득이 1.0)아날로그 감산기라고 한다.

Q 예제

그림 14－2의 회로를 이용하여 전압이득이 10이 되는 차동 증폭기를 설계한다.
식 14－4에서 $R_1 = 10\text{k}\Omega$으로 하면
$R_F = 100\text{k}\Omega$, $R_3 = 100\text{k}\Omega$, $R_2 = 10\text{k}\Omega$으로 구할 수 있다.
그래서 그림 14－2에 완성된 회로를 나타내었다.

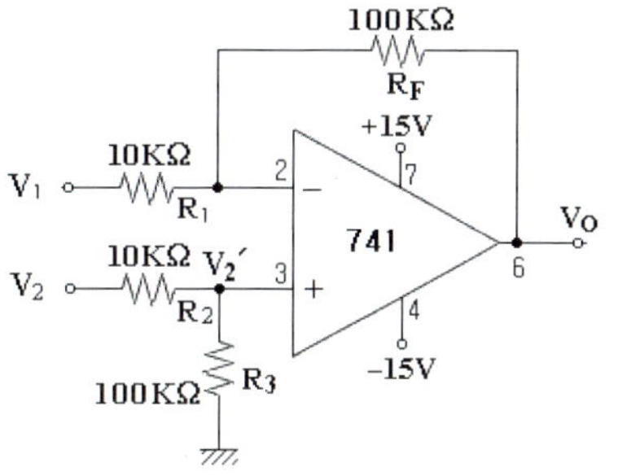

그림 14－2 이득 10의 차동증폭기

3. 사용기기 및 부품

① 직류 전원 장치 : 1대
② 멀티 테스터 : 1대
③ IC : 741

④ 저항 : 20kΩ(1), 40kΩ(1), 80kΩ(1), 100kΩ(1), 120kΩ(1)

⑤ 리드선 : 약간

⑥ 기타 Accessory : 1식

4. 실험 순서

① 그림 14-3과 같이 회로를 구성하고 전원을 인가한다.

② V_1을 V_B에 V_2를 V_A에 각각 연결하라.

③ 직류입력전압 $V_1(V_B)$, $V_2(V_A)$를 측정한 후 차를 구하고 V_O를 측정하여 표 14-1에 기록하라.

④ 기본 관련식을 이용하여 V_O의 이론값을 표 14-1에 기록하라.

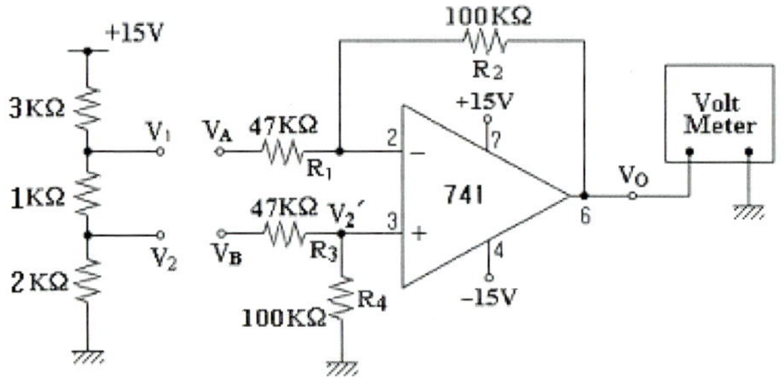

그림 14-3

$$\text{기본 관련식} \quad V_O = \frac{R_2}{R_1}(V_2 - V_1)$$

표 14-1

	$V_1=V_B$(측정값)	$V_2=V_A$(측정값)	V_B-V_A(계산값)	V_O(측정값)	V_O(계산값)
전압[V]					

⑤ V_1을 V_A에 V_2를 V_B에 연결하라.

⑥ 직류입력전압 $V_1(V_A)$와 $V_2(V_B)$를 측정한 후 차를 구하고 V_O를 측정하여 표 14-2에 기록하라.

⑦ 기본 관련식을 이용하여 V_O의 이론값을 표 14-2에 기록하라.

표 14-2

	$V_1 = V_B$(측정값)	$V_2 = V_A$(측정값)	$V_B - V_A$(계산값)	V_O(측정값)	V_O(계산값)
전압[V]					

⑧ R1, R3의 저항 값을 20kΩ으로 바꾼다.

⑨ 실험방법 ②, ③, ④의 과정과 같이 실험하여 표 14-3에 기록하라.

표 14-3

	$V_1 = V_B$(측정값)	$V_2 = V_A$(측정값)	$V_B - V_A$(계산값)	V_O(측정값)	V_O(계산값)
전압[V]					

⑩ 실험방법 ⑤, ⑥, ⑦의 과정과 같이 실험하여 표 14-4에 기록하라.

표 14-4

	$V_1 = V_B$(측정값)	$V_2 = V_A$(측정값)	$V_B - V_A$(계산값)	V_O(측정값)	V_O(계산값)
전압[V]					

결과보고서

실습일자

담당교수

학 번

성 명

실험제목 실험 14. 차동증폭기 회로

표 14-1

	$V_1 = V_B$(측정값)	$V_2 = V_A$(측정값)	$V_B - V_A$(계산값)	V_O(측정값)	V_O(계산값)
전압[V]					

표 14-2

	$V_1 = V_B$(측정값)	$V_2 = V_A$(측정값)	$V_B - V_A$(계산값)	V_O(측정값)	V_O(계산값)
전압[V]					

표 14-3

	$V_1 = V_B$(측정값)	$V_2 = V_A$(측정값)	$V_B - V_A$(계산값)	V_O(측정값)	V_O(계산값)
전압[V]					

표 14-4

	$V_1 = V_B$(측정값)	$V_2 = V_A$(측정값)	$V_B - V_A$(계산값)	V_O(측정값)	V_O(계산값)
전압[V]					

실험

15 전압비교기 회로

1. 실험 목적

기준전압과 입력전압의 크기를 비교하여 입력신호가 기준 전압 보다 크거나, 혹은 적을 때에 OP-Amp의 포화출력을 얻을 수 있는 전압비교기에 관하여 실험을 통한 이해와 응용방법에 대하여 고찰한다.

2. 관련 이론

1) 비반전 비교기

비교기는 입력전압을 기준전압과 비교하는 회로이다. 비교기의 출력은 입력신호가 기준 전압 보다 크거나, 혹은 적을 때에 나타난다. 그림 15-1은 비교기의 기본회로이다.

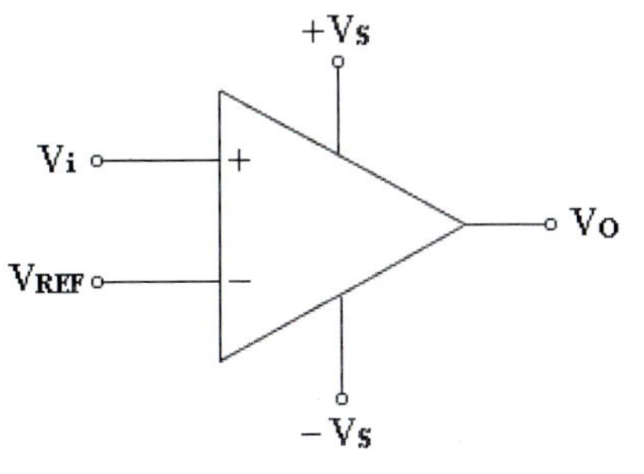

그림 15-1 비반전 비교기

출력전압은 입력신호가 기준전압 V_{REF}보다 더 큰 경우에 정(+)의 공급전압에 가깝고, 입력신호가 기준전압 V_{REF}보다 더 적은 경우에 Op-Amp의 출력은 부(-)의 공급전압에 가깝게 된다. 결과적으로, 정확한 임계치가 무시되어야 하는 Op-Amp의 입력 오프셋 전압에 의해서 좌우된다.

만일, 비교기의 출력전압이 +5V가 되는 TTL IC와 같이 응용회로로 이용할 때 필요한 전압보다 더 큰 전압이 되면, 출력은 그림 15-2와 같이 TTL IC에 대해서 적당한 제너다이오드로써 제한할 수가 있다.

Op-Amp가 비교기로 사용될 때, 사용하는 Op-Amp는 한 상태에서 다른 상태로 바뀌는데에 빠른 슬루 레이트를 가져야 한다. 외부의 보상이 Op-Amp의 슬루 레이트를 감소시키게 되므로, 슬루 레이트가 70 $V/\mu sec$인 LM318과 같은 비보상 Op-Amp를 사용하는 것이 바람직하다.

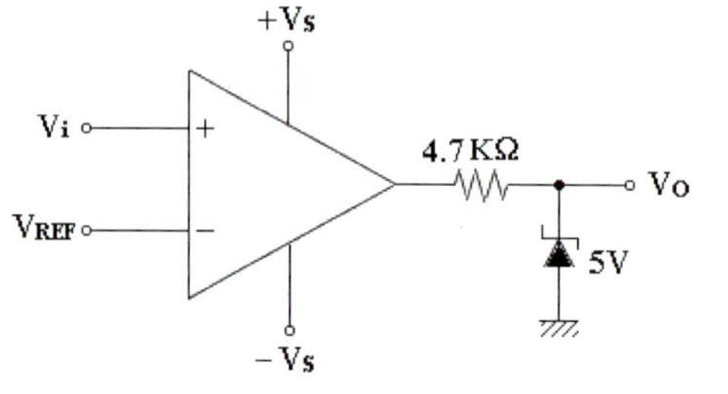

그림 15-2 출력을 제한한 비교기

2) 반전 비교기

그림 15-1과 그림 15-2의 회로는 비반전 비교기로서 출력전압은 입력전압과 극성이 같게 된다. 그림 15-3과 같이 입력을 부(-)로 바꾸면 반전 비교기가 된다.

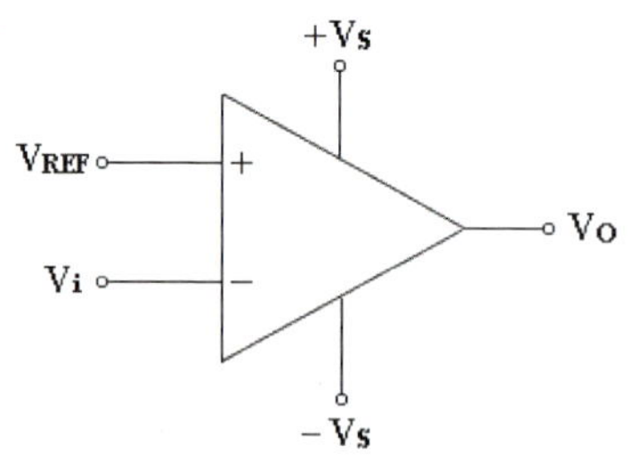

그림 15-3 반전비교기

전압 비교기는 신호전압과 기준전압을 비교하거나 한 개의 큰 신호를 비교한다. 예를 들면 반전입력은 접지되어 있고 외부 V_i의 전압원은 비반전 입력에 접속되어 있을 때, 이 회로는 V_i와

$0\,V$사이에서 전압을 비교한다. 만약 V_i가 $0\,V$보다 크다면 즉, 정(+)인 경우에는 $+12\,V$의 포화출력이 일어나며, V_i가 $0\,V$보다 적다면 즉, 부(−)인 경우 약 $-12\,V$의 포화출력이 일어난다. V_i가 수 $m\,V$단위를 초과하면 출력은 A_{VOL}이 매우 크므로 이러한 극단값 중의 하나를 가질 수 있다.

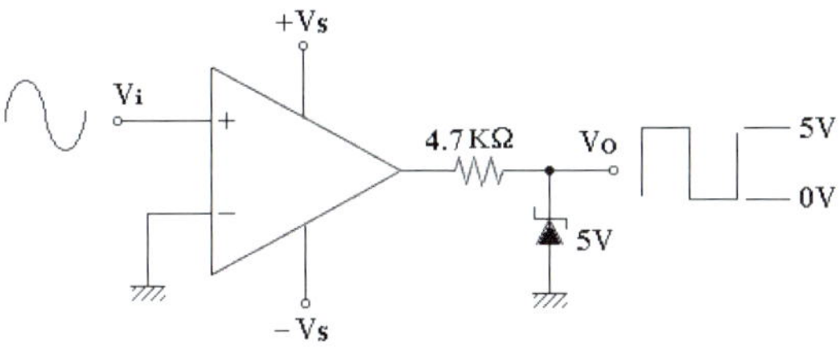

그림 15−4 정현파−구형파변환기

그림 15−4와 같이 비교기의 응용으로 비반전 입력이 접지된(즉, $V_{REF}=0$) 회로를 이용하여 정현파를 구형파로 변환 할 수 있다. 비교기의 출력전압이 +5V TTL IC로 연결되어 있을 때 요구된 전압보다 클 경우에는, 그 출력은 그림 15−4와 같이 적당한 제너 다이오드에 의해 제한할 수 있다.

3) 윈도우 비교기

윈도우(window) 비교기는 비반전과 반전 비교기를 결합하여 두 비교기가 서로 다른 기준전압을 갖는 창 비교기(window comparator)를 구성할 수 있으며, 두 비교기를 묶어 입력신호를 인가하면 각각의 기준 전압 V_H와 V_L사이의 전압에 대해서 출력전압은 $0\,V$이고, 그렇지 않으면 $+V_{sat}$의 전압을 갖는다.

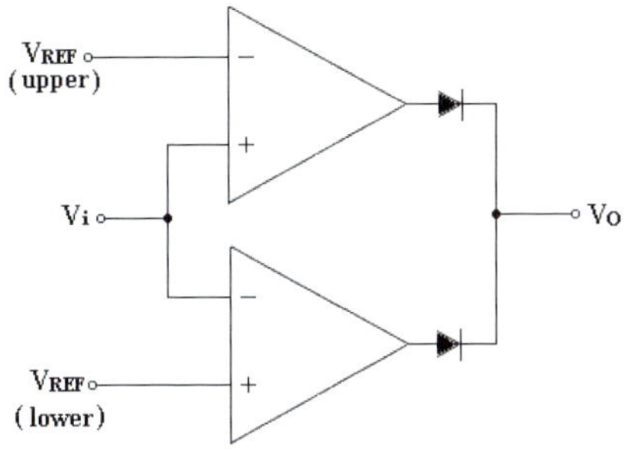

그림 15−5 Window 비교기

3. 사용기기 및 부품

① 직류 전원 장치 : 1대
② 멀티 테스터 : 1대
③ IC : 741(2)
④ Diode : 1N4001(2)
⑤ LED(1)
⑥ 가변저랑기 : 50㏀(1)
⑦ 저항 : 1㏀(3), 2.2㏀(1), 3.3㏀(1), 5.6kΩ(1), 8.2kΩ(1), 10kΩ(1), 100㏀(1)
⑧ 리드선 : 약간
⑨ 기타 Accessory : 1식

4. 실험 순서

1) 비반전 비교기회로 실험

① 그림 15-5와 같이 회로를 구성하고 전원을 인가한다(TR과 Diode는 극성을 확인한다.).

② 가변 저항기의 값을 서서히 조정하여 LED가 OFF가 되었을 때 V_{REF}를 측정하여 표 15-1에 기록하라.

③ 가변 저항기의 값을 서서히 조정하여 LED가 ON이 되었을 때 V_i를 측정하여 표 15-1에 기록하라.

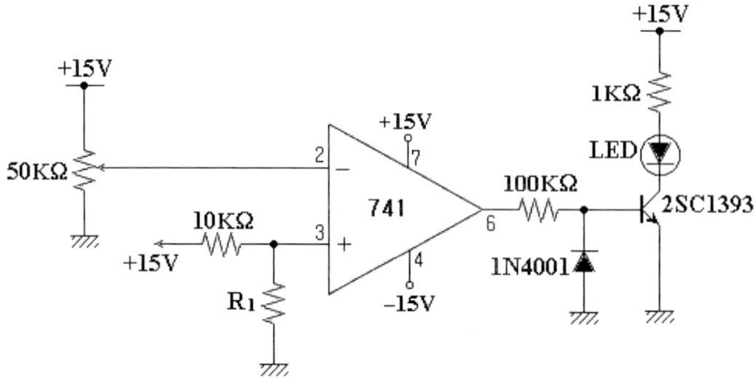

그림 15-5

④ R_1을 표 15-1에 주어진 값으로 바꾸면서 실험방법 ②, ③의 과정을 반복하여 표 15-1에 기록하라.

표 15-1

R_1[kΩ]	V_{REF}[V] 측정값	V_i[V] 측정값
1		
2.2		
5.6		
8.2		
10		

2) 윈도우 비교기회로 실험

윈도우 비교기는 비반전과 반전 비교기를 결합하여 두 비교기가 서로 다른 기준 전압을 갖는 창 비교기를 구성할 수 있으며, 두 비교기를 묶어 입력신호를 인가하면 각각의 기준전압 V_H에 입력신호가 있을 때, 그 출력이 +Vsat이다.

(+)또는 (−)를 표시하기 위하여 출력표시는 LED회로를 사용하였다.

LED가 켜졌을 때 비교기의 출력은 +이다.

LED가 꺼졌을 때 비교기의 출력은 −이다.

① 그림 15-6과 같이 회로를 구성하고 전원을 인가한다.

② V_H와 V_L의 전압을 측정해 표 15-2에 기록하라.

표 15-2

V_H	V_L

③ 가변 전항기를 조정하여 입력전압(V_i)을 0V로부터 서서히 증가시키면서(V_O)이 변하는 부분의 입력, 출력전압을 표 15-3에 기록하라.

표 15-3

V_i[V]	0			15
V_O[V]				

④ R_1의 저항을 1kΩ으로 R_3의 저항을 4.7kΩ으로 바꾸고 실험방법 ②, ③의 과정을 반복하여 표 15-4와 표 15-5에 기록하라.

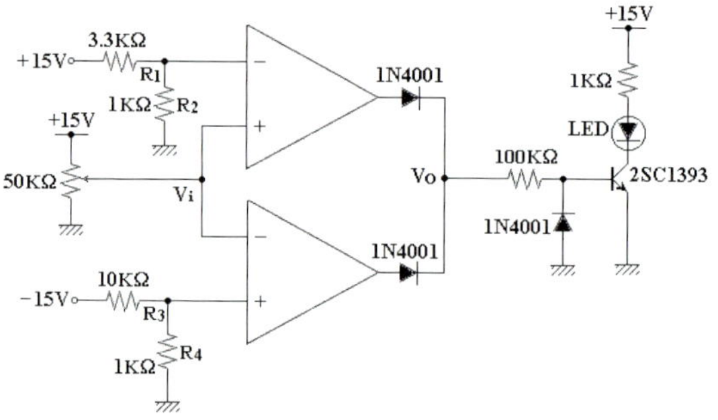

그림 15-6

표 15-4

V_H	V_L

표 15-5

V_i[V]	0			15
V_O[V]				

결과보고서

실습일자		담당교수	
학 번		성 명	
실험제목	실험 15. 전압비교기 회로		

표 15-1

R_1[kΩ]	V_{REF}[V] 측정값	V_i[V] 측정값
1		
2.2		
5.6		
8.2		
10		

표 15-2

V_H	V_L

표 15-3

V_i[V]	0			15
V_O[V]				

표 15-4

V_H	V_L

표 15-5

V_i[V]	0			15
V_O[V]				

부록

GD54/74LS00

QUADRUPLE 2-INPUT POSITIVE NAND GATES

Description

This device contains four independent 2-input NAND gates. It performs the Boolean functions $Y=\overline{A \cdot B}$ or $Y=\overline{A}+\overline{B}$ in positive logic.

Function Table (each gate)

INPUTS		OUTPUT
A	B	Y
H	H	L
L	X	H
X	L	H

Pin Configuration

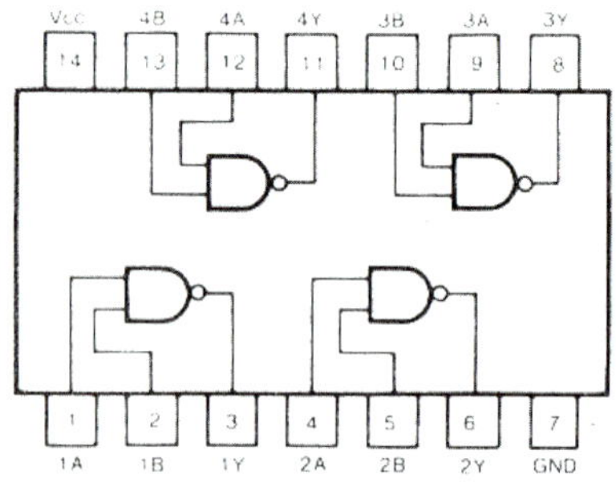

Suffix-Blank: Plastic Dual In Line Package
Suffix-J : Ceramic Dual In Line Package

Circuit Schematic (each gate)

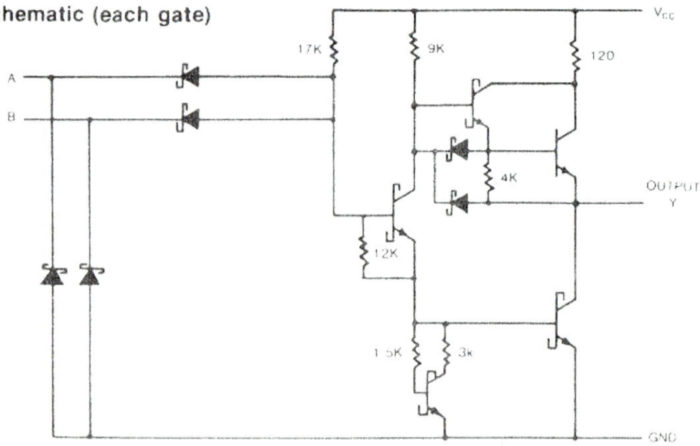

Absolute Maximum Ratings

- Supply voltage, Vcc 7V
- Input voltage 7V
- Operating free-air temperature range 54LS .... −55°C to 125°C
  74LS .... 0°C to 70°C
- Storage temperature range .... −65°C to 150°C

GD54/74LS02

QUADRUPLE 2-INPUT POSITIVE-NOR GATES

Description

This device contains four independent 2-input NOR gates. It performs the Boolean functions $Y=\bar{A}\cdot\bar{B}$ or $Y=\overline{A+B}$ in positive logic.

Pin Configuration

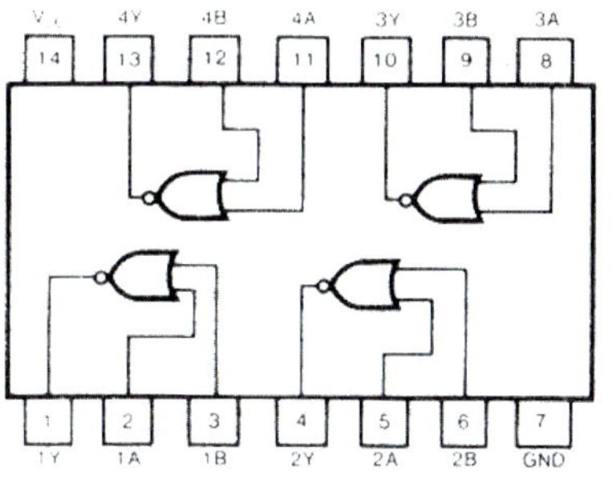

Suffix-Blank : Plastic Dual In Line Package
Suffix-J : Ceramic Dual In Line Package

Function Table

INPUTS		OUTPUT
A	B	Y
H	X	L
X	H	L
L	L	H

Circuit Schematic (each gate)

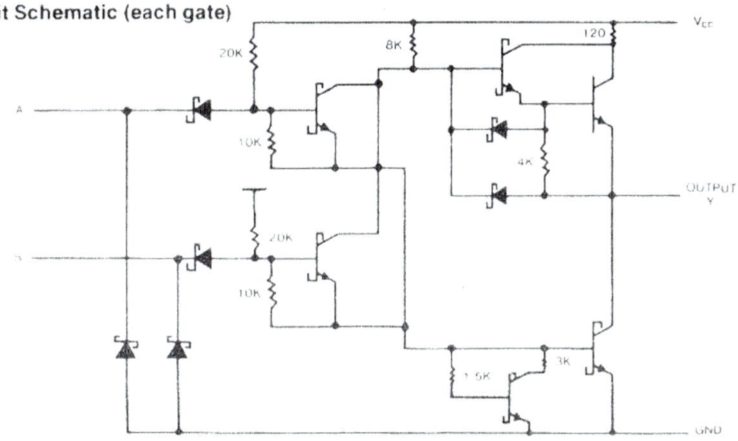

Absolute Maximum Ratings

- Supply voltage, Vcc 7V
- Input voltage 7V
- Operating free-air temperature range 54LS .... −55°C to 125°C
  74LS .... 0°C to 70°C
- Storage temperature range .... −65°C to 150°C

GD54/74LS04

HEX INVERTERS

Description

This device contains six independent inverters. It performs the Boolean function $Y=\bar{A}$.

Pin Configuration

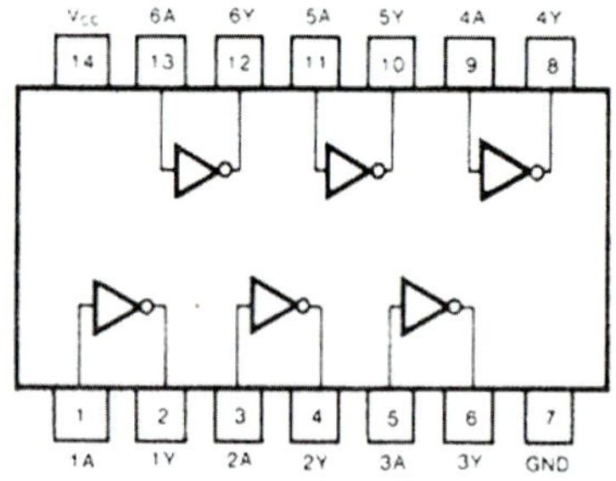

Suffix-Blank: Plastic Dual In Line Package
Suffix-J : Ceramic Dual In Line Package

Function Table (each inverter)

INPUT	OUTPUT
A	Y
H	L
L	H

Circuit Schematic (each inverter)

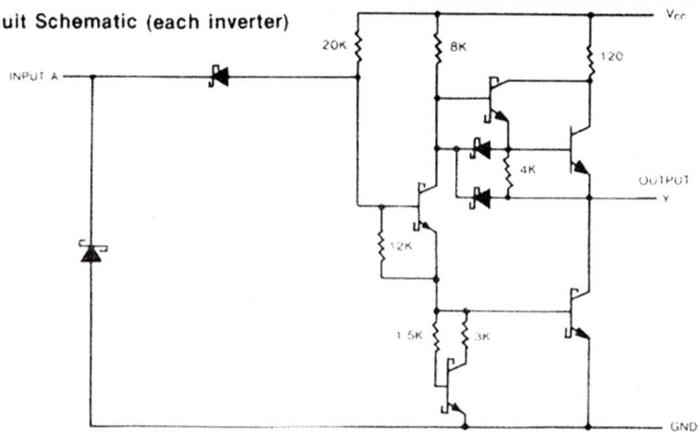

Absolute Maximum Ratings

- Supply voltage, Vcc 7V
- Input voltage 7V
- Operating free-air temperature range 54LS .... −55°C to 125°C
  74LS .... 0°C to 70°C
- Storage temperature range .... −65°C to 150°C

GD54/74LS05

HEX INVERTERS WITH OPEN-COLLECTOR OUTPUTS

Description

This device contains six idenpendent inverts. It performs the Boolean function $Y=\overline{A}$. The open collector outputs require pull-up resistor to perform correctly. Open-collector devices are often used to generate higher V_{OH} levels.

Pin Configuration

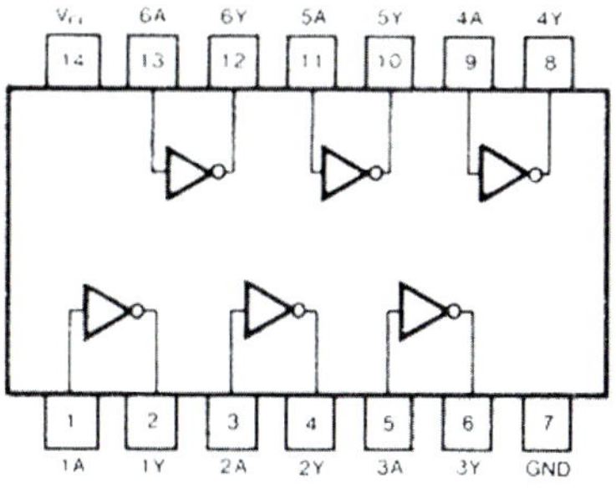

Suffix-Blank Plastic Dual In Line Package
Suffix-J Ceramic Dual In Line Package

Function Table (each inverter)

INPUT	OUTPUT
A	Y
H	L
L	H

Circuit Schematic (each gate)

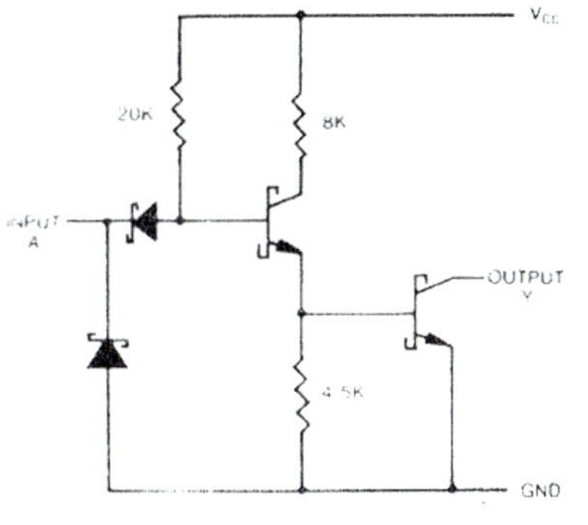

Pull-Up Resistor Equations

$$R_{MAX}=\frac{V_{CC}(Min)-V_{OH}}{N_1(I_{OH})+N_2(I_{IH})}$$

$$R_{MIN}=\frac{V_{CC}(Max)-V_{OL}}{I_{OL}-N_3(I_{IL})}$$

Where: $N_1(I_{OH})$ = total maximum output high current for all outputs tied to pull-up resistor

$N_2(I_{IH})$ = total maximum input high current for all inputs tied to pull-up resistor

$N_3(I_{IL})$ = total maximum input low current for all inputs tied to pull-up resistor

Absolute Maximum Ratings

- Supply voltage, Vcc 7V
- Input voltage 7V
- output voltage 7V
- Operating free-air temperature range 54LS .... −55°C to 125°C
  74LS .... 0°C to 70°C
- Storage temperature range .... −65°C to 150°C

GD54/74LS06

HEX INVERTED BUFFERS WITH OPEN-COLLECTOR OUTPUTS

Features

- High Output Voltage(30V)
- High Speed(t_{PD}=8.5nS typical)
- Low Power Dissipation(P_D=18mW per Gate)

Description

This device contains hex inverted buffers with open-collector. It performs the Boolean function $Y=\overline{A}$ in positive Logic.

Function Table(each inverter)

INPUT	OUTPUT
A	Y
H L	L H

Pin Configuration

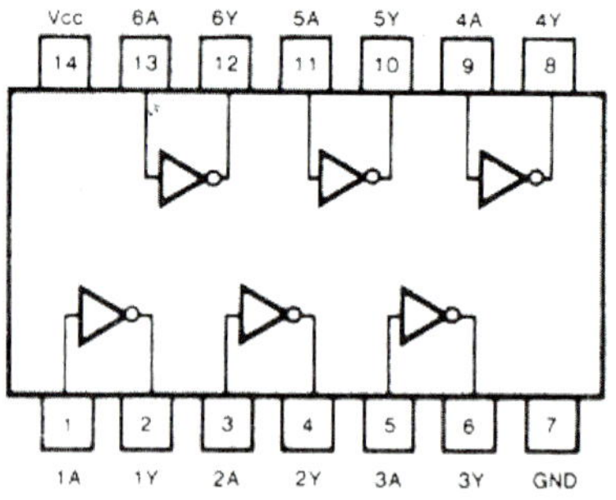

Suffix-Blank: Plastic Dual In Line Package
Suffix-J : Ceramic Dual In Line Package

Circuit Schematic (each inverter)

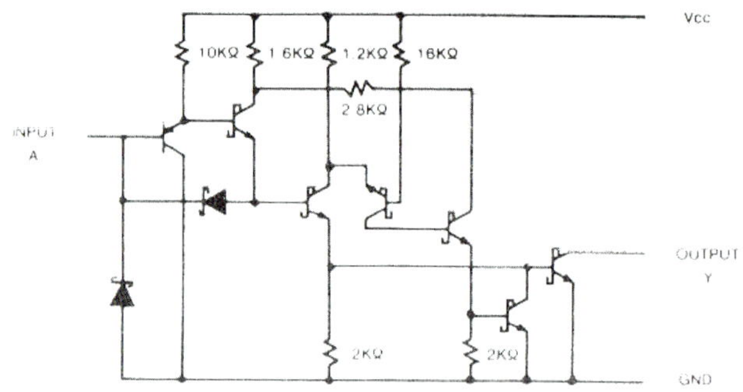

Absolute Maximum Ratings

- Supply voltage, V_{CC} 7V
- Input voltage 5.5V
- Output voltage 30V
- Operating free-air temperature range 54LS .... −55°C to 125°C
  74LS .... 0°C to 70°C
- Storage temperature range .... −65°C to 150°C

GD54/74LS07

HEX NON-INVERTED BUFFERS WITH OPEN-COLLECTOR OUTPUTS

Features

- High Output Voltage(30V)
- High Speed(t_{PD}=12 nS typical)
- Low Power Dissipation (P_D=13mW per Gate)

Description

This device contains hex non inverted buffers with open-collector. It performs the Boolean function Y=A in positive Logic.

Function Table(each inverter)

INPUT	OUTPUT
A	Y
H L	H L

Pin Configuration

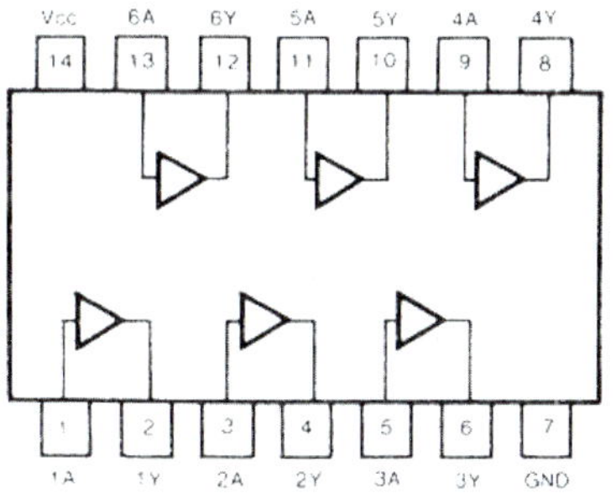

Suffix-Blank: Plastic Dual In Line Package
Suffix-J Ceramic Dual In Line Package

Circuit Schematics (each inverter)

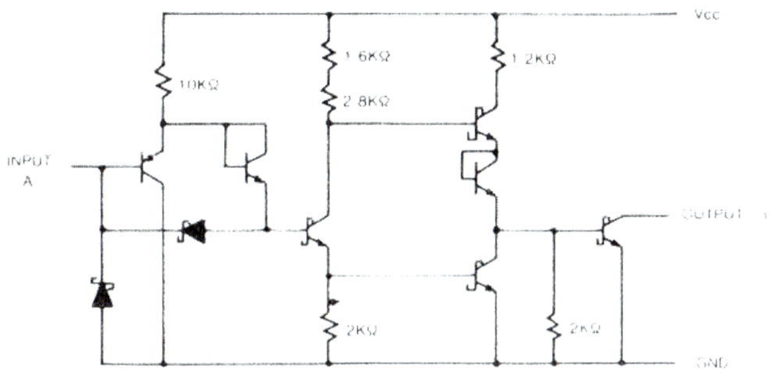

Absolute Maximum Ratings

- Supply voltage, Vcc 7V
- Input voltage 5.5V
- Output voltage 30V
- Operating free-air temperature range 54LS .... −55°C to 125°C
  74LS .... 0°C to 70°C
- Storage temperature range .... −65°C to 150°C

GD54/74LS08

QUADRUPLE 2-INPUT POSITIVE AND GATES

Description

This device contains four independent 2-input AND gates. It performs the Boolean functions $Y = A \cdot B$ or $Y = \overline{\overline{A} + \overline{B}}$ in positive logic.

Pin Configuration

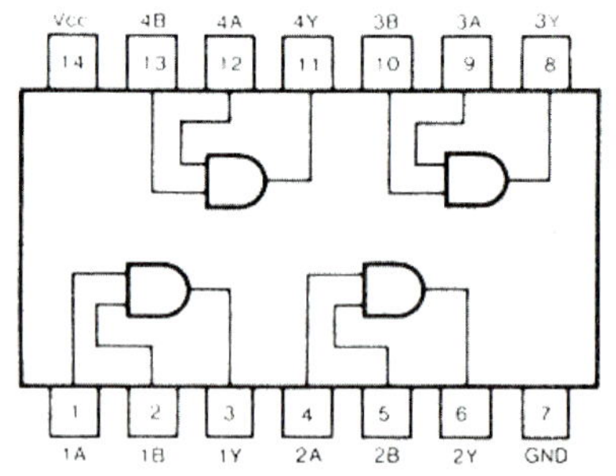

Suffix-Blank: Plastic Dual In Line Package
Suffix-J : Ceramic Dual In Line Package

Function Table (each gate)

INPUTS		OUTPUT
A	B	Y
H	H	H
L	X	L
X	L	L

Circuit Schematic (each gate)

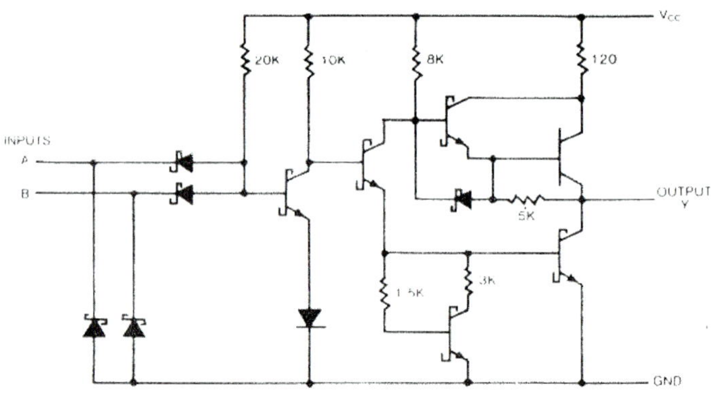

Absolute Maximum Ratings

- Supply voltage, Vcc 7V
- Input voltage 7V
- Operating free-air temperature range 54LS .... −55°C to 125°C
  74LS .... 0°C to 70°C
- Storage temperature range .... −65°C to 150°C

GD54/74LS09

QUADRUPLE 2-INPUT POSITIVE AND GATES WITH OPEN-COLLECTOR OUTPUTS

Description

This device contains four independent 2-input AND gates. It performs the Boolean functions $Y=A \cdot B$ or $Y=\overline{\overline{A}+\overline{B}}$ in positive logic. The open-collector outputs require pull up resistor to perform correctly. Open collector devices are often used to generate higher V_{OH} levels.

Pin Configuration

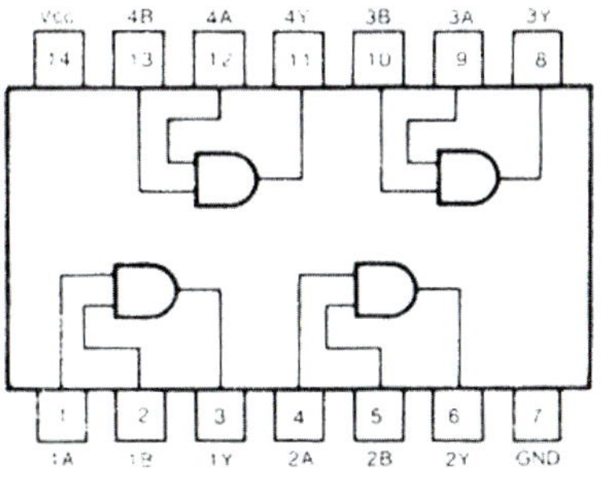

Suffix-Blank　Plastic Dual In Line Package
Suffix-J　Ceramic Dual In Line Package

Function Table (each gate)

INPUTS		OUTPUT
A	B	Y
H	H	H
L	X	L
X	L	L

Circuit Schematic (each gate)

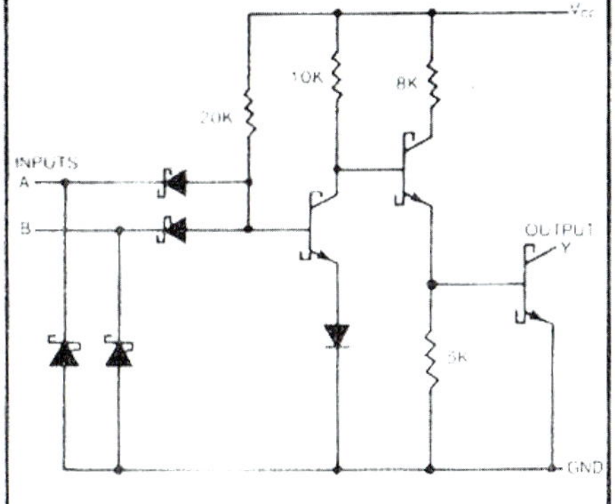

Pull-Up Resistor Equations

$$R_{MAX}=\frac{V_{CC}(Min)-V_{OH}}{N_1(I_{OH})+N_2(I_{IH})}$$

$$R_{MIN}=\frac{V_{CC}(Max)-V_{OL}}{I_{OL}-N_3(I_{IL})}$$

Where: $N_1(I_{OH})$ = total maximum output high current for all outputs tied to pull-up resistor
$N_2(I_{IH})$ = total maximum input high current for all inputs tied to pull-up resistor
$N_3(I_{IL})$ = total maximum input low current for all inputs tied to pull-up resistor

Absolute Maximum Ratings

- Supply voltage, Vcc 7V
- Input voltage 7V
- output voltage 7V
- Operating free-air temperature range 54LS .... −55°C to 125°C
  74LS .... 0°C to 70°C
- Storage temperature range .... −65°C to 150°C

GD54/74LS10

TRIPLE 3-INPUT POSITIVE NAND GATES

Description

This device contains three independent 3-input NAND gates. It performs the Boolean functions $Y=\overline{A \cdot B \cdot C}$ or $Y=\overline{A}+\overline{B}+\overline{C}$ in positive logic.

Pin Configuration

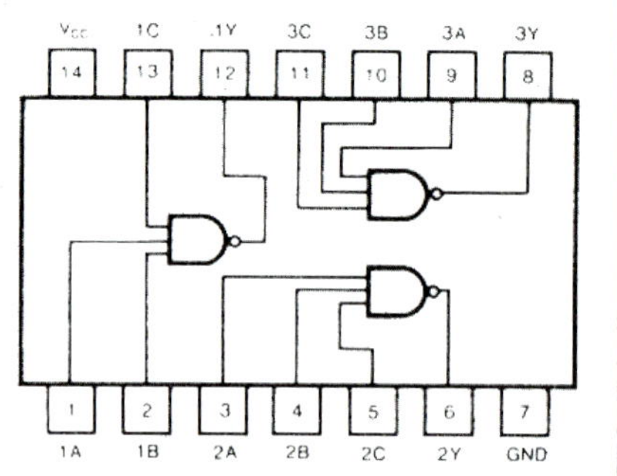

Suffix-Blank: Plastic Dual In Line Package
Suffix-J: Ceramic Dual In Line Package

Function Table (each gate)

INPUTS		OUTPUT
A	N*	Y
L	L	H
H	L	H
L	H	H
H	H	L

* N=B·C

Circuit Schematic (each gate)

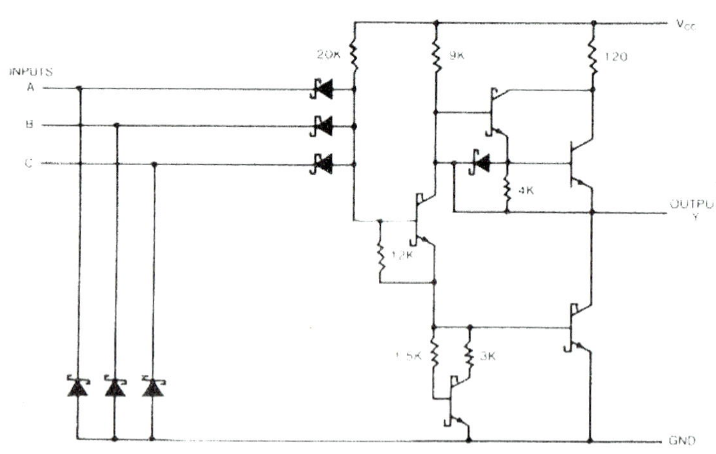

GD54/74LS11

TRIPLE 3-INPUT POSITIVE AND GATES

Description

This device contains three independent 3-input AND gates. It performs the Boolean functions $Y = A \cdot B \cdot C$ or $Y = \overline{\overline{A}+\overline{B}+\overline{C}}$ in positive logic.

Function Table (each gate)

INPUTS		OUTPUT
A	N*	Y
L	L	L
H	L	L
L	H	L
H	H	H

* N=B·C

Pin Configuration

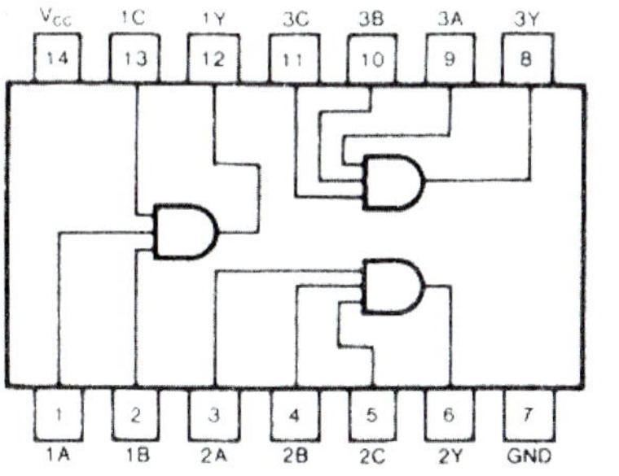

Suffix-Blank: Plastic Dual In Line Package
Suffix-J : Ceramic Dual In Line Package

Circuit Schematic (each gate)

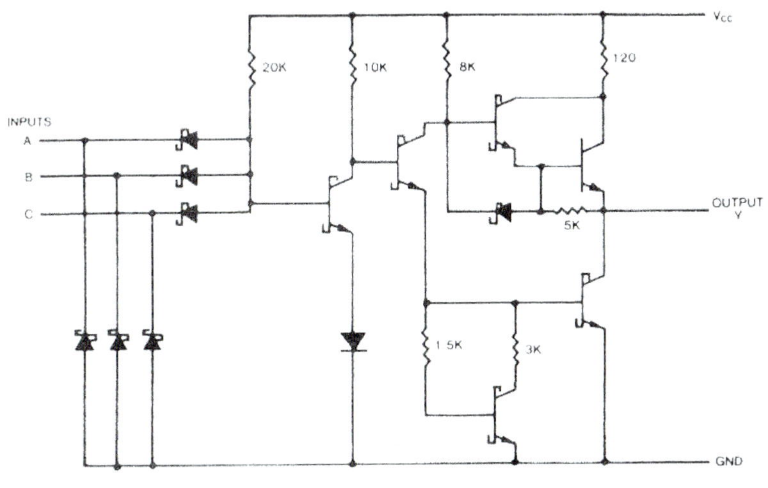

GD54/74LS14

HEX SCHMITT-TRIGGER INVERTERS

Description

This devic contains six independent gates each of which performs the logic INVERT function. Each input has hysteresis which increases the noise immunity and transforms a slowly changing input signal to a fast changing jitter free output.

Function Table (each inverter)

INPUT	OUTPUT
A	Y
L H	H L

Pin Configuration

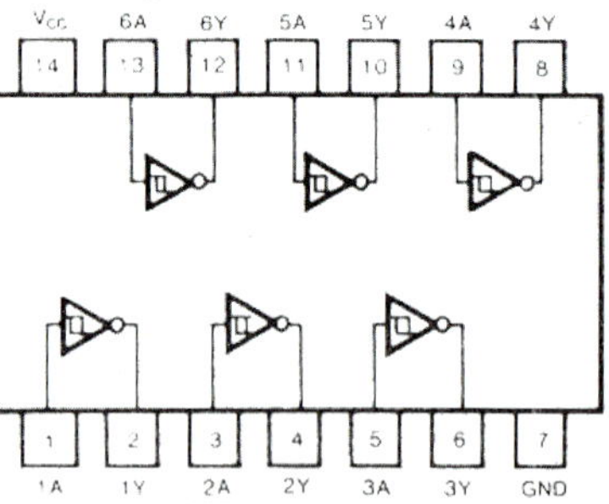

Suffix-Blank: Plastic Dual In Line Package
Suffix-J : Ceramic Dual In Line Package

Parameter Measurement Information

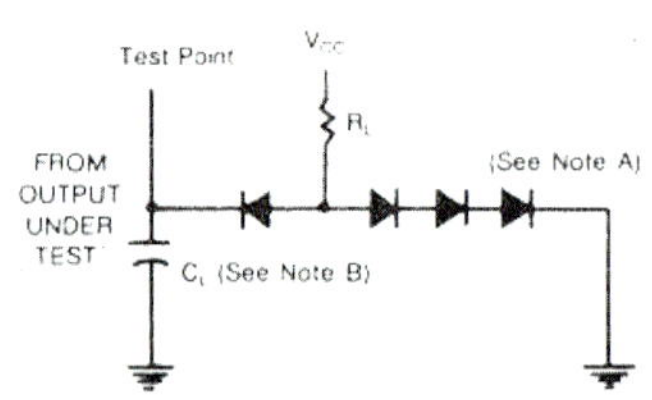

Load Circuit

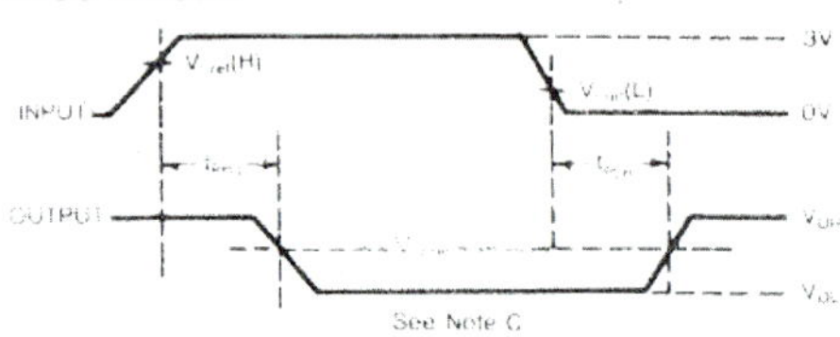

VOLTAGE WAVEFORMS

Note: A. All diodes are IN916 or IN3064
B. C_L includes probe and jig capacitance

Circuit Schematics (each inverter)

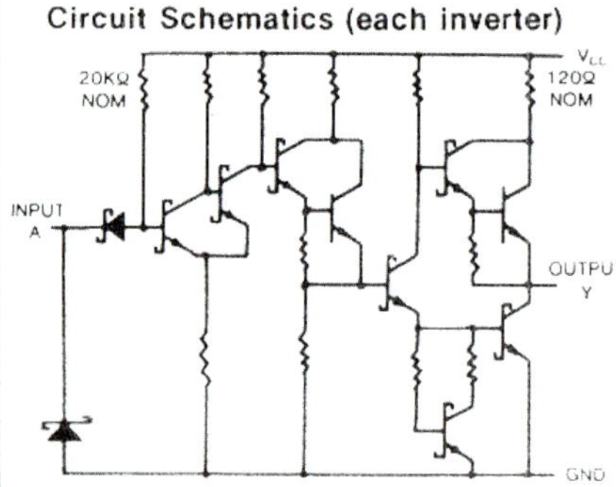

Note C: Generator characteristics and reference voltage are

Generator Characteristics				Reference Voltage		
Z_{OUT}	PRR	tr	tf	V_I ref(H)	V_I ref(L)	V_O ref
50Ω	1MHz	15ns	6ns	1.6V	0.8V	1.3V

Absolute Maximum Ratings

- Supply voltage, Vcc 7V
- Input voltage 7V
- Operating free-air temperature range 54LS .... −55°C to 125°C
  74LS .... 0°C to 70°C
- Storage temperature range .... −65°C to 150°C

GD54/74LS26

QUAD 2-INPUT NAND GATES WITH HIGH VOLTAGE OPEN-COLLECTOR OUTPUTS

Features

- Usable in AND-Tie connection
- High Output Voltage (15V)

Description

This device contains four independent gates each of which performs the logic NAND function. The open-collector outputs require external pull-up resistors for proper logical operation.

Pin Configuration

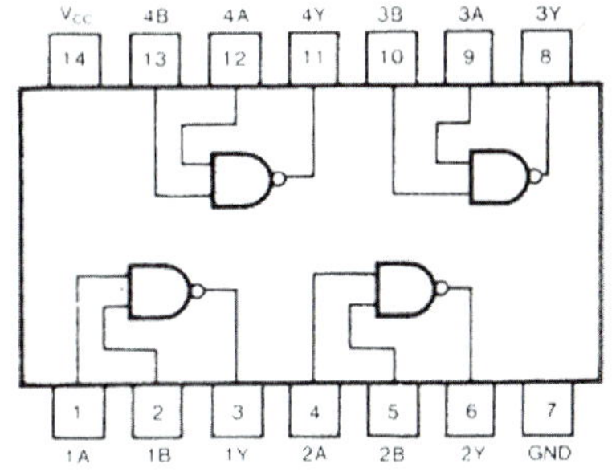

Suffix-Blank: Plastic Dual In Line Package
Suffix-J : Ceramic Dual In Line Package

Function Table (each gate)

$Y = \overline{AB}$

Inputs		Output
A	B	Y
L	L	H
L	H	H
H	L	H
H	H	L

Circuit Schematics (each gate)

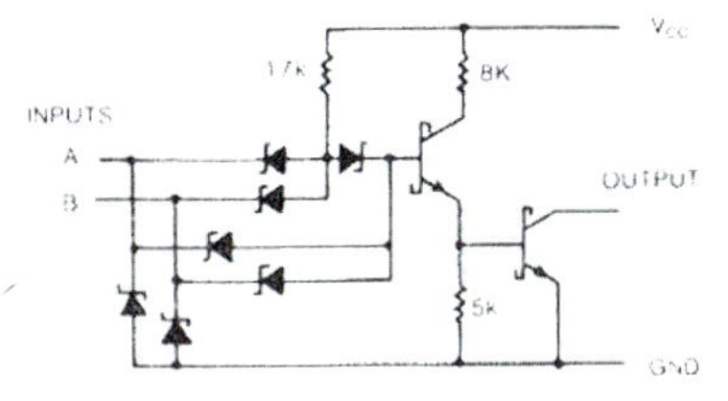

Pull-Up Resistor Equations

$$R_{MAX} = \frac{V_{CC}(Min) - V_{OH}}{N_1(I_{OH}) + N_2(I_{IH})}$$

$$R_{MIN} = \frac{V_{CC}(Max) - V_{OL}}{I_{OL} - N_3(I_{IL})}$$

Where $N_1(I_{OH})$ = total maximum output high current for all outputs tied to pull-up resistor
$N_2(I_{IH})$ = total maximum input high current for all inputs tied to pull-up resistor
$N_3(I_{IL})$ = total maximum input low current for all inputs tied to pull-up resistor

Absolute Maximum Ratings

- Supply voltage, V_{CC} 7V
- Input voltage 7V
- Output voltage 15V
- Operating free-air temperature range 54LS .... −55°C to 125°C
  74LS .... 0°C to 70°C
- Storage temperature range .... −65°C to 150°C

GD54/74LS32

QUADRUPLE 2-INPUT POSITIVE OR GATES

Description

This device contains four independent 2-input OR gates. It performs the Boolean functions Y = $\overline{\overline{A}\cdot\overline{B}}$ or Y = A+B in positive logic.

Pin Configuration

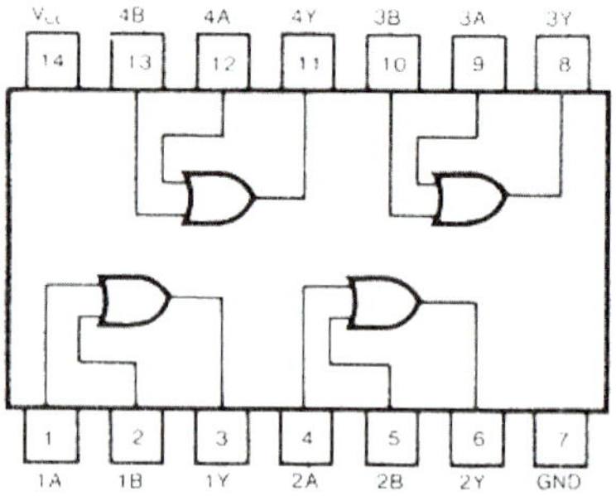

Suffix-Blank : Plastic Dual In Line Package
Suffix-J : Ceramic Dual In Line Package

Function Table (each gate)

INPUTS		OUTPUT
A	B	Y
L	L	L
H	L	H
L	H	H
H	H	H

Circuit Schematics (each gate)

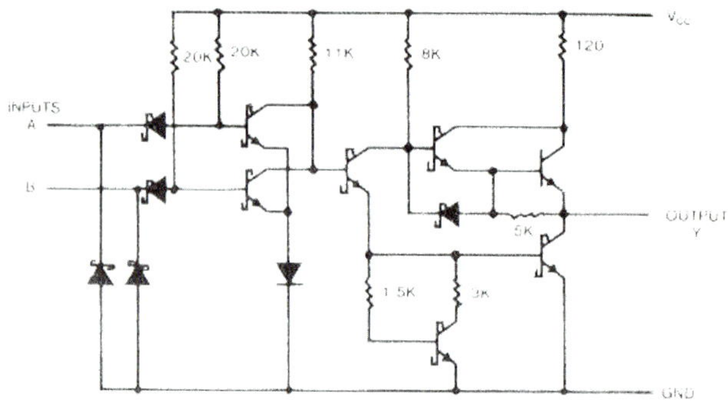

Absolute Maximum Ratings

- Supply voltage, Vcc 7V
- Input voltage 7V
- Operating free-air temperature range 54LS .... −55°C to 125°C
  74LS .... 0°C to 70°C
- Storage temperature range .... −65°C to 150°C

MOTOROLA

SN54/74LS47

BCD TO 7-SEGMENT DECODER/DRIVER

BCD TO 7-SEGMENT DECODER/DRIVER

LOW POWER SCHOTTKY

The SN54/74LS47 are Low Power Schottky BCD to 7-Segment Decoder/Drivers consisting of NAND gates, input buffers and seven AND-OR-INVERT gates. They offer active LOW, high sink current outputs for driving indicators directly. Seven NAND gates and one driver are connected in pairs to make BCD data and its complement available to the seven decoding AND-OR-INVERT gates. The remaining NAND gate and three input buffers provide lamp test, blanking input/ripple-blanking output and ripple-blanking input.

The circuits accept 4-bit binary-coded-decimal (BCD) and, depending on the state of the auxiliary inputs, decodes this data to drive a 7-segment display indicator. The relative positive-logic output levels, as well as conditions required at the auxiliary inputs, are shown in the truth tables. Output configurations of the SN54/74LS47 are designed to withstand the relatively high voltages required for 7-segment indicators.

These outputs will withstand 15 V with a maximum reverse current of 250 μA. Indicator segments requiring up to 24 mA of current may be driven directly from the SN74LS47 high performance output transistors. Display patterns for BCD input counts above nine are unique symbols to authenticate input conditions.

The SN54/74LS47 incorporates automatic leading and/or trailing-edge zero-blanking control (RBI and RBO). Lamp test (LT) may be performed at any time which the BI/RBO node is a HIGH level. This device also contains an overriding blanking input (BI) which can be used to control the lamp intensity by varying the frequency and duty cycle of the BI input signal or to inhibit the outputs.

- Lamp Intensity Modulation Capability (BI/RBO)
- Open Collector Outputs
- Lamp Test Provision
- Leading/Trailing Zero Suppression
- Input Clamp Diodes Limit High-Speed Termination Effects

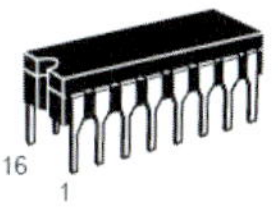

J SUFFIX
CERAMIC
CASE 620-09

N SUFFIX
PLASTIC
CASE 648-08

D SUFFIX
SOIC
CASE 751B-03

ORDERING INFORMATION

SN54LSXXJ	Ceramic
SN74LSXXN	Plastic
SN74LSXXD	SOIC

CONNECTION DIAGRAM DIP (TOP VIEW)

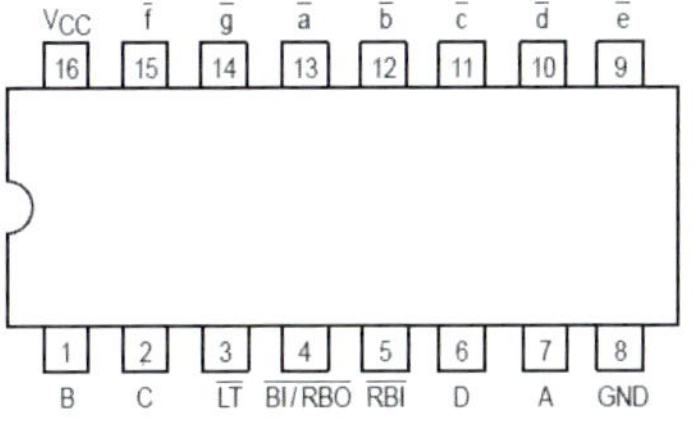

LOGIC SYMBOL

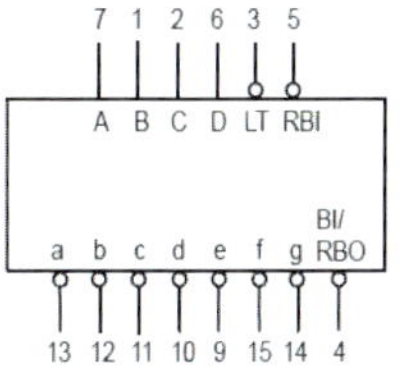

PIN NAMES		LOADING (Note a) HIGH	LOW
A, B, C, D	BCD Inputs	0.5 U.L.	0.25 U.L.
$\overline{RBI}$	Ripple-Blanking Input	0.5 U.L.	0.25 U.L.
$\overline{LT}$	Lamp-Test Input	0.5 U.L.	0.25 U.L.
$\overline{BI}/\overline{RBO}$	Blanking Input or	0.5 U.L.	0.75 U.L.
	Ripple-Blanking Output	1.2 U.L.	2.0 U.L.
$\overline{a}$, to $\overline{g}$	Outputs	Open-Collector	15 (7.5) U.L.

NOTES:
a) 1 Unit Load (U.L.) = 40 μA HIGH, 1.6 mA LOW.
b) Output current measured at V_{OUT} = 0.5 V
The Output LOW drive factor is 7.5 U.L. for Military (54) and 15 U.L. for Commercial (74) Temperature Ranges.

GD54/74LS73A

DUAL NEGATIVE EDGE-TRIGGERED MASTER-SALVE J-K FLIP-FLOPS WITH CLEAR AND COMPLEMENTARY OUTPUTS

Description

This device contains two independent negative-edge-triggered J-K flip-flops with complementary outputs. The J and K data is processed by the flip-flops on the falling edge of the clock pulse. The clock triggering occurs at a voltage level and is not directly related to the transition time of the negative going edge of the clock pulse. The data on the J and K inputs is allowed to change while the clock is high or low without affecting the outputs as long as setup and hold times are not violated. A low logic level on the clear input will reset the outputs regardless of the levels of the other inputs.

Pin Configuration

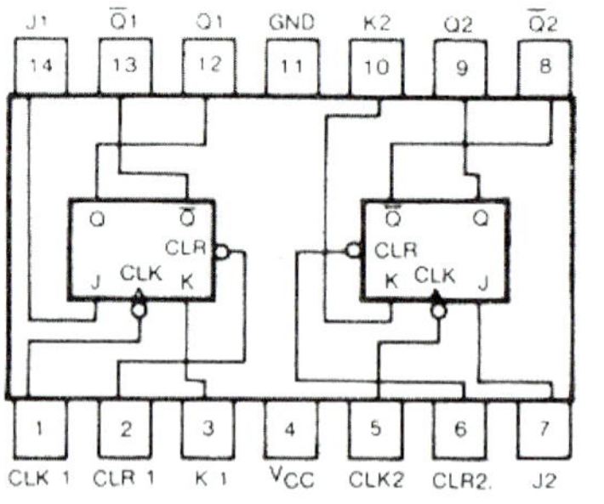

Suffix-Blank: Plastic Dual In Line Package
Suffix-J : Ceramic Dual In Line Package

Function Table(each gate)

Inputs				Outputs	
CLR	CLK	J	K	Q	$\overline{Q}$
L	X	X	X	L	H
H	↓	L	L	Q_0	$\overline{Q}_0$
H	↓	H	L	H	L
H	↓	L	H	L	H
H	↓	H	H	Toggle	
H	H	X	X	Q_0	$\overline{Q}_0$

X= Either Low or High Logic Level
↓=Negative going edge of pulse
Q_0=The output logic level before the indicated input conditions were established.
Toggle=Each output changes to the complement of its previous level on each falling edge of the clock pulse.

Logic Diagram (Each Flip-Flop)

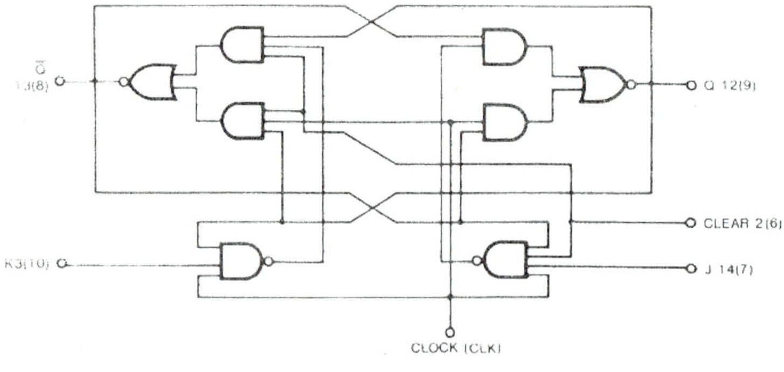

GD54/74LS74A

DUAL D-TYPE POSITIVE EDGE-TRIGGERD FLIP-FLOPS WITH PRESET AND CLEAR

Description

This device contains two independent D-type positive edge triggered flip-flops.

A low level at the preset or clear inputs sets or resets the outputs regardless of the levels of the other inputs. When preset and clear are inactive (hign), data at the D input meeting the setup time requirements are transferred to the outputs on the positive-going edge of the clock pulse. Clock trigering occurs at a voltage level and is not directly related to the rise time of the clock pulse. Following the hold time interval, data at the D input may be changed without affecting the levels at the outputs.

Pin Configuration

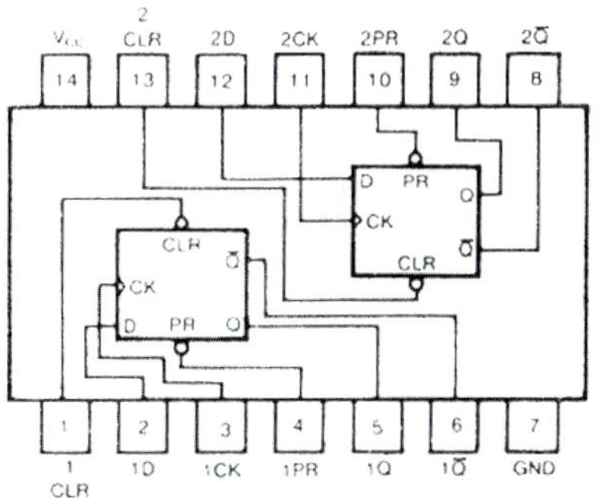

Suffix-Blank : Plastic Dual In Line Package
Suffix-J : Ceramic Dual In Line Package

Function Table

- The output levels in this configuration are not guaranteed to meet the minimum levels for V_{OH} if the lows at preset and clear are near V_{IL} maximum, Furthermore, this configuration is nonstable; that is it will not persist when either preset or clear returns to its inactive (high) level.

INPUTS				OUTPUTS	
PRESET	CLEAR	CLOCK	D	Q	$\bar{Q}$
L	H	X	X	H	L
H	L	X	X	L	H
L	L	X	X	H*	H*
H	H	↑	H	H	L
H	H	↑	L	L	H
H	H	L	X	Q_O	$\bar{Q}_O$

Function Block Diagram

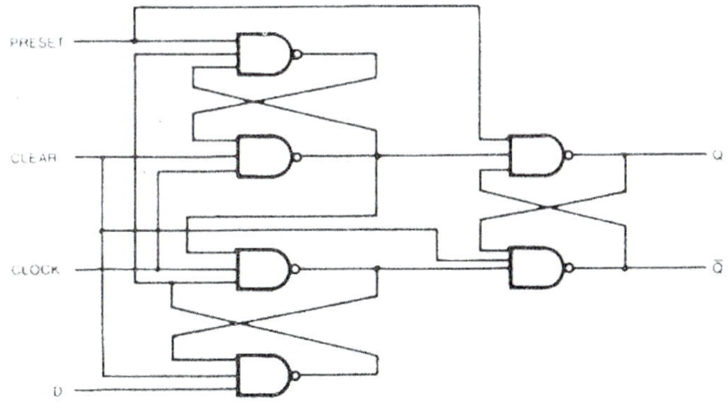

GD54/74LS85

4-BIT MAGNITUDE COMPARATORS

Features

- Typical power dissipation 52 mW
- Typical delay (4-bit words) 24 ns

Description

These four-bit magnitude comparators perform comparison of straight binary or BCD codes. Three fully-decoded decisions about two 4-bit words (A, B) are made and are externally available at three outputs. These devices are fully expandable to any number of bits without external gates. Words of greater length may be compared by connecting comparators in cascade. The A>B, A<B, and A=B outputs of a stage handling less-significant bits are connected to the corresponding inputs of the next stage handling more-significant bits. The stage handling the least-significant bits are connected to the corresponding inputs of the next stage handling more-significant bits. The stage handling the least-significant bits must have a high-level voltage applied to the A=B input. The cascading path is implemented with only a two-gate-level delay to reduce overall comparison times for long words.

Pin Configuration

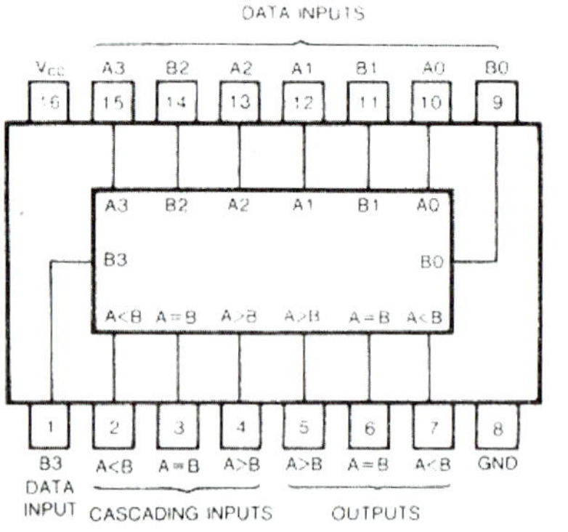

Suffix-Blank: Plastic Dual In Line Package
Suffix-J Ceramic Dual In Line Package

Function Table

Comparing Inputs				Cascading Inputs			Outputs		
A3, B3	A2, B2	A1, B1	A0, B0	A>B	A<B	A=B	A>B	A<B	A=B
A3>B3	X	X	X	X	X	X	H	L	L
A3<B3	X	X	X	X	X	X	L	H	L
A3=B3	A2>B2	X	X	X	X	X	H	L	L
A3=B3	A2<B2	X	X	X	X	X	L	H	L
A3=B3	A2=B2	A1>B1	X	X	X	X	H	L	L
A3=B3	A2=B2	A1<B1	X	X	X	X	L	H	L
A3=B3	A2=B2	A1=B1	A0>B0	X	X	X	H	L	L
A3=B3	A2=B2	A1=B1	A0<B0	X	X	X	L	H	L
A3=B3	A2=B2	A1=B1	A0=B0	H	L	L	H	L	L
A3=B3	A2=B2	A1=B1	A0=B0	L	H	L	L	H	L
A3=B3	A2=B2	A1=B1	A0=B0	L	L	H	L	L	H
A3=B3	A2=B2	A1=B1	A0=B0	X	X	H	L	L	H
A3=B3	A2=B2	A1=B1	A0=B0	H	H	L	L	L	L
A3=B3	A2=B2	A1=B1	A0=B0	L	L	L	H	H	L

H=High Level, L=Low Level, X=Don't Care

Absolute Maximum Ratings

- Supply voltage, V_{CC} 7V
- Input voltage 7V
- Operating free-air temperature range 54LS .... −55°C to 125°C
  74LS .... 0°C to 70°C
- Storage temperature range .... −65°C to 150°C

GD54/74LS86

QUADRUPLE 2-INPUT EXCLUSIVE-OR GATES

Description

This device contains four independent 2-input Exclusive-OR gates. It performs the Boolean functions $Y=A \oplus B=\bar{A}B+A\bar{B}$ in positive logic.

Pin Configuration

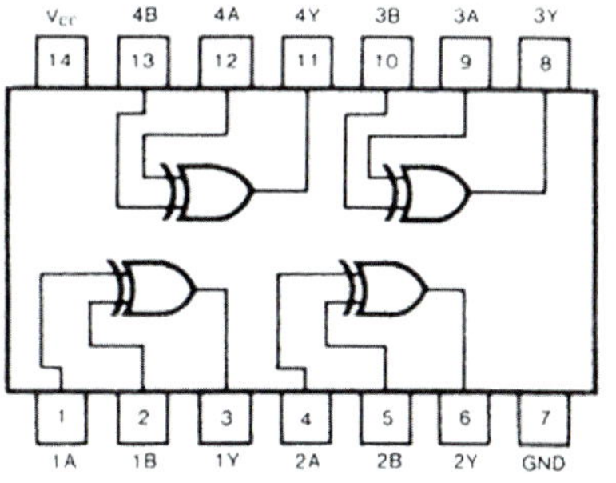

Suffix-Blank: Plastic Dual In Line Package
Suffix-J : Ceramic Dual In Line Package

Function Table (each gate)

INPUT		OUTPUT
A	B	Y
L	L	L
L	H	H
H	L	H
H	H	L

Schematics of Inputs and Outputs

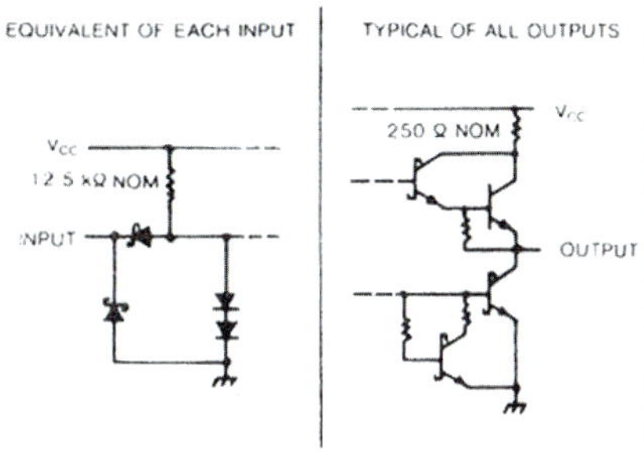

Absolute Maximum Ratings

- Supply voltage, Vcc 7V
- Input voltage 7V
- Operating free-air temperature range 54LS .... −55°C to 125°C
  74LS .... 0°C to 70°C
- Storage temperature range .... −65°C to 150°C

GD54/74LS90

DECADE COUNTERS

Description

Each of these monolithic counters contains four masterslave flip-flops and additional gating to provide a divide-by-two counter and a three-stage binary counter for which the count cycle length is divide-by-five for the LS90.

All of these counters have a gated zero reset and the LS90 also has gated set-to-nine inputs for use in BCD nine's complement applications.

To use their maximum count length (decade, divide-by-twelve, or four bit binary), the B input is connected to the Q_A output. The input count pulses are applied to input A and the outputs are as described in the appropriate truth table. A symmetrical divide-by-ten count can be obtained from the LS90 counters by connecting the Q_D output to the A input and applying the input count to the B input which gives a divide-by-ten square wave at output Q_A.

Function Block Diagran

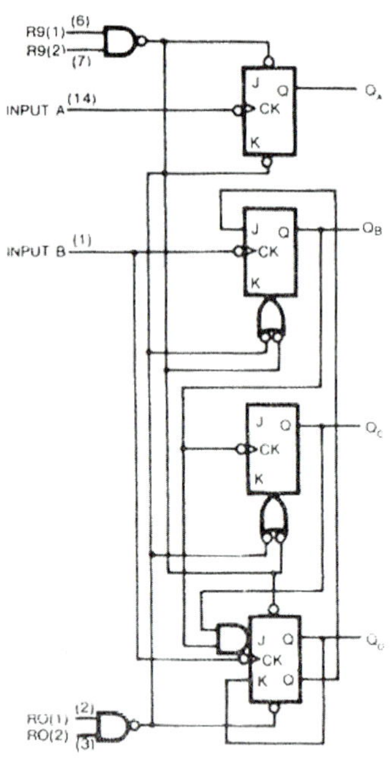

Pin Configuration

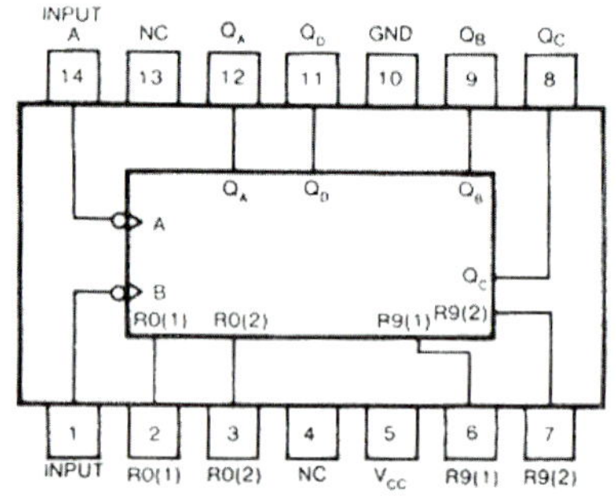

NC: No meternal connection

Suffix-Blank: Plastic Dual In Line Package
Suffix-J : Ceramic Dual In Line Package

Function Table

RESET/COUNT TRUTH TABLE

Reset Inputs				Output			
R0(1)	R0(2)	R9(1)	R9(2)	Q_D	Q_C	Q_B	Q_A
H	H	L	X	L	L	L	L
H	H	X	L	L	L	L	L
X	X	H	H	H	L	L	H
X	L	X	L	COUNT			
L	X	L	X	COUNT			
L	X	X	L	COUNT			
X	L	L	X	COUNT			

BCD COUNT SEQUENCE
(See Note A)

Count	Output			
	Q_D	Q_C	Q_B	Q_A
0	L	L	L	L
1	L	L	L	H
2	L	L	H	L
3	L	L	H	H
4	L	H	L	L
5	L	H	L	H
6	L	H	H	L
7	L	H	H	H
8	H	L	L	L
9	H	L	L	H

BI-QUINARY (5-2)
(See Note B)

Count	Output			
	Q_D	Q_C	Q_B	Q_A
0	L	L	L	L
1	L	L	L	H
2	L	L	H	L
3	L	L	H	H
4	L	H	L	L
5	H	L	L	H
6	H	L	L	H
7	H	L	H	L
8	H	L	H	H
9	H	H	L	L

Note A : Output Q_A is connected to input B for BCD count
B : Output Q_D is connected to input A for bi-quinary

GD54/74LS92

DIVIDE-BY-TWELVE COUNTER

Features

- Direct reset input provided
- Usable independently as binary and divide-by-six counter

Description

This device is composed of independent binary and divide-by-6 counters. Clock input A and output Q_A are employed for use as a binary counter while clock input B and Q_B, Q_C and Q_D are employed for use as a divide-by-6 counter. When employed as a divide-by-12 counter, Q_A and B are connected and by making A the input, the output appears in outputs Q_A, Q_B, Q_C and Q_D in accordance with the function table. The code appearing in the output is not pure binary code. Counting is performed when A and B are changed from high to low.

The binary and divide-by-6 counters can be reset simultaneously by setting direct reset inputs $R_{0(1)}$ and $R_{0(2)}$ high. For use as a counter, either $R_{0(1)}$ or $R_{0(2)}$ or both set low.

Pin Configuration

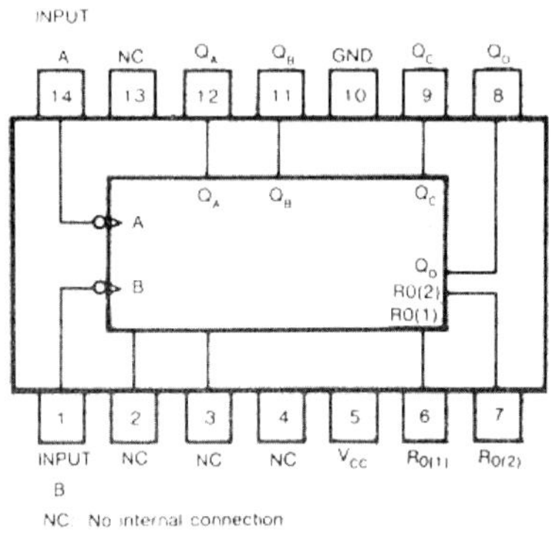

NC: No internal connection

Suffix-Blank: Plastic Dual In Line Package
Suffix-J : Ceramic Dual In Line Package

Function Block Diagranm and Logic

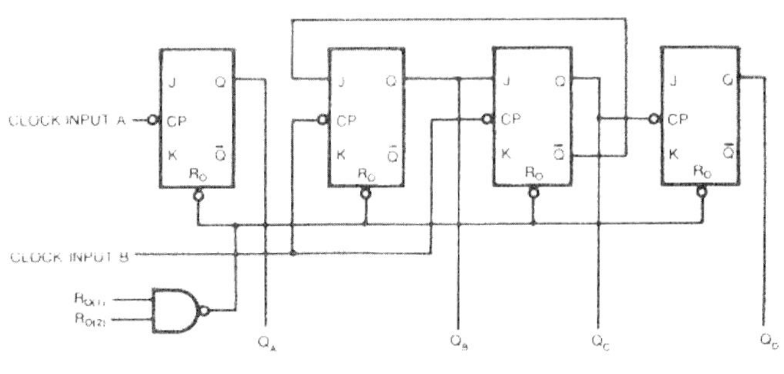

GD54/74LS93

4-BIT BINARY COUNTER DIVIDE-BY-TWO AND DIVIDE-BY-EIGHT

Description

This is an asynchronous 4-bit binary (hexadecimal) counter function with direct reset inputs.
This device is composed of independent binary and octal counters. Clock input A and output Q_A are employed for use as a binary counter while clock input B and Q_B, Q_C and Q_D are employed for use as an octal counter. When employed as a hexadecimal counter, the pure binary code output appears in the Q_A, Q_B, Q_C, and Q_D outputs by connecting Q_A and B, and making A the input. Counting is performed when A and B change from high to low.
The binary and octal counters can be reset simultaneously by setting direct reset inputs $R_{O(1)}$ or $R_{O(2)}$ high. For use as a counter, either $R_{O(1)}$ or $R_{O(2)}$, or both, is set low.

Pin Configuration

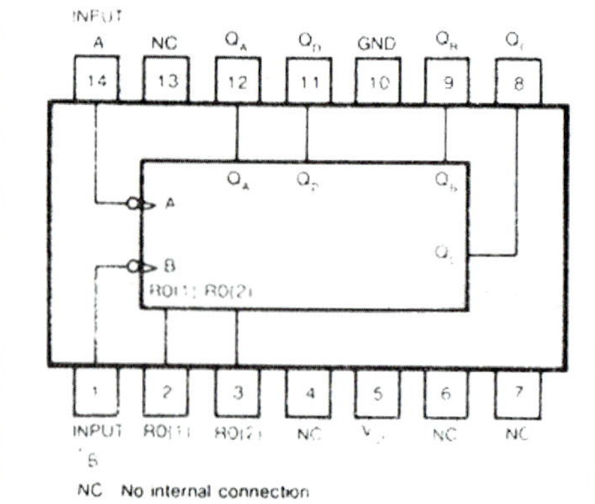

NC: No internal connection

Suffix-Blank: Plastic Dual In Line Package
Suffix-J: Ceramic Dual In Line Package

Count Sequence

Count	Output			
	Q_D	Q_C	Q_B	Q_A
0	L	L	L	L
1	L	L	L	H
2	L	L	H	L
3	L	L	H	H
4	L	H	L	L
5	L	H	L	H
6	L	H	H	L
7	L	H	H	H
8	H	L	L	L
9	H	L	L	H
10	H	L	H	L
11	H	L	H	H
12	H	H	L	L
13	H	H	L	H
14	H	H	H	L
15	H	H	H	H

* Output Q_A is connected to input B

Reset/Count Function Table

Reset Inputs		Output			
RO(1)	RO(2)	Q_D	Q_C	Q_B	Q_A
H	H	L	L	L	L
L	X	COUNT			
X	L	COUNT			

Function Block Diagram

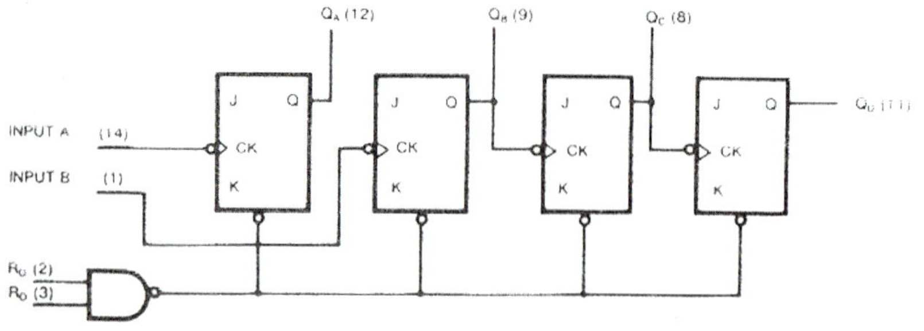

GD54/74LS95B

4-BIT PARALLEL-ACCESS SHIFT REGISTERS

Feature

- Synchronous, expandable shift right
- Synchronous shift left capability
- Synchronous parallel load
- Separate shift and load clock inputs
- Input clamp diodes limit high speed termination effects

Description

These 4-bit registers feature parallel and serial inputs, parallel outputs, mode control, and two clock inputs. The registers have three modes of operation.

Parallel (broadside) load

Shift right (the direction Q_A toward Q_D)

Shift left (the direction Q_D toward Q_A)

Parallel loading is accomplished by applying the four bits of data and taking the mode control input high. The data is loaded into the associated flip-flops and appears at the outputs after the high-to-low transition of the clock-2 input. During loading, the entry of serial data is inhibited.

Shift right is accomplished on the high-to-low-transition of clock 1 when the mode control is low; shift left is accomplished on the high-to-low transition of clock 2 when the mode control is high by connecting the output of each flip-flop to the parallel input of the previous flip-flop (Q_D to input C, etc.) and serial data is entered at input D. The clock input may be applied commonly to clock 1 and clock 2 if both modes can be clocked from the same source. Changes at the mode control input should normally be made while both clock inputs are low; however, conditions described in the last three lines of the function table will also ensure that register contents are protected.

Pin Configuration

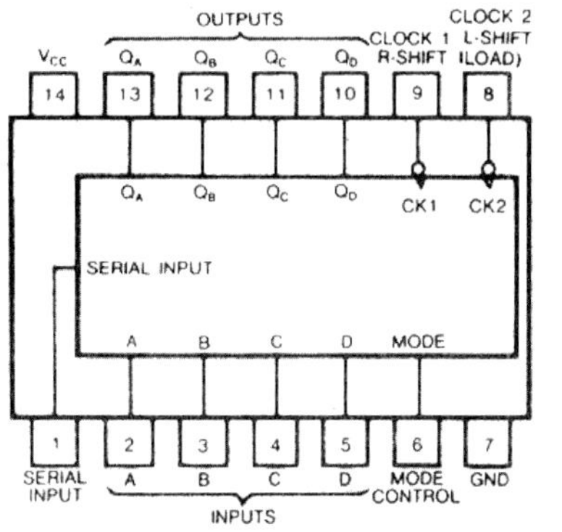

Suffix-Blank: Plastic Dual In Line Package
Suffix-J : Ceramic Dual In Line Package

Logic Diagram

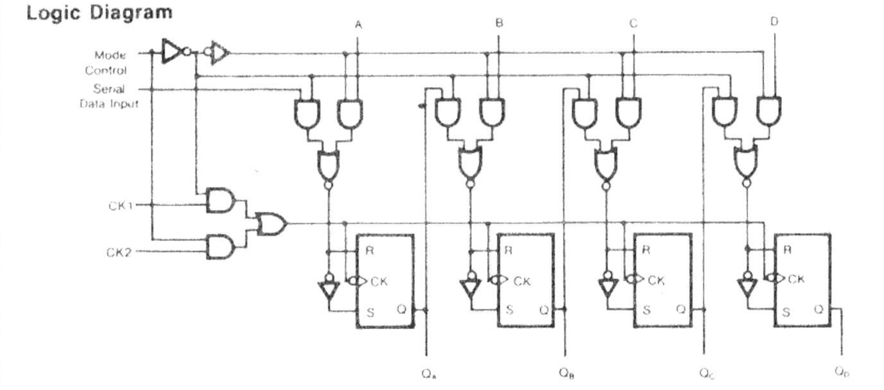

GD54/74LS123

DUAL RETRIGGERABLE MONOSTABLE MULTIVIBRATORS WITH CLEAR

Feature

- D-C Triggered from active-high or active-low gated logic inputs
- Retriggerable for very long output pulses, up to 100% duty cycle
- Overriding clear terminates output pulse
- Compensated for V_{CC} and temperature variations

Description

This D-C triggered multivibrator features output pulse width control by three methods. The basic pulse time is programmed by selection of external resistance and capacitance values.

The LS123 is provided enough Schmitt hysteresis to ensure jitter-free triggering from the B input with transition rates as slow as 0.1 millivolt per nanosecond.

Output Pulse Width, t_w

The output pulse width tw is set by Rext and Cext

A. When Cext is greater than 1000 pF.
tw = 0.45·Rext·Cext (ns), Rext: kΩ, Cext: pF.

B. When Cext is equal to or less than 1000 pF, See Figure 1.

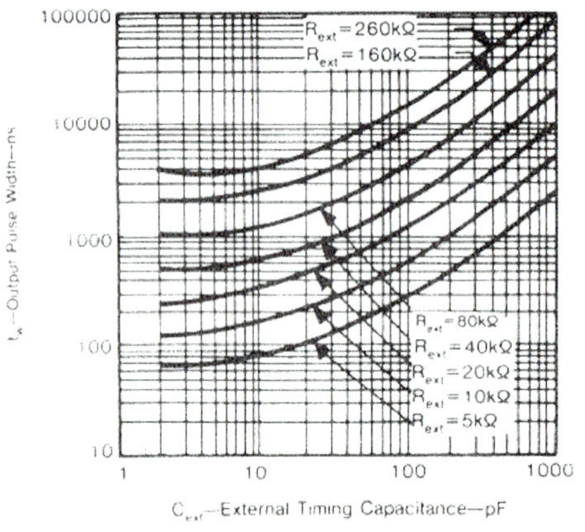

Figure 1. Typical Output Pulse Width VS External Timing Cpacitiance

Pin Configuration

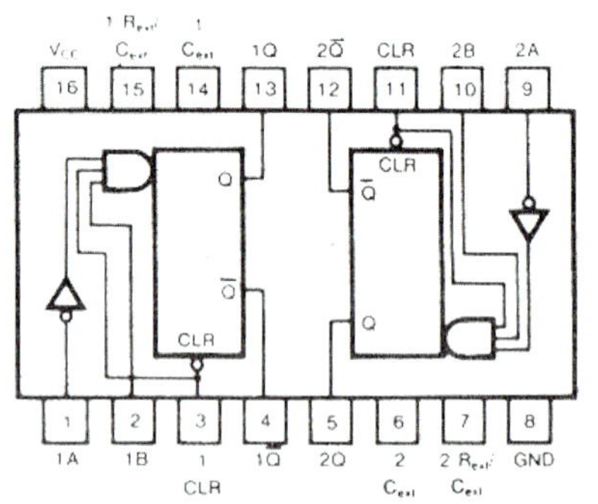

Suffix-Blank: Plastic Dual In Line Package
Suffix-J : Ceramic Dual In Line Package

Function Table

INPUT			OUTPUTS	
CLEAR	A	B	Q	$\overline{Q}$
L	X	X	L	H
X	H	X	L	H
X	X	L	L	H
H	L	↑	⊓	⊔
H	↓	H	⊓	⊔
↑	L	H	⊓	⊔

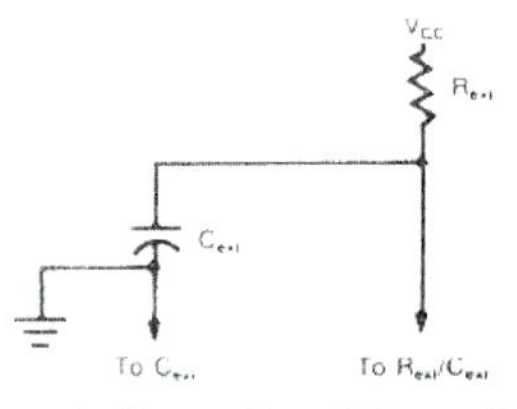

Figure 2. Connection of C_{ext} and R_{ext}

Absolute Maximum Ratings

- Supply voltage, Vcc 7V
- Input voltage 7V
- Operating free-air temperature range 54LS .... −55°C to 125°C
  74LS .... 0°C to 70°C
- Storage temperature range .... −65°C to 150°C

GD54/74LS125A

QUADRUPLE BUS BUFFER GATES WITH 3-STATE OUTPUTS

Description

This device contains 4 buffers with 3-state outputs and is provided with an output control input C which is independent for each buffer.

Function Table

INPUTS		OUTPUT
C	A	Y
L	L	L
L	H	H
H	X	Z

X Irrelevant
Z High Impedance
Output is off (disabled) when C is high

Pin Configuration

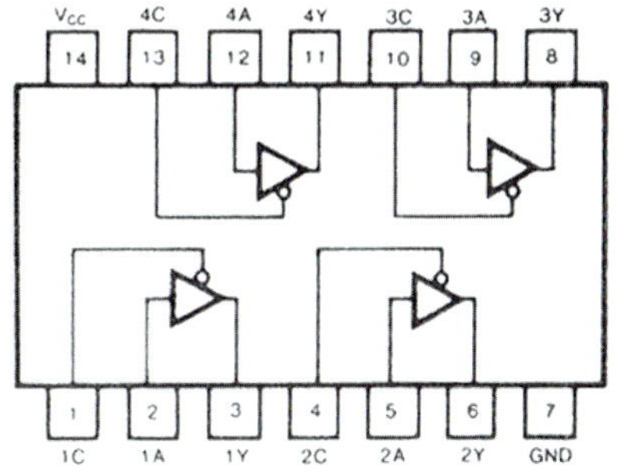

Suffix-Blank: Plastic Dual In Line Package
Suffix-J: Ceramic Dual In Line Package

Schematic (each gate)

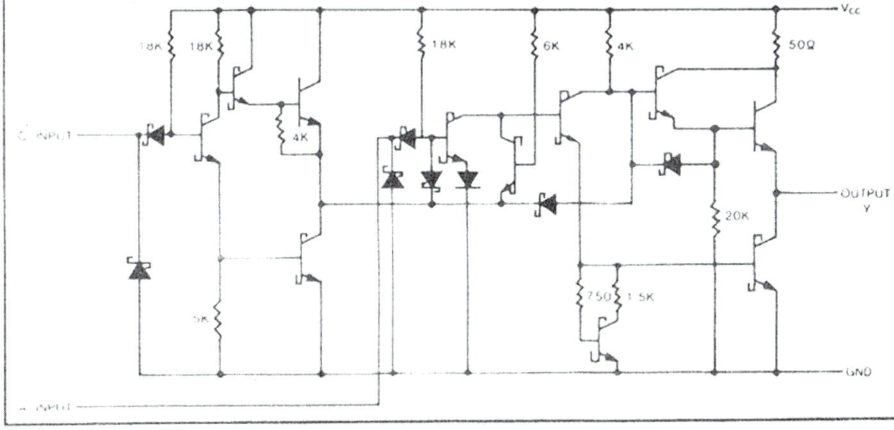

Absolute Maximum Ratings

- Supply voltage, Vcc 7V
- Input voltage 7V
- Operating free-air temperature range 54LS .... −55°C to 125°C
  74LS .... 0°C to 70°C
- Storage temperature range .... −65°C to 150°C

GD54/74LS132

QUAD 2-INPUT NAND GATES WITH SCHMITT TRIGGER INPUTS

Features

- Suitable for waveforms shaping applications
- Wide hysteresis width (0.8V typical) and high noise margin

Description

This device contains four independent gates each of which performs the logic NAND function. Each input has hysteresis which increases the noise immunity and transforms a slowly changing input signal to a fast changing, jitter free output.
When inuts A and B are high, output Y is low, and when either or both inputes are low, Y is high.

Pin Configuration

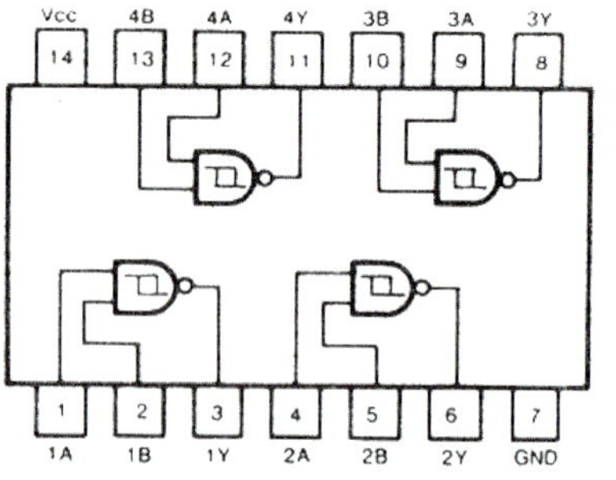

V_{IN} VERSUS V_{OUT}
TRANSFER FUNCTION

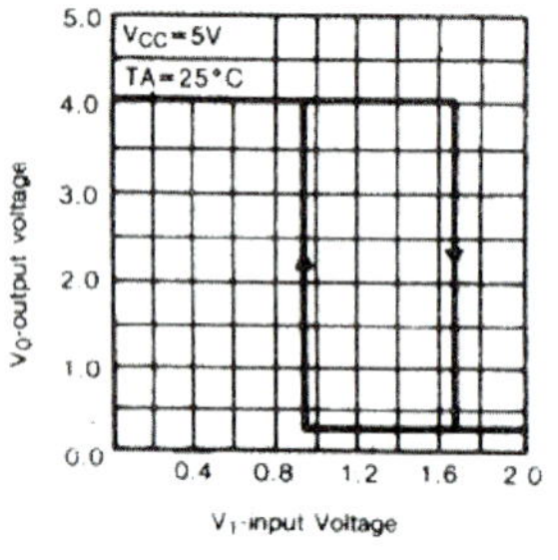

Fig. 1

Function Table

A	B	Y
L	L	H
H	L	H
L	H	H
H	H	L

$Y = \overline{AB}$

Absolute Maximum Ratings

- Supply voltage, V_{CC} 7V
- Input voltage 7V
- Operating free-air temperature range 54LS .... −55°C to 125°C
  74LS .... 0°C to 70°C
- Storage temperature range .... −65°C to 150°C

GD54/74LS138

3-TO-8-LINE DECODERS/DEMULTIPLEXERS

Feature

- Designed Specifically for High Speed Memory Decoders and Data Transmission Systems
- Incorporate 3 Enable Inputs to Simplify Cascading AND/OR Data Reception
- Schottky Clamped for High Performance

Description

This schottky-clamped TTL MSI circuit is designed to be used in high-performance memory-decoding or data-routing applications requiring very short propagation delay time. In high-performance memory systems this decode can be used to minimize the effects of system decoding. When employed with high-speed memories utilizing a fast enable circuit the delay times of this decoder and the enable time of the memory are usually less than the typical access times of the memory. This means that the effective system delay introduced by the schottky-clampled system decoder is negligible.

Pin Configuration

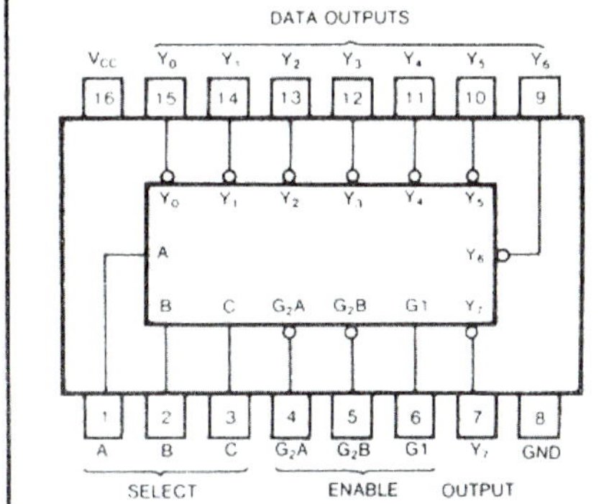

Suffix-Blank Plastic Dual In Line Package
Suffix-J Ceramic Dual In Line Package

Block Diagram and Logic

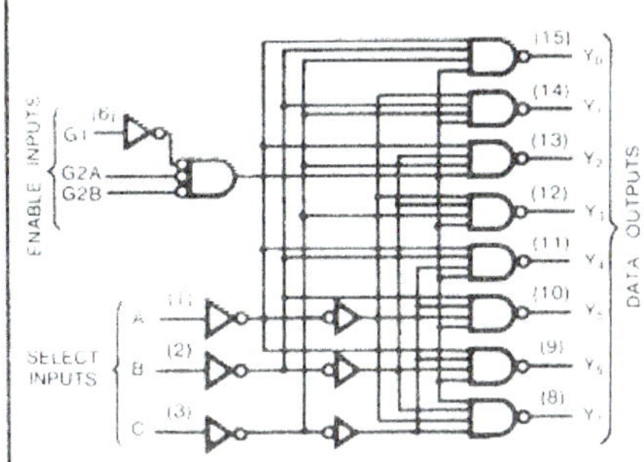

Function Table

INPUTS					OUTPUTS							
ENABLE		SELECT										
G1	G2*	C	B	A	Y0	Y1	Y2	Y3	Y4	Y5	Y6	Y7
X	H	X	X	X	H	H	H	H	H	H	H	H
L	X	X	X	X	H	H	H	H	H	H	H	H
H	L	L	L	L	L	H	H	H	H	H	H	H
H	L	L	L	H	H	L	H	H	H	H	H	H
H	L	L	H	L	H	H	L	H	H	H	H	H
H	L	L	H	H	H	H	H	L	H	H	H	H
H	L	H	L	L	H	H	H	H	L	H	H	H
H	L	H	L	H	H	H	H	H	H	L	H	H
H	L	H	H	L	H	H	H	H	H	H	L	H
H	L	H	H	H	H	H	H	H	H	H	H	L

* G2=G2A+G2B

Absolute Maximum Ratings

- Supply voltage, Vcc 7V
- Input voltage 7V
- Operating free-air temperature range 54LS .... −55°C to 125°C
  74LS .... 0°C to 70°C
- Storage temperature range .... −65°C to 150°C

GD54/74LS139

DUAL 2-TO-4-LINE DECODERS/DEMULTIPLEXERS

Feature

- Designed Specifically for High Speed Memory Decoders and Data Transmission Systems
- Schottky Clamped for High Performance

Description

This schottky-clamped TTL MSI circuit is designed to be used in high-performance memory-decoding or data-routing applications requiring very short propagation delay times. In high-performance memory systems this decoder can be used to minimize the effects of system decoding. When employed with high-speed memories utilizing a fast enable circuit the delay times of this decoder and the enable time of the memory are usually less than the typical access time of the memory. This means that the effective system delay introduced by schottky-clamped system decoder is neglible.

Pin Configuration

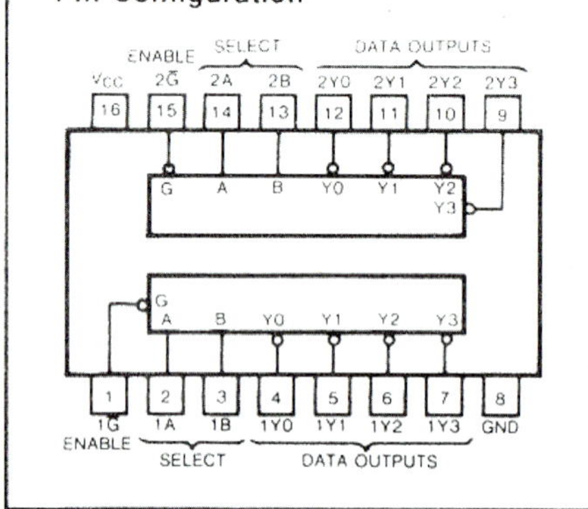

Suffix-Blank: Plastic Dual In Line Package
Suffix-J : Ceramic Dual In Line Package

Function Table

INPUTS			OUTPUTS			
ENABLE	SELECT					
G	B	A	Y0	Y1	Y2	Y3
H	X	X	H	H	H	H
L	L	L	L	H	H	H
L	L	H	H	L	H	H
L	H	L	H	H	L	H
L	H	H	H	H	H	L

H: High level
L: Low level
X: Irrelevant

Function Block Diagram and Logic

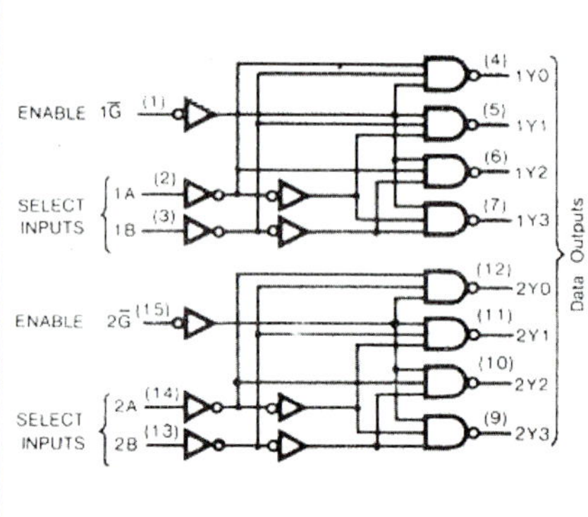

Absolute Maximum Ratings

- Supply voltage, Vcc 7V
- Input voltage 7V
- Operating free-air temperature range 54LS .... −55°C to 125°C
  74LS .... 0°C to 70°C
- Storage temperature range .... −65°C to 150°C

GD54/74LS148

8-TO-3 LINE PRIORITY ENCODER

Features

- Priority Decoding of the Data Inputs
- Code conversions
- Decimal-to-BCD Converter
- Group Serial Output active when any input is low

Pin Configuration

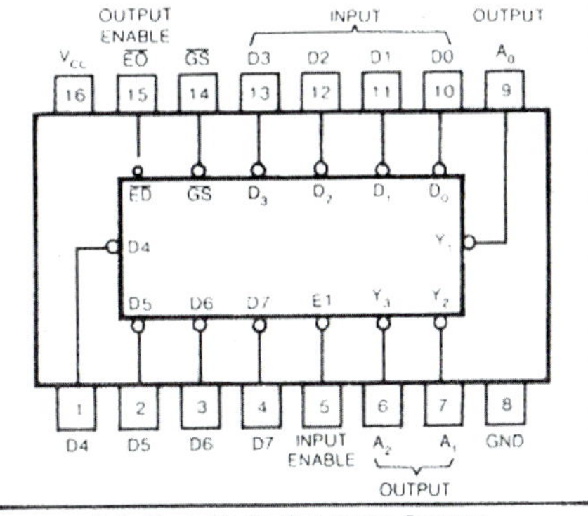

Sufix-Blank Plastic Dual In Line Package
Sufix J Ceramic Dual In Line Package

Description

These priority encoder provide on 8 line to 3 line priority encoder function and priority sequence function.

A priority is given to each input the highest level input pin signal is encoded when two or more inputs are simultaneously active.

The number of input data can be easily increased by using the enable inupt E output enable $\overline{EO}$ and group serial output $\overline{GS}$.

This device is suitable for use as a key board encoder.

Functional Block Diagram

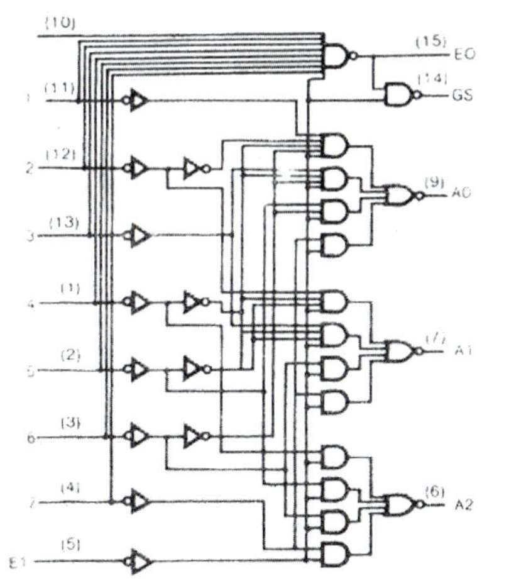

Function Table

INPUTS									OUTPUTS				
E1	D0	D1	D2	D3	D4	D5	D6	D7	A2	A1	A0	GS	E0
H	X	X	X	X	X	X	X	X	H	H	H	H	H
L	H	H	H	H	H	H	H	H	H	H	H	H	L
L	X	X	X	X	X	X	X	L	L	L	L	L	H
L	X	X	X	X	X	X	L	H	L	L	H	L	H
L	X	X	X	X	X	L	H	H	L	H	L	L	H
L	X	X	X	X	L	H	H	H	L	H	H	L	H
L	X	X	X	L	H	H	H	H	H	L	L	L	H
L	X	X	L	H	H	H	H	H	H	L	H	L	H
L	X	L	H	H	H	H	H	H	H	H	L	L	H
L	L	H	H	H	H	H	H	H	H	H	H	L	H

GD54/74LS151

DATA SELECTOR/MULTIPLEXER

Features

- Select one-of-eight data lines
- Performs parallel-to-serial conversion
- Permits multiplexing from N lines to one line
- Also for use Boolean function generator

Description

This data selector/multiplexer contains full on-chip decoding to select the desired data source. The LS151 selects one-of-eight data sources. The LS151 has a strobe input which must be at a low logic level to enable these devices. A high level at the strobe forces the W output high, and the Y output low.

The LS151 features complementary W and Y outputs.

Pin Configuration

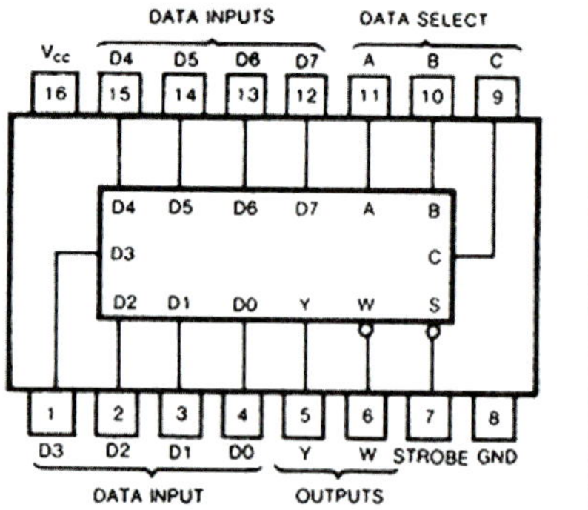

Suffix-Blank: Plastic Dual In Line Package
Suffix-J : Ceramic Dual In Line Package

Functional Block Diagram

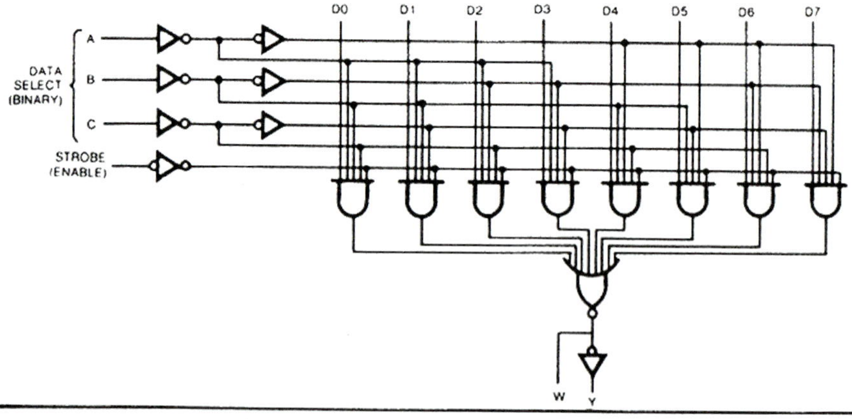

GD54/74LS153

DUAL 4-LINE TO 1 – LINE DATA SELECTORS/MULTIPLEXERS

Feature

- Permits Multiplexing from N Lines to 1 Line
- Performs Parallel-to-Serial Conversion
- Strobe (Enable) Line Provided for Cascading (N Lines to n Lines)
- High-Fan-Out, Low-Impedance, Totem Pole Outputs
- Fully Compatible with Most TTL and DTL Circuits

Description

This monolithic data selectors/multiplexers contains inverters and drivers to supply fully complementary, on-chip binary decoding data selection to the AND/OR invert gates. Separate strobe inputs are provided for each of the two four line sections.

Pin Configuration

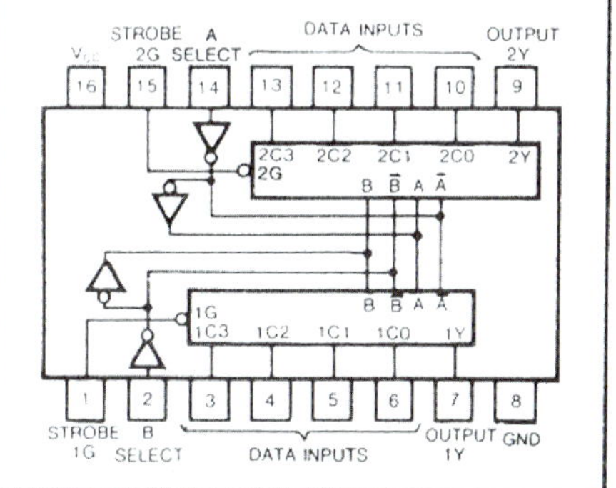

Suffix-Blank: Plastic Dual In Line Package
Suffix-J : Ceramic Dual In Line Package

Function Table

SELECT INPUTS		DATA INPUTS				STROBE	OUTPUT
B	A	C0	C1	C2	C3	G	Y
X	X	X	X	X	X	H	L
L	L	L	X	X	X	L	L
L	L	H	X	X	X	L	H
L	H	X	L	X	X	L	L
L	H	X	H	X	X	L	H
H	L	X	X	L	X	L	L
H	L	X	X	H	X	L	H
H	H	X	X	X	L	L	L
H	H	X	X	X	H	L	H

Functional Block Diagram

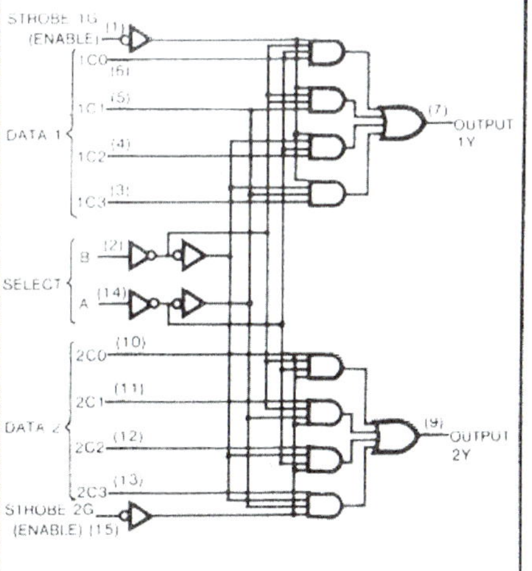

Schematics of Inputs and Outputs

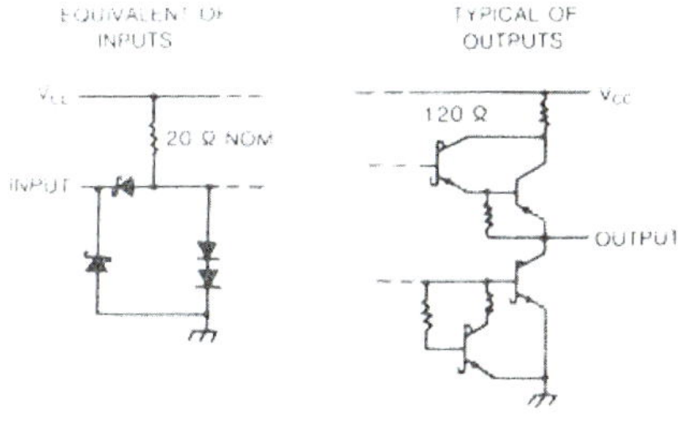

GD54/74LS154

4-LINE TO 16-LINE DECODERS/DEMULTIPLEXERS

Feature

- Decodes 4 Binary-Coded Inputs into One of 16 Mutually Exclusive Outputs
- Performs the Demultiplexing Function by Distributing Data from One Input Line to Any One of 16 Outputs
- Input Clamping Diodes Simplify System Design
- High Fan-Out, Low-Impedance, Totem-Pole Outputs
- Fully Compatible with Most TTL, DTL and MSI Circuits

Pin Configuration

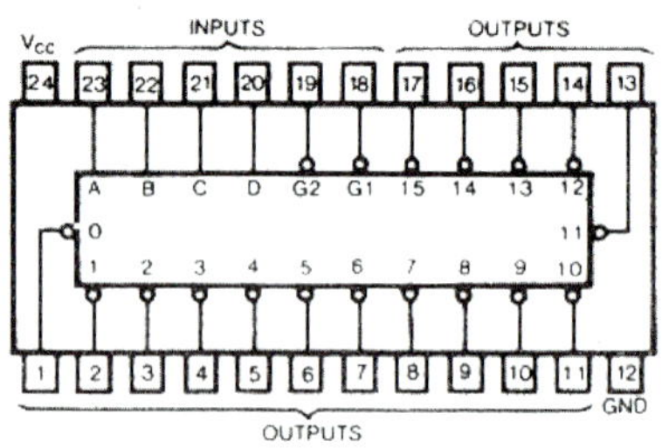

Suffix-Blank: Plastic Dual In Line Package
Suffix-J : Ceramic Dual In Line Package

Description

This monolithic 4-line to 16 line decoder utilizes TTL circuitry to decode four binary-coded inputs into one of sixteen mutually exclusive outputs when both the strobe inputs, G_1 and G_2 are low. The demultiplexing function is performed by using the 4 input lines to address the output line, passing data from one of the strobe inputs with the other strobe input low. When either strobe input is high, all outputs are high.

Function Table

INPUTS						OUTPUTS															
G1	G2	D	C	B	A	0	1	2	3	4	5	6	7	8	9	10	11	12	13	14	15
L	L	L	L	L	L	L	H	H	H	H	H	H	H	H	H	H	H	H	H	H	H
L	L	L	L	L	H	H	L	H	H	H	H	H	H	H	H	H	H	H	H	H	H
L	L	L	L	H	L	H	H	L	H	H	H	H	H	H	H	H	H	H	H	H	H
L	L	L	L	H	H	H	H	H	L	H	H	H	H	H	H	H	H	H	H	H	H
L	L	L	H	L	L	H	H	H	H	L	H	H	H	H	H	H	H	H	H	H	H
L	L	L	H	L	H	H	H	H	H	H	L	H	H	H	H	H	H	H	H	H	H
L	L	L	H	H	L	H	H	H	H	H	L	H	H	H	H	H	H	H	H	H	H
L	L	L	H	H	H	H	H	H	H	H	H	H	L	H	H	H	H	H	H	H	H
L	L	H	L	L	L	H	H	H	H	H	H	H	H	L	H	H	H	H	H	H	H
L	L	H	L	L	H	H	H	H	H	H	H	H	H	H	L	H	H	H	H	H	H
L	L	H	L	H	L	H	H	H	H	H	H	H	H	H	H	L	H	H	H	H	H
L	L	H	L	H	H	H	H	H	H	H	H	H	H	H	H	H	L	H	H	H	H
L	L	H	H	L	L	H	H	H	H	H	H	H	H	H	H	H	H	L	H	H	H
L	L	H	H	L	H	H	H	H	H	H	H	H	H	H	H	H	H	H	L	H	H
L	L	H	H	H	L	H	H	H	H	H	H	H	H	H	H	H	H	H	H	L	H
L	L	H	H	H	H	H	H	H	H	H	H	H	H	H	H	H	H	H	H	H	L
L	H	X	X	X	X	H	H	H	H	H	H	H	H	H	H	H	H	H	H	H	H
H	L	X	X	X	X	H	H	H	H	H	H	H	H	H	H	H	H	H	H	H	H
H	H	X	X	X	X	H	H	H	H	H	H	H	H	H	H	H	H	H	H	H	H

H: High level L: Low level X: Irrelevant

GD54/74LS155

DUAL 2-LINE TO 4-LINE DECODERS/DEMULTIPLEXERS

Features

- Applications:
  - Dual 2-to-4-line decoder
  - Dual 1-to-4-line demultiplexer
  - 3-to-8-line decoder
  - 1-to-8-line demultiplexer
- Individual strobes simplify cascading for decoding or demultiplexing larger words
- Input clamping diodes simplify system design

Description

These TTL circuits feature dual 1-line-to-4-line demultiplexers with individual strobes and common binary-address inputs in a single 16-pin package. When both sections are enabled by the strobes, the common address inputs sequentially select and route associated input data to the appropriate output of each section. The individual strobes permit activating or inhibiting each of the 4-bit sections as desired. Data applied to input C1 is inverted at its outputs and data applied at $\overline{C2}$ is true through its outputs. The inverter following the C1 data input permits use as a 3-to-8-line decoder, or 1-to-8-line demultiplexers, without external gating. Input clamping diodes are provided on these circuits to minimize transmission-line effects and simplify system design.

Functional Block Diagram

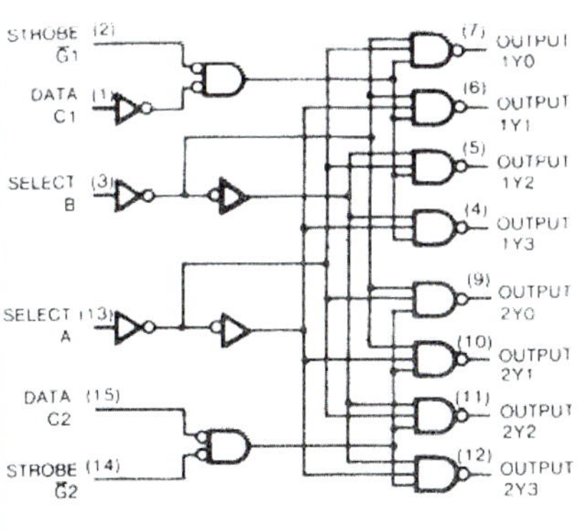

Pin Configuration

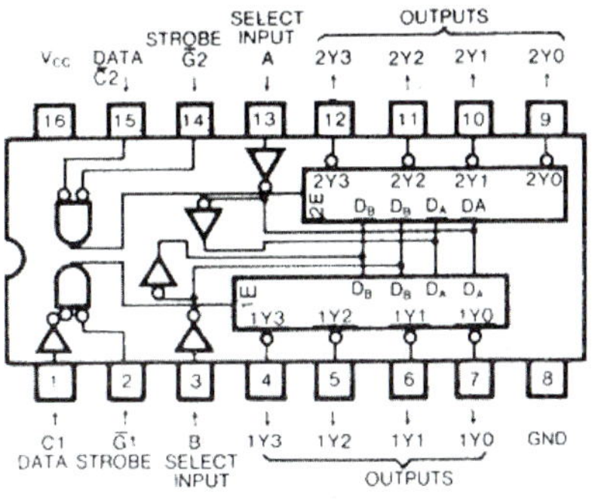

Suffix-Blank: Plastic Dual In Line Package
Suffix-J : Ceramic Dual In Line Package

Function Tables

2-Line-to-4-Line Decoder or 1-Line-to-4-Line Demultiplexer

Inputs				Outputs			
Select		Strobe	Data				
B	A	$\overline{G1}$	C1	1Y0	1Y1	1Y2	1Y3
X	X	H	X	H	H	H	H
L	L	L	H	L	H	H	H
L	H	L	H	H	L	H	H
H	L	L	H	H	H	L	H
H	H	L	H	H	H	H	L
X	X	X	L	H	H	H	H

Inputs				Outputs			
Select		Strobe	Data				
B	A	$\overline{G2}$	$\overline{C2}$	2Y0	2Y1	2Y2	2Y3
X	X	H	X	H	H	H	H
L	L	L	L	L	H	H	H
L	H	L	L	H	L	H	H
H	L	L	L	H	H	L	H
H	H	L	L	H	H	H	L
X	X	X	H	H	H	H	H

3-Line-to-8-Line Decoder or 1-Line-to-8-Line Demultiplexer

Inputs				Outputs							
Select			Strobe Or Data	(0)	(1)	(2)	(3)	(4)	(5)	(6)	(7)
C*	B	A	G**	2Y0	2Y1	2Y2	2Y3	1Y0	1Y1	1Y2	1Y3
X	X	X	H	H	H	H	H	H	H	H	H
L	L	L	L	L	H	H	H	H	H	H	H
L	L	H	L	H	L	H	H	H	H	H	H
L	H	L	L	H	H	L	H	H	H	H	H
L	H	H	L	H	H	H	L	H	H	H	H
H	L	L	L	H	H	H	H	L	H	H	H
H	L	H	L	H	H	H	H	H	L	H	H
H	H	L	L	H	H	H	H	H	H	L	H
H	H	H	L	H	H	H	H	H	H	H	L

C* = inputs C1 and $\overline{C2}$ connected together
G** = inputs $\overline{G1}$ and $\overline{G2}$ connected together
H = high level L = low level X = don't care

GD54/74LS161A

SYNCHRONOUS 4 BIT COUNTERS; BINARY, DIRECT CLERAR

Feature

- Internal Look-Ahead for Fast Counting
- Carry Output for n-Bit Cascading
- Synchronous Counting
- Synchronously Programmable
- Load Control Line
- Diode-Clamped Inputs

Description

This synchronous, presettable counter features an internal carry look-ahead for application in high-speed counting designs. Synchronous operation is provided by having all flip-flops clocked simultaneously so that the outputs change conicident with each other when so instructed by the count-enable inputs and internal gating.

This mode of operation eliminates the output counting spikes that are normally associated with asynchronous (ripple clock) counters. A buffered clock input triggers the four flip-flops on the rising (positive-going) edge of the clock input wave form.

Pin Configuration

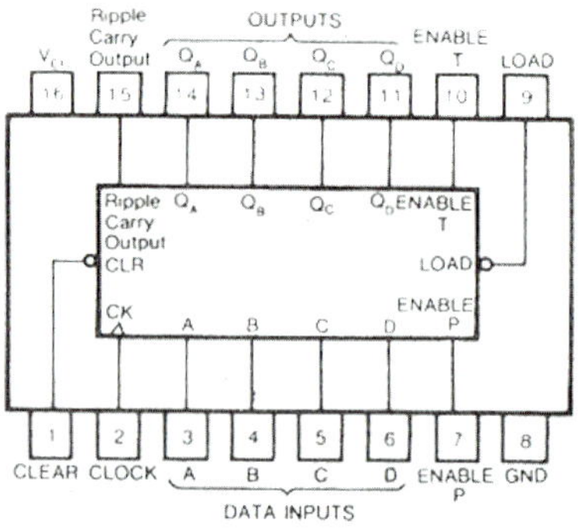

Suffix-Blank Plastic Dual In Line Package
Suffix-J Ceramic Dual In Line Package

This counter is fully programmable; that is the outputs may be preset to either level. As presetting is synchronous setting up a low level at the load input disables the counter and causes the outputs to agree with the setup dsta after the next clock pulse regardless of the levels of the enable inputs.

The carry look-ahead circuitry provides for cascading counters for n-bit synchronous applications without additional gating. Instrurnental in accomplishing this function are two counter-enable inputs and a riple carry output. Both countenable inputs (ENABLE P and ENABLE T) must be high to count, and ENABLE T is fed forward to enable the ripple carry output. The ripple carry output thus enabled will produce a high-level output pulse with a duration approximately equal to the high level portion of the Q_A output. The high-level overflow riple carry pulse can be enable successive cascaded stages. Transitions at the ENP or ENT are allowed regardless of the level of the clock input.

Function Table (Note 1)

$\overline{CLR}$	$\overline{LOAD}$	E_T	E_P	CK	Q_A	Q_B	Q_C	Q_D	RCO
L	X	X	X	X	L	L	L	L	L
H	L	L	X	↑	D_A	D_B	D_C	D_D	L
H	L	H	X	↑					L*
H	H	H	H	↑	Count				L*
H	H	L	X	X	Inhibit				L
H	H	H	L	X	Inhibit				L*

Note 1 ↑ indicates a transition from low to high (positive edge triggering)
* RCO is normally low but is high when all Q outputs and E_T are high simultaneously, i.e.,
$RCO = Q_A \cdot Q_B \cdot Q_C \cdot Q_D \cdot E_T$
X : irrelevant

GD54/74LS163A

SYNCHRONOUS
4-BIT COUNTER: BINARY, SYNCHRONOUS CLEAR

Feature

- Internal Look-Ahead for Fast Counting
- Carry Output for n-Bit Cascading
- Synchronous Counting
- Synchronously Programmable
- Load Control Line
- Diode-Clamped Inputs

Pin Configuration

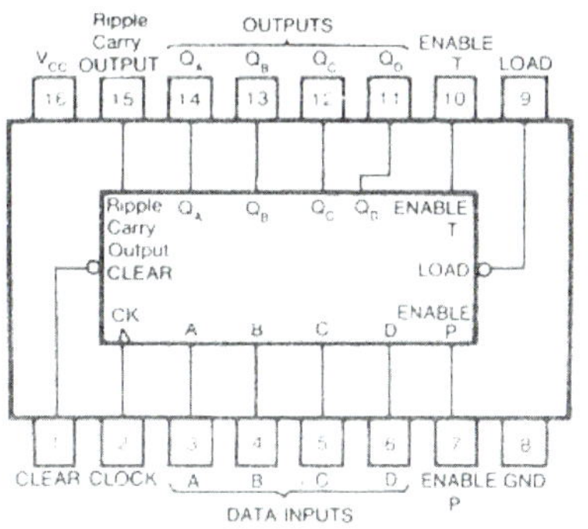

Suffix-Blank	Plastic Dual In Line Package
Suffix-J	Ceramic Dual In Line Package

Description

This synchronous, presettable counter features an internal carry look-ahead for application in high-speed counting designs. Synchronous operation is provided by having all flip-flops clocked simultaneously so that the outputs change coincident with each other when so instructed by the count-enable inputs and internal gating.

This mode of operation eliminates the output counting spikes that are normally associated with asynchronous (ripple clock) counters. A buffered clock input triggers the four flip-flops on the rising (positive-going) edge of the clock input wave form.

This counter is fully programmable, that is the outputs may be preset to either level. As presetting is synchronous setting up a low level at the load input disables the counter and causes the outputs to agree with the setup data after the next clock pulse regardless of the levels of the enable inputs.

The clear function is asynchronous and a low level at the clear input sets all four of the flip-flop outputs low regardless of the levels of the clock, load, or enable inputs.

The carry look-ahead circuitry provides for cascading counters for n-bit synchronous applications without additional gating. Instrumental in accomplishing this function are two counter-enable inputs and a ripple carry output. Both countenable inputs (ENABLE P and ENABLE T) must be high to count, and ENABLE T is fed forward to enable the ripple carry output. The ripple carry output thus enabled will produce a high-level output pulse with a duration approximately equal to the high level portion of the Q_A output. The high-level overflow ripple carry pulse can be used to enable successive cascaded stages. Transitions at the ENP or ENT are allowed regardless of the level of the clock input.

Function Table (Note 1)

$\overline{CLR}$	$\overline{LOAD}$	E_T	E_P	CK	Q_A	Q_B	Q_C	Q_D	RCO
L	X	X	X	↑	L	L	L	L	L
H	L	L	X	↑	D_A	D_B	D_C	D_D	L
H	L	H	X	↑					L*
H	H	H	H	↑	Count				L*
H	H	L	X	X	Inhibit				L
H	H	H	L	X	Inhibit				L*

Note 1: ↑ indicates a transition from low to high (positive edge triggering)

* RCO output is normally low-level, but RCO output is high-level when E_T input is high-level while the counter is in its maximum count state (HHHH)

X: irrelevant

GD54/74LS164

8-BIT PARALLEL OUTPUT SERIAL SHIFT REGISTER

Feature

- Gated (Enable/Disable) Serial Inputs
- Fully Buffered Clock and Serial Inputs
- Asynchronous Clear

Description

This 8-bit shift register features gated serial inputs and an asynchronous clear. The gated serial inputs (A and B) permit complete control over incoming data as a low at either (or both) input(s) inhibits entry of the new data and resets the first flip flop to the low level at the next clock pulse. A high level input enables the other input which will then determine the state of the first flip-flop. Data at the serial inputs may be changed while the clock is high or low, but only information meeting the setup requirements will be entered clocking occurs or the low-to-high level transition of the clock input. All inputs are diode-clamped to minimize transmission-line effects.

Pin Configuration

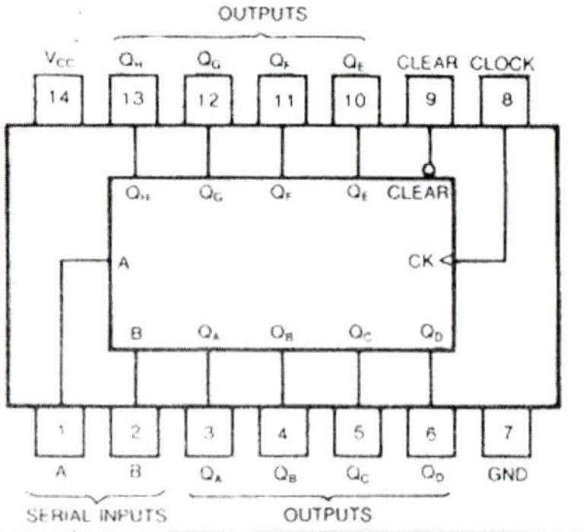

Suffix-Blank : Plastic Dual In Line Package
Suffix-J : Ceramic Dual In Line Package

Function Table

INPUTS				OUTPUTS		
CLEAR	CLOCK	A	B	Q_A	Q_B ···	Q_H
L	X	X	X	L	L ···	L
H	L	X	X	Q_{AO}	Q_{BO} ···	Q_{HO}
H	↑	H	H	H	Q_{Gn} ···	Q_{Gn}
H	↑	L	X	L	Q_{An} ···	Q_{Gn}
H	↑	X	L	L	Q_{An} ···	Q_{Gn}

H = high level (steady state), L = low level (steady state)
X = irrelevant (any input, including transitions)
↑ = transition from low to high level
Q_{AO}, Q_{BO}, Q_{HO} = the level of Q_A, Q_B or Q_H respectively, before the indicated steady-state input conditions were established
Q_{An}, Q_{Gn} = the level of Q_A or Q_G before the most recent ↑ transition of the clock; indicates a one-bit shift

Schematics of Inputs and Outputs

EQUIVALENT OF EACH INPUT

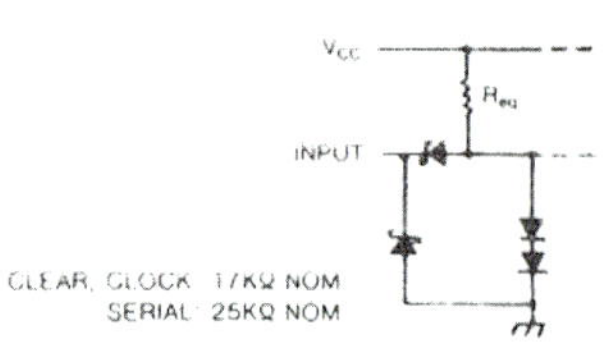

TYPICAL OF ALL OUTPUTS

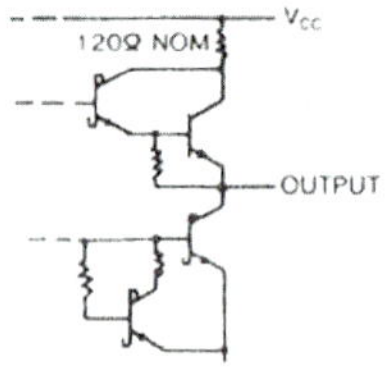

GD54/74LS165

PARALLEL-LOAD 8-BIT SHIFT REGISTERS WITH COMPLEMENTARY OUTPUTS

Feature

- Complementary Outputs
- Direct Overriding Load (Data) Inputs
- Gated Clock Inputs
- Parallel-to-Serial Data Conversion

Pin Configuration

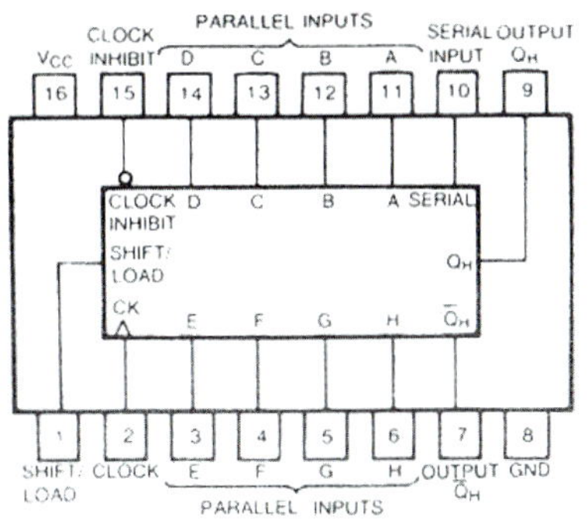

Suffix Blank Plastic Dual In Line Package
Suffix J Ceramic Dual In Line Package

Description

This device is 8 bit serial shift registers that shift the data in the direction of Q_A toward Q_H when clocked. Parallel-in access to each stage is made available by eight individual direct data inputs that are enabled by a low level at the shift/load input. These registers also feature gated clock inputs and complementary outputs from the eight bit. All inputs are diode-clamped to minimize transmission-line effects, thereby simplifying system design.

Clocking is accomplished through a 2-input positive-NOR gate, permitting one input to be used as a clock-inhibit function. Holding either of the clock inputs high inhibits clocking and holding either clock input low with the shift/load input high enables the other clock input. The clock-inhibit input should be changed to the high level only while the clock input is high. Parallel loading is inhibited as long as the shift/load input is high. Data at the parallel inputs are loaded directly into the register on a high-to-low transition of the shift/load input independently of the levels of the clock, clock inhibit, or serial inputs.

Function Table

INPUTS					INTERNAL OUTPUTS		OUTPUT
SHIFT/LOAD	CLOCK INHIBIT	CLOCK	SERIAL	PARALLEL A…H	Q_A	Q_B	Q_H
L	X	X	X	a…h	a	b	h
H	L	L	X	X	Q_{A0}	Q_{B0}	Q_{H0}
H	L	↑	H	X	H	Q_{An}	Q_{Gn}
H	L	↑	L	X	L	Q_{An}	Q_{Gn}
H	H	X	X	X	Q_{A0}	Q_{B0}	Q_{H0}

H = High Level (steady state), L = Low Level (steady state) X = Irrelevant (any input, including transitions) ↑ = Transition from low to high level
a…h = The level of steady-state input at inputs A through H, respectively Q_{A0}, Q_{B0}, Q_{H0} = The level of Q_A, Q_B, Q_H respectively, before the indicated steady stae input conditions were established
Q_{An}, Q_{Gn} = The level of Q_A, Q_G, respectively, before the most recent ↑ transition of the clock

Absolute Maximum Ratings

- Supply voltage, Vcc 7V
- Input voltage 7V
- Operating free-air temperature range 54LS .... −55°C to 125°C
  74LS .... 0°C to 70°C
- Storage temperature range .... −65°C to 150°C

GD54/74LS174

HEX D-TYPE FLIP-FLOPS, COMMON CLEAR

Feature

- Contains Six Flip-Flops with Single-Rail Outputs
- Buffered Clock and Direct Clear Inputs
- Individual Data Input to Each Flip-Flop
- Application Include: Buffer/Storage Registers
  Shift Registers
  Pattern Generators

Pin Configuration

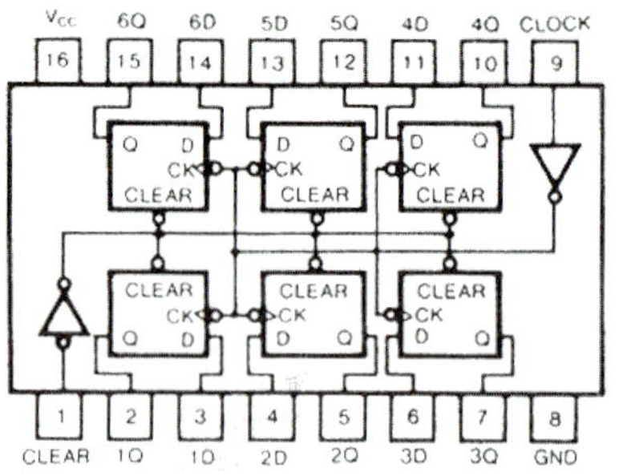

Suffix-Blank: Plastic Dual In Line Package
Suffix-J : Ceramic Dual In Line Package

Description

These monolitic, positive-edge triggered flip-flops utilize TTL circuitry to implement D-type flip-flop logic.

Information at the D inputs meeting the setup time requirements is transferred to the outputs on the positive going edge of the clock pulse. Clock triggering occurs at a particular voltage level and is not directly related to the transition time of the positive-going pulse. When the clock input is at either the high or low level, the D input signal has no effect at the output.

Function Table (Each F/F)

INPUTS			OUTPUTS
CLEAR	CLOCK	D	Q
L	X	X	L
H	↑*	H	H
H	↑*	L	L
H	L	X	Q_0*

↑* = transition from low to high level
* Q_0 = the level of Q before the indicated steady-state input conditions were established

Schematics of Inputs and Outputs

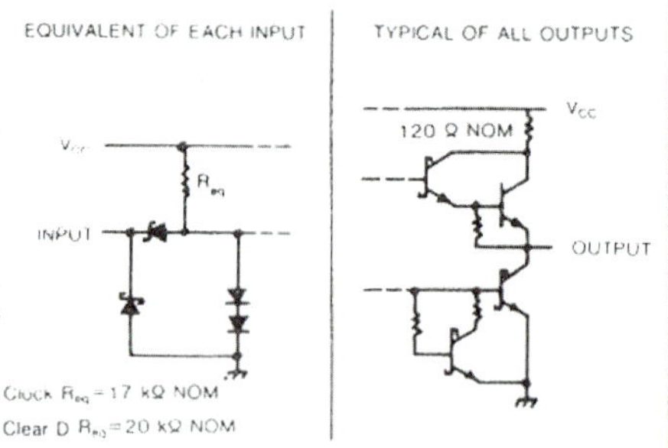

Absolute Maximum Ratings

- Supply voltage, Vcc 7V
- Input voltage 7V
- Operating free-air temperature range 54LS .... −55°C to 125°C
  74LS .... 0°C to 70°C
- Storage temperature range .... −65°C to 150°C

GD54/74LS175

QUAD D-TYPE FLIP-FLOPS

Feature

- Contains Four Flip-Flops with Double-Rail Outputs
- Buffered Clock and Direct Clear Inputs
- Individual Data Input to Each Flip-Flop
- Applications: Buffer/Storage Registers
  Shift Registers
  Pattern Generators

Description

This monolithic, positive edge-triggered flip flops utilize, TTL circuitry to implement D-type flip-flop logic.

Information at the D inputs meeting the setup time requirements is transferred to the Q outputs on the positive-going edge of the clock pulse. Clock triggering occurs at a particular voltage level and is not directly related to the transition time of the positive-going pulse. When the clock input is at either the high or low level, the D input signal has no effect at the output.

Pin Configuration

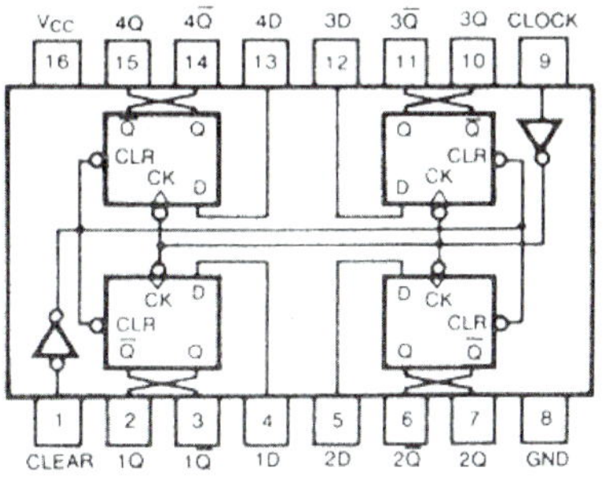

Suffix-Blank. Plastic Dual In Line Package
Suffix-J Ceramic Dual In Line Package

Function Table

INPUTS			OUTPUTS	
CLEAR	CLOCK	D	Q	$\bar{Q}$
L	X	X	L	H
H	↑*	H	H	L
H	↑*	L	L	H
H	L	X	Q_0*	$\bar{Q}_0$

↑* = transition from low to high level

* Q_0 = the level of Q before the indicated steady state input conditions were established

Schematics of Inputs and Outputs

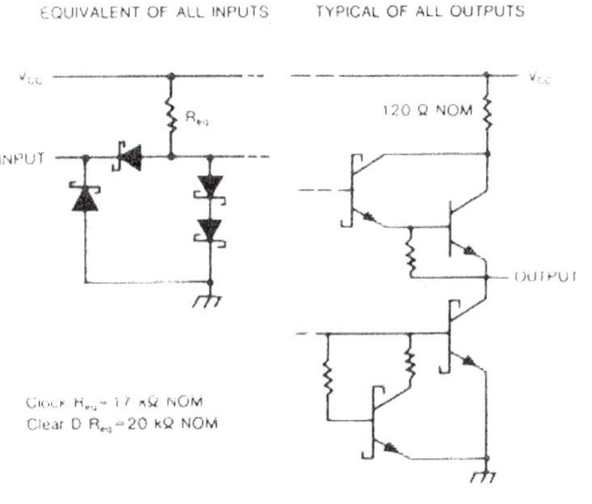

GD54/74LS245

OCTAL BUS TRANSCEIVER; NON-INVERTED 3-STATE OUTPUTS

Feature

- Bidirectional Bus Transceiver in a High-Density 20-Pin Package
- 3-State Outputs Dirve Bus Lines Directly
- P-N-P Inputs D-C Loading on Bus Lines
- Hysteresis at Bus Inputs Improve Noise Margins
- Typical Propagation Delay Times, Port to Port ... 8 ns

Description

These octal bus transceiver are designed for asynchronous two-way communication between data buses. The control function implementation minimizes external timing requirements.

The device allows data transmission from the A bus to the B bus or from the B bus to the A bus depending upon the logic level at the directional control (DIR) input. The enable input ($\bar{G}$) can be used to disable the device so that the buses are effectively isolated.

Pin Configuration

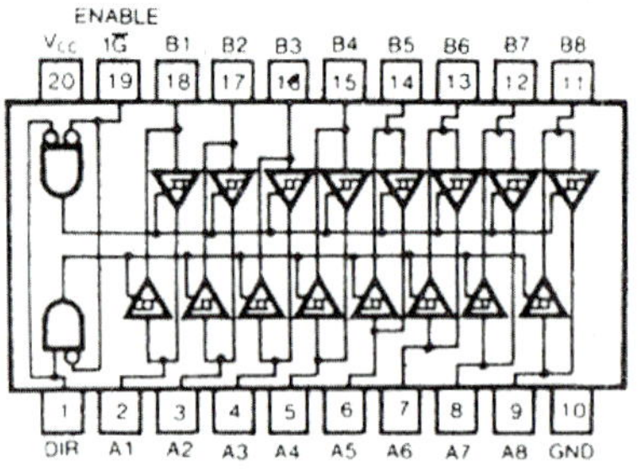

Suffix-Blank: Plastic Dual In Line Package
Suffix-J: Ceramic Dual In Line Package

Schematics of Inputs and Outputs

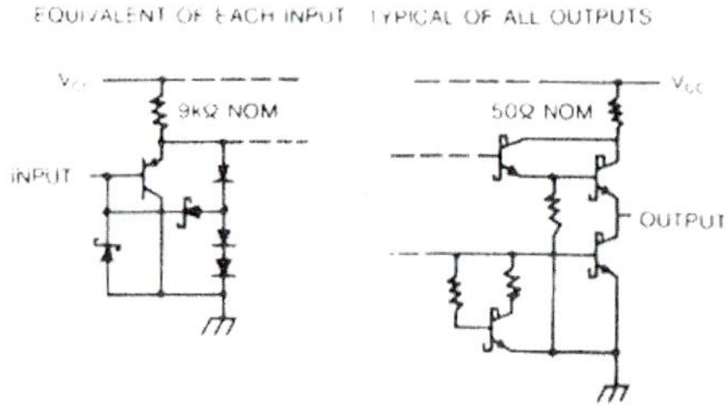

Function Table

ENABLE $\bar{G}$	DIRECTION CONTROL DIR	OPERATION
L	L	B data to A bus
L	H	A data to B bus
H	X	Isolation

Absolute Maximum Ratings

- Supply voltage, Vcc 7V
- Input voltage 7V
- Off-state output voltage 5.5V
- Operating free-air temperature range 54LS .... −55°C to 125°C
  74LS .... 0°C to 70°C
- Storage temperature range .... −65°C to 150°C

GD54/74LS365A

HEX-BUS DRIVERS; 3-STATE OUTPUTS, NON-INVERTED DATA OUTPUTS

Feature

- 3-State Outputs Drive Bus Lines or Buffer Memory Address Registers
- Choice of True or Inverting Outputs

Description

These hex buffers and line drivers are designed specifically to improve both the performance and density of three state memory address drivers, clock drivers, and bus oriented receivers and transmitters. The desingers has a choice of selected combinations of inverting and noninverting outputs, symmetrical Ḡ (active-low control) inputs

Function Table

Ḡ1	Ḡ2	A	Y
L	L	L	L
L	L	H	L
H	X	X	Z
X	H	X	Z

Pin Configuration

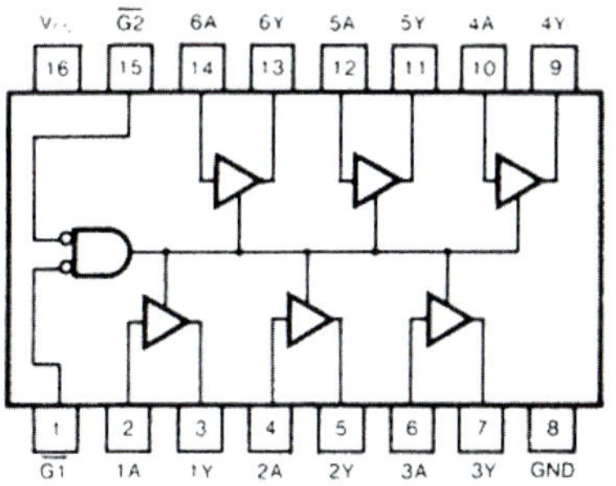

Suffix-Blank. Plastic Dual In Line Package
Suffix-J Ceramic Dual In Line Package

Circuit Schematics (each gate)

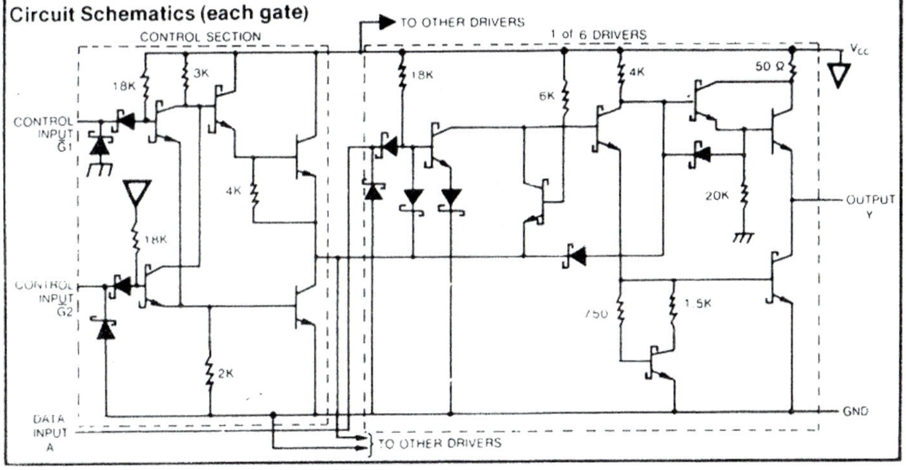

Absolute Maximum Ratings

- Supply voltage, Vcc 7V
- Input voltage 7V
- Voltage applied to a disabled 3-state output 5.5V
- Operating free-air temperature range 54LS .... −55°C to 125°C
  74LS .... 0°C to 70°C
- Storage temperature range .... −65°C to 150°C

GD54/74LS366A

HEX 3-STATE INVERTING BUFFERS

Description

This device contains six independent gates each of which performs an inverting buffer function. The outputs have the TRI-STATE feature. When enabled, the outputs exhibit the low impedance characteristics of a standard LS output with additional drive capability to permit the driving of bus lines without external resistors. When disabled, both the output transistors are turned off presenting a high-impedance state to the bus line. Thus the output will act neither as a significant load nor as a driver. To minimize the possibility that two outputs will attempt to take a common bus to opposite logic levels, the disable time is shorter than the enable time of the outputs.

Features

$Y=\overline{A}$

INPUT			OUTPUT
$\overline{G}1$	$\overline{G}2$	A	Y
H	X	X	Z
X	H	X	Z
L	L	L	H
L	L	H	L

Pin Configuration

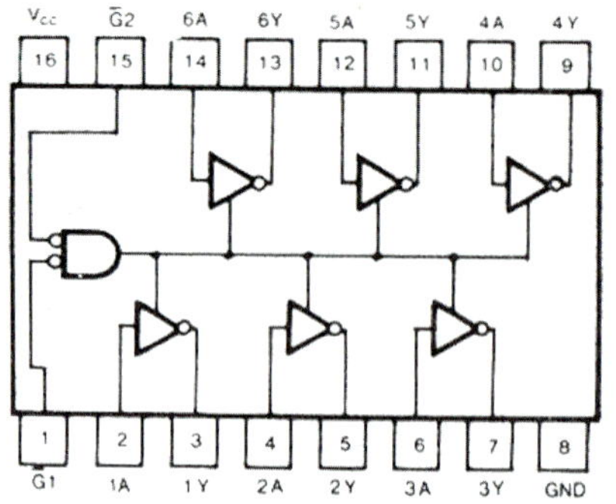

Suffix-Blank: Plastic Dual In Line Package
Suffix-J : Ceramic Dual In Line Package

Circuit Schematic (each buffer)

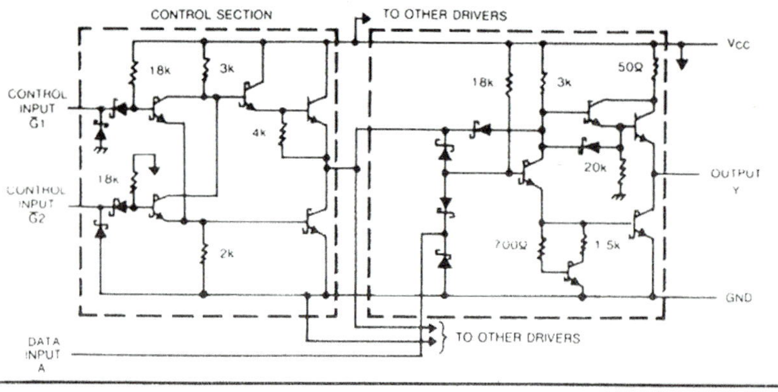

Absolute Maximum Ratings

- Supply voltage, V_{CC} 7V
- Input voltage 7V
- Off-state output voltage 5.5V
- Operating free-air temperature range 54LS .... −55°C to 125°C
  74LS .... 0°C to 70°C
- Storage temperature range .... −65°C to 150°C

MOTOROLA

MC14001UB
Quad 2-Input NOR Gate

MC14002UB
Dual 4-Input NOR Gate

MC14011UB
Quad 2-Input NAND Gate

MC14012UB
Dual 4-Input NAND Gate

MC14023UB
Triple 3-Input NAND Gate

MC14025UB
Triple 3-Input NOR Gate

UB-SUFFIX SERIES CMOS GATES

The UB Series logic gates are constructed with P and N channel enhancement mode devices in a single monolithic structure (Complementary MOS). Their primary use is where low power dissipation and/or high noise immunity is desired. The UB set of CMOS gates are inverting non-buffered functions.

- Supply Voltage Range = 3.0 Vdc to 18 Vdc
- Linear and Oscillator Applications
- Capable of Driving Two Low-power TTL Loads or One Low-power Schottky TTL Load Over the Rated Temperature Range.
- Double Diode Protection on All Inputs
- Pin-for-Pin Replacements for Corresponding CD4000 Series UB Suffix Devices

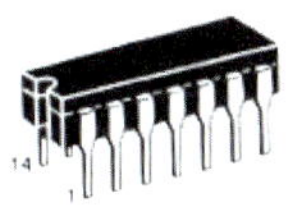

L SUFFIX
CERAMIC
CASE 632

P SUFFIX
PLASTIC
CASE 646

D SUFFIX
SOIC
CASE 751A

ORDERING INFORMATION

MC14XXXUBCP Plastic
MC14XXXUBCL Ceramic
MC14XXXUBD SOIC

T_A = −55° to 125°C for all packages

LOGIC DIAGRAMS

MC14001UB
Quad 2-Input NOR Gate

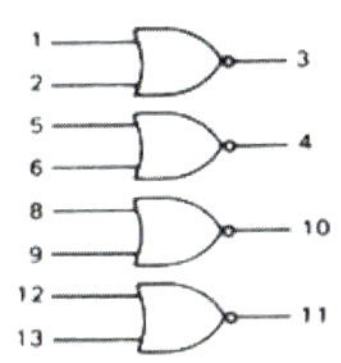

MC14002UB
Dual 4-Input NOR Gate

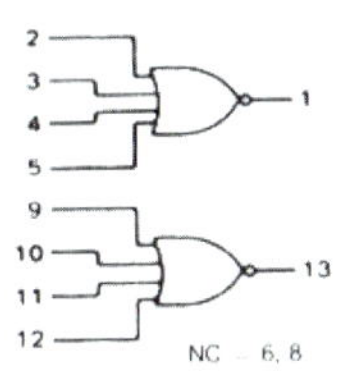

MC14011UB
Quad 2-Input NAND Gate

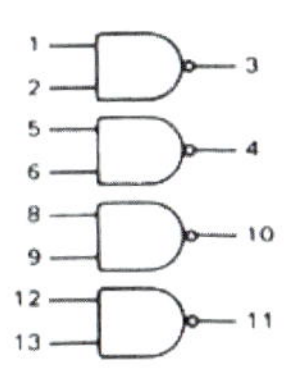

MC14012UB
Dual 4-Input NAND Gate

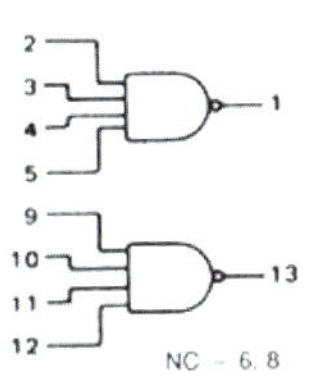

MC14023UB
Triple 3-Input NAND Gate

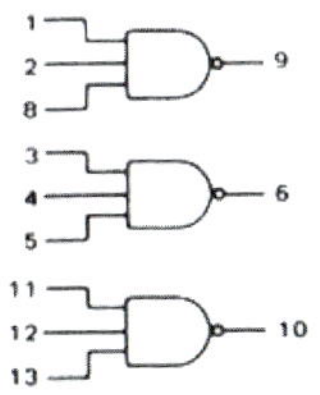

MC14025UB
Triple 3-Input NOR Gate

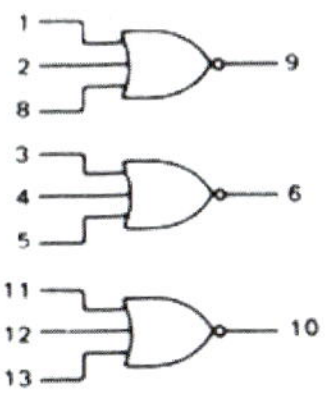

V_{DD} = Pin 14
V_{SS} = Pin 7
for All Devices

This device contains protection circuitry to guard against damage due to high static voltages or electric fields. However, precautions must be taken to avoid applications of any voltage higher than maximum rated voltages to this high-impedance circuit. For proper operation, V_{in} and V_{out} should be constrained to the range $V_{SS} \leq (V_{in}$ or $V_{out}) \leq V_{DD}$.

Unused inputs must always be tied to an appropriate logic voltage level (e.g., either V_{SS} or V_{DD}). Unused outputs must be left open.

Ⓜ **MOTOROLA**

MC14068B
See Page 6-5

MC14069UB

HEX INVERTER

The MC14069UB hex inverter is constructed with MOS P-channel and N-channel enhancement mode devices in a single monolithic structure. These inverters find primary use where low power dissipation and/or high noise immunity is desired. Each of the six inverters is a single stage to minimize propagation delays.

- Supply Voltage Range = 3.0 Vdc to 18 Vdc
- Capable of Driving Two Low-Power TTL Loads or One Low-Power Schottky TTL Load Over the Rated Temperatur Range
- Triple Diode Protection on All Inputs (see Page 5-2)
- Pin-for-Pin Replacement for CD4069UB
- Meets JEDEC UB Specifications

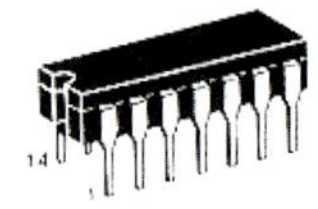

L SUFFIX
CERAMIC
CASE 632

P SUFFIX
PLASTIC
CASE 646

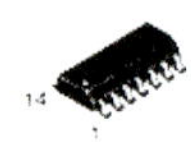

D SUFFIX
SOIC
CASE 751A

ORDERING INFORMATION

MC14XXXUBCP Plastic
MC14XXXUBCL Ceramic
MC14XXXUBD SOIC

T_A = –55° to 125°C for all packages

MAXIMUM RATINGS* (Voltages Referenced to V_{SS})

Symbol	Parameter	Value	Unit
V_{DD}	DC Supply Voltage	– 0.5 to + 18.0	V
V_{in}, V_{out}	Input or Output Voltage (DC or Transient)	– 0.5 to V_{DD} + 0.5	V
I_{in}, I_{out}	Input or Output Current (DC or Transient), per Pin	± 10	mA
P_D	Power Dissipation, per Package†	500	mW
T_{stg}	Storage Temperature	– 65 to + 150	°C
T_L	Lead Temperature (8-Second Soldering)	260	°C

*Maximum Ratings are those values beyond which damage to the device may occur.
†Temperature Derating: Plastic "P and D/DW" Packages: – 7.0 mW/°C From 65°C To 125°C
Ceramic "L" Packages: – 12 mW/°C From 100°C To 125°C

LOGIC DIAGRAM

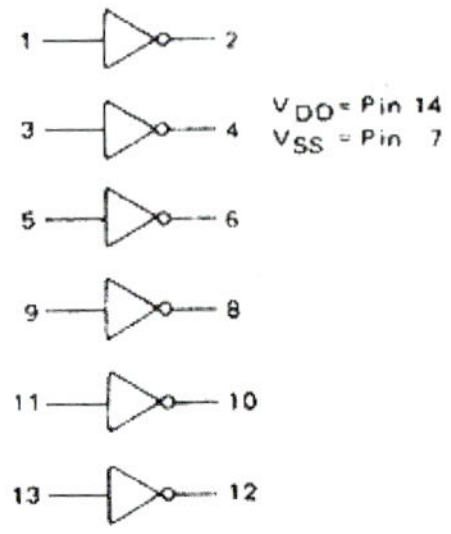

CIRCUIT SCHEMATIC
(1/6 OF CIRCUIT SHOWN)

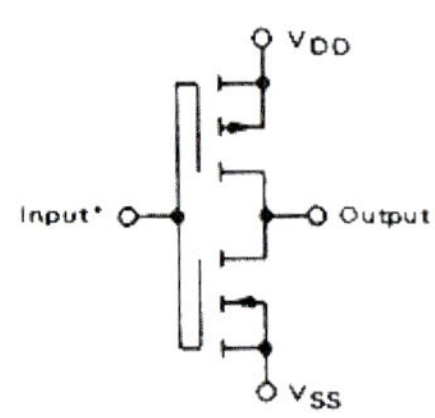

*Double diode protection on all inputs not shown.

PIN ASSIGNMENT

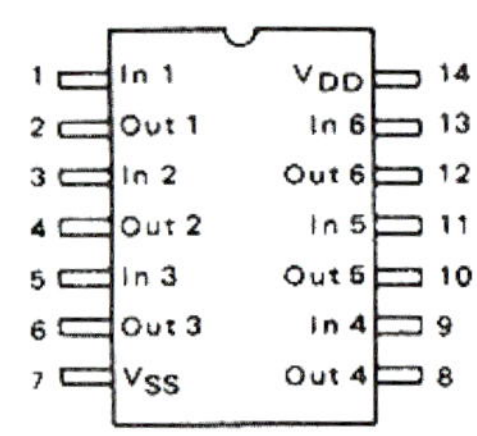

FIGURE 1 — SWITCHING TIME TEST CIRCUIT AND WAVEFORMS

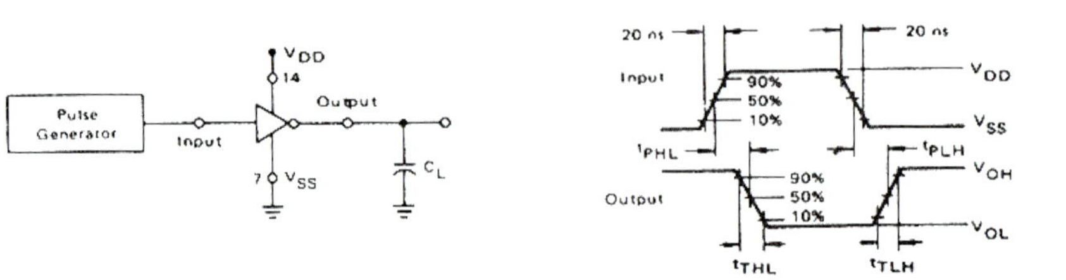

MOTOROLA

MC14077B
See Page 6-160

MC14078B, MC14081B, MC14082B
See Page 6-5

MC14093B

QUAD 2-INPUT "NAND" SCHMITT TRIGGER

The MC14093B Schmitt trigger is constructed with MOS P-channel and N-channel enhancement mode devices in a single monolithic structure. These devices find primary use where low power dissipation and/or high noise immunity is desired. The MC14093B may be used in place of the MC14011B quad 2-input NAND gate for enhanced noise immunity or to "square up" slowly changing waveforms.

- Supply Voltage Range = 3.0 Vdc to 18 Vdc
- Capable of Driving Two Low-Power TTL Loads or One Low-Power Schottky TTL Load Over the Rated Temperature Range
- Triple Diode Protection on All Inputs
- Pin-for-Pin Compatible with CD4093
- Can be Used to Replace MC14011B
- Independent Schmitt-Trigger at each Input

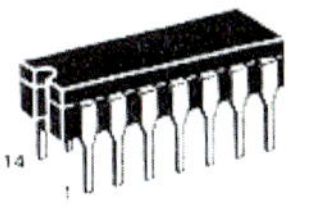

L SUFFIX
CERAMIC
CASE 632

P SUFFIX
PLASTIC
CASE 646

D SUFFIX
SOIC
CASE 751A

ORDERING INFORMATION

MC14XXXBCP	Plastic
MC14XXXBCL	Ceramic
MC14XXXBD	SOIC

T_A = −55° to 125°C for all packages.

MAXIMUM RATINGS* (Voltages Referenced to V_{SS})

Symbol	Parameter	Value	Unit
V_{DD}	DC Supply Voltage	−0.5 to +18.0	V
V_{in}, V_{out}	Input or Output Voltage (DC or Transient)	−0.5 to V_{DD} +0.5	V
I_{in}, I_{out}	Input or Output Current (DC or Transient), per Pin	±10	mA
P_D	Power Dissipation, per Package†	500	mW
T_{stg}	Storage Temperature	−65 to +150	°C
T_L	Lead Temperature (8-Second Soldering)	260	°C

*Maximum Ratings are those values beyond which damage to the device may occur.
†Temperature Derating: Plastic "P and D/DW" Packages: −7.0 mW/°C From 65°C To 125°C
Ceramic "L" Packages: −12 mW/°C From 100°C To 125°C

EQUIVALENT CIRCUIT SCHEMATIC
(1/4 OF CIRCUIT SHOWN)

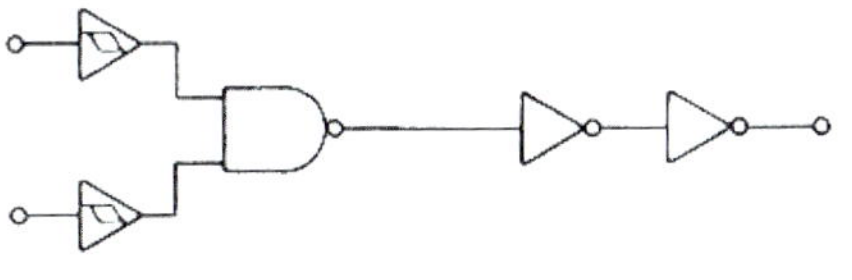

LOGIC DIAGRAM

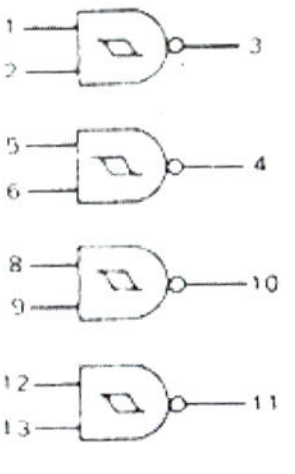

V_{DD} = Pin 14
V_{SS} = Pin 7

This device contains protection circuitry to guard against damage due to high static voltages or electric fields. However, precautions must be taken to avoid applications of any voltage higher than maximum rated voltages to this high-impedance circuit. For proper operation, V_{in} and V_{out} should be constrained to the range $V_{SS} \leq (V_{in} \text{ or } V_{out}) \leq V_{DD}$.

Unused inputs must always be tied to an appropriate logic voltage level (e.g., either V_{SS} or V_{DD}). Unused outputs must be left open.

![National Semiconductor logo]

National Semiconductor

Industrial Blocks

LM555/LM555C Timer

General Description

The LM555 is a highly stable device for generating accurate time delays or oscillation. Additional terminals are provided for triggering or resetting if desired. In the time delay mode of operation, the time is precisely controlled by one external resistor and capacitor. For astable operation as an oscillator, the free running frequency and duty cycle are accurately controlled with two external resistors and one capacitor. The circuit may be triggered and reset on falling waveforms, and the output circuit can source or sink up to 200 mA or drive TTL circuits.

Features

- Direct replacement for SE555/NE555
- Timing from microseconds through hours
- Operates in both astable and monostable modes
- Adjustable duty cycle
- Output can source or sink 200 mA
- Output and supply TTL compatible
- Temperature stability better than 0.005% per °C
- Normally on and normally off output

Applications

- Precision timing
- Pulse generation
- Sequential timing
- Time delay generation
- Pulse width modulation
- Pulse position modulation
- Linear ramp generator

Schematic Diagram

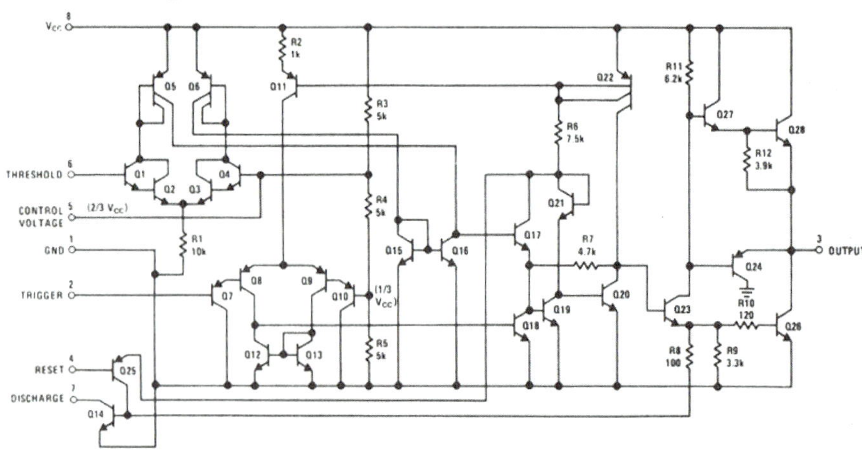

Connection Diagrams

Metal Can Package

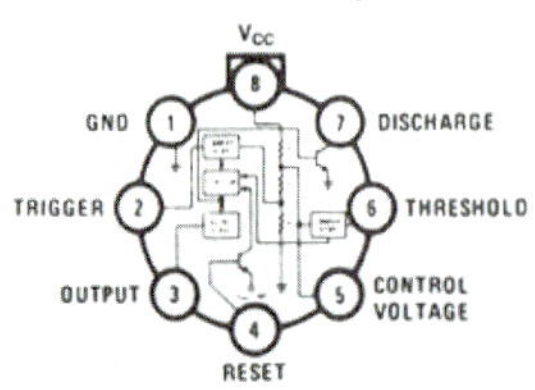

TOP VIEW

Order Number LM555H, LM555CH
See NS Package H08C

Dual-In-Line Package

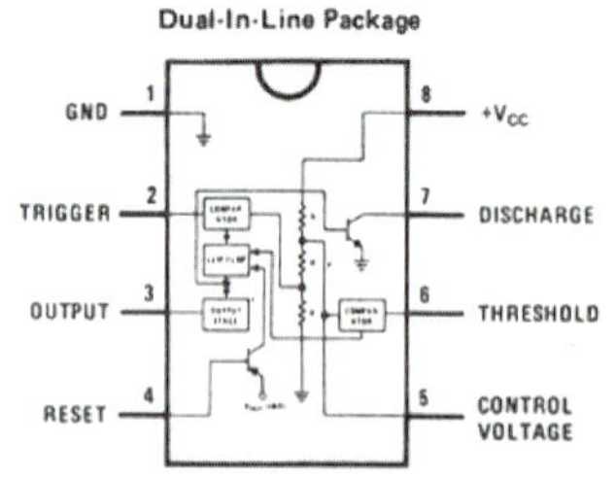

TOP VIEW

Order Number LM555CN
See NS Package N08B
Order Number LM555J or LM555CJ
See NS Package J08A

Applications Information

MONOSTABLE OPERATION

In this mode of operation, the timer functions as a one-shot (*Figure 1*). The external capacitor is initially held discharged by a transistor inside the timer. Upon application of a negative trigger pulse of less than 1/3 V_{CC} to pin 2, the flip-flop is set which both releases the short circuit across the capacitor and drives the output high.

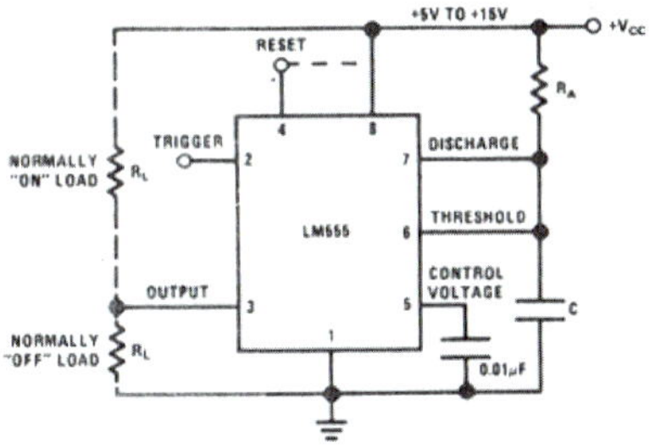

FIGURE 1. Monostable

The voltage across the capacitor then increases exponentially for a period of $t = 1.1\ R_AC$, at the end of which time the voltage equals 2/3 V_{CC}. The comparator then resets the flip-flop which in turn discharges the capacitor and drives the output to its low state. *Figure 2* shows the waveforms generated in this mode of operation. Since the charge and the threshold level of the comparator are both directly proportional to supply voltage, the timing internal is independent of supply.

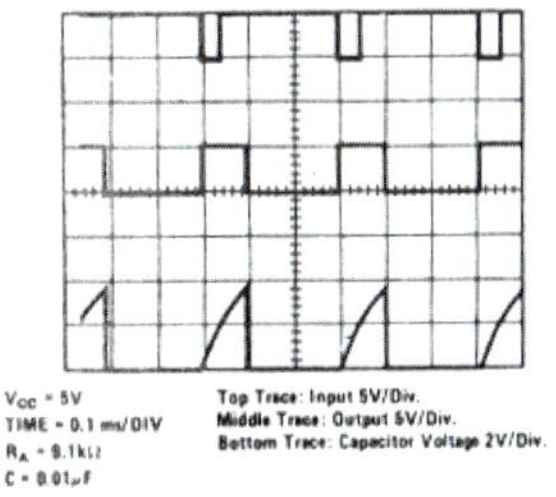

FIGURE 2. Monostable Waveforms

During the timing cycle when the output is high, the further application of a trigger pulse will not effect the circuit. However the circuit can be reset during this time by the application of a negative pulse to the reset terminal (pin 4). The output will then remain in the low state until a trigger pulse is again applied.

When the reset function is not in use, it is recommended that it be connected to V_{CC} to avoid any possibility of false triggering.

Figure 3 is a nomograph for easy determination of R, C values for various time delays.

NOTE: In monostable operation, the trigger should be driven high before the end of timing cycle.

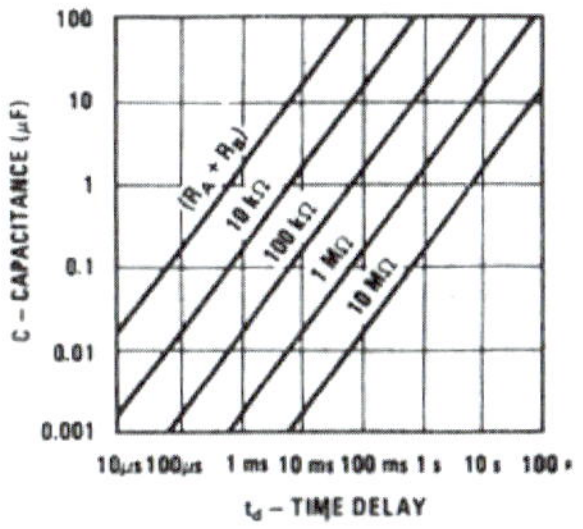

FIGURE 3. Time Delay

ASTABLE OPERATION

If the circuit is connected as shown in *Figure 4* (pins 2 and 6 connected) it will trigger itself and free run as a multivibrator. The external capacitor charges through $R_A + R_B$ and discharges through R_B. Thus the duty cycle may be precisely set by the ratio of these two resistors.

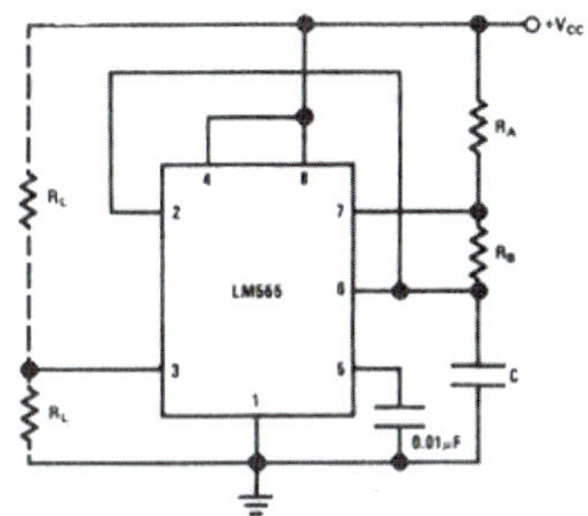

FIGURE 4. Astable

In this mode of operation, the capacitor charges and discharges between 1/3 V_{CC} and 2/3 V_{CC}. As in the triggered mode, the charge and discharge times, and therefore the frequency are independent of the supply voltage.

Figure 5 shows the waveforms generated in this mode of operation.

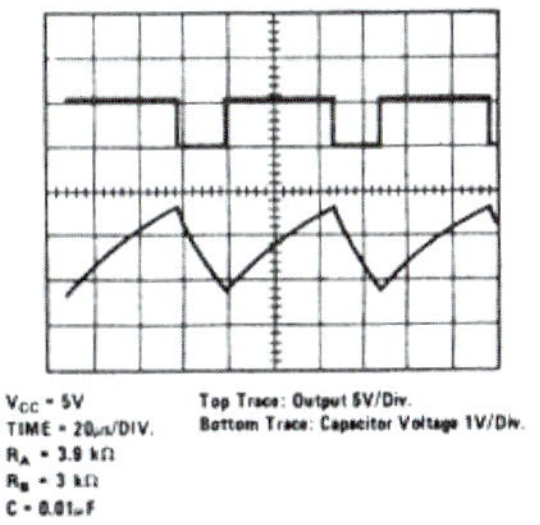

FIGURE 5. Astable Waveforms

The charge time (output high) is given by:

$$t_1 = 0.693\ (R_A + R_B)\ C$$

And the discharge time (output low) by:

$$t_2 = 0.693\ (R_B)\ C$$

Thus the total period is:

$$T = t_1 + t_2 = 0.693\ (R_A + 2R_B)\ C$$

전기전자 기초실습

초 판 1쇄 발행 / 2019년 2월 25일
개정판 1쇄 발행 / 2019년 9월 13일
개정판 2쇄 발행 / 2020년 8월 14일

공저 김재홍 · 강정호 · 박양수 · 정주수 · 신경철 · 김중곤 · 문태정 · 임준우 · 장혜경 · 이명원
발행처 형설출판사
경기도 파주시 회동길 37-23 · 전화 (031) 955-2361 ~ 4 · 팩시밀리 (031) 955-2341
발행인 장진혁
등록 라 - 제9호 · 1962년 5월 1일
홈페이지 http://www.hyungseul.co.kr
e-mail hs@hyungseul.co.kr

정가 24,000원

ISBN 978-89-472-8368-7 93560

이 도서의 국립중앙도서관 출판시도서목록(CIP)은 서지정보유통지원시스템 홈페이지(http://seoji.nl.go.kr)와
국가자료공동목록시스템(http://www.nl.go.kr/kolisnet)에서 이용하실 수 있습니다.(CIP제어번호 : CIP2019033537)

개정판

전기전자
기초실습